教育部高等学校电子信息类专业教学指导委员会规划教材
高等学校电子信息类专业系列教材

Waveguide Optics
Second Edition

导波光学

（第2版）

王健 编著
Wang Jian

清華大学出版社
北京

内容简介

本书以经典电磁波理论和近代光学理论为基础，系统论述了光波导的基本概念、基本理论和各种典型的分析方法，全面讲述了平面光波导、金属包层平板介质波导、矩形介质波导和圆光波导的基本原理。在此基础上，对光波导的横向耦合、纵向耦合以及新型波导结构的原理和应用进行了讨论。

本书适合作为光电信息科学与工程、应用物理等专业的教材，也可作为从事光信息及相关领域的科学技术人员的参考用书。

图书在版编目(CIP)数据

导波光学/王健编著. —2 版. —北京：清华大学出版社，2019（2025.3 重印）
（高等学校电子信息类专业系列教材）
ISBN 978-7-302-53160-9

Ⅰ. ①导… Ⅱ. ①王… Ⅲ. ①波导光学－高等学校－教材 Ⅳ. ①TN25

中国版本图书馆 CIP 数据核字(2019)第 114382 号

策划编辑：盛东亮
责任编辑：钟志芳
封面设计：李召霞
责任校对：时翠兰
责任印制：杨　艳

出版发行：清华大学出版社
网　址：https://www.tup.com.cn, https://www.wqxuetang.com
地　址：北京清华大学学研大厦 A 座　　**邮　编**：100084
社 总 机：010-83470000　　**邮　购**：010-62786544
投稿与读者服务：010-62776969，c-service@tup.tsinghua.edu.cn
质量反馈：010-62772015，zhiliang@tup.tsinghua.edu.cn
课件下载：https://www.tup.com.cn，010-83470236
印 装 者：涿州市般润文化传播有限公司
经　销：全国新华书店
开　本：185mm×260mm　　**印　张**：9.75　　**字　数**：235 千字
版　次：2010 年 5 月第 1 版　2019 年 9 月第 2 版　　**印　次**：2025 年 3 月第 6 次印刷
定　价：39.00 元

产品编号：058350-01

高等学校电子信息类专业系列教材

序
FOREWORD

我国电子信息产业销售收入总规模在2013年已经突破12万亿元，行业收入占工业总体比重已经超过9%。电子信息产业在工业经济中的支撑作用凸显，更加促进了信息化和工业化的高层次深度融合。随着移动互联网、云计算、物联网、大数据和石墨烯等新兴产业的爆发式增长，电子信息产业的发展呈现了新的特点，电子信息产业的人才培养面临着新的挑战。

(1) 随着控制、通信、人机交互和网络互联等新兴电子信息技术的不断发展，传统工业设备融合了大量最新的电子信息技术，它们一起构成了庞大而复杂的系统，派生出大量新兴的电子信息技术应用需求。这些"系统级"的应用需求，迫切要求具有系统级设计能力的电子信息技术人才。

(2) 电子信息系统设备的功能越来越复杂，系统的集成度越来越高。因此，要求未来的设计者应该具备更扎实的理论基础知识和更宽广的专业视野。未来电子信息系统的设计越来越要求软件和硬件的协同规划、协同设计和协同调试。

(3) 新兴电子信息技术的发展依赖于半导体产业的不断推动，半导体厂商为设计者提供了越来越丰富的生态资源，系统集成厂商的全方位配合又加速了这种生态资源的进一步完善。半导体厂商和系统集成厂商所建立的这种生态系统，为未来的设计者提供了更加便捷却又必须依赖的设计资源。

教育部2012年颁布了新版《高等学校本科专业目录》，将电子信息类专业进行了整合，为各高校建立系统化的人才培养体系，培养具有扎实理论基础和宽广专业技能的、兼顾"基础"和"系统"的高层次电子信息人才给出了指引。

传统的电子信息学科专业课程体系呈现"自底向上"的特点，这种课程体系偏重对底层元器件的分析与设计，较少涉及系统级的集成与设计。近年来，国内很多高校对电子信息类专业课程体系进行了大力度的改革，这些改革顺应时代潮流，从系统集成的角度，更加科学合理地构建了课程体系。

为了进一步提高普通高校电子信息类专业教育与教学质量，贯彻落实《国家中长期教育改革和发展规划纲要(2010—2020年)》和《教育部关于全面提高高等教育质量若干意见》(教高【2012】4号)的精神，教育部高等学校电子信息类专业教学指导委员会开展了"高等学校电子信息类专业课程体系"的立项研究工作，并于2014年5月启动了《高等学校电子信息类专业系列教材》(教育部高等学校电子信息类专业教学指导委员会规划教材)的建设工作。其目的是为推进高等教育内涵式发展，提高教学水平，满足高等学校对电子信息类专业人才培养、教学改革与课程改革的需要。

本系列教材定位于高等学校电子信息类专业的专业课程，适用于电子信息类的电子信息工程、电子科学与技术、通信工程、微电子科学与工程、光电信息科学与工程、信息工程及其相近专业。经过编审委员会与众多高校多次沟通，初步拟定分批次(2014—2017年)建设约100门课程教材。本系列教材将力求在保证基础的前提下，突出技术的先进性和科学的前沿性，体现创新教学和工程实践教学；将重视系统集成思想在教学中的体现，鼓励推陈出新，采用“自顶向下”的方法编写教材；将注重反映优秀的教学改革成果，推广优秀的教学经验与理念。

为了保证本系列教材的科学性、系统性及编写质量，本系列教材设立顾问委员会及编审委员会。顾问委员会由教指委高级顾问、特约高级顾问和国家级教学名师担任，编审委员会由教育部高等学校电子信息类专业教学指导委员会委员和一线教学名师组成。同时，清华大学出版社为本系列教材配置优秀的编辑团队，力求高水准出版。本系列教材的建设，不仅有众多高校教师参与，也有大量知名的电子信息类企业支持。在此，谨向参与本系列教材策划、组织、编写与出版的广大教师、企业代表及出版人员致以诚挚的感谢，并殷切希望本系列教材在我国高等学校电子信息类专业人才培养与课程体系建设中发挥切实的作用。

吕志伟 教授

前言

PREFACE

光信息科学与技术是当今最活跃的科技领域之一。如果说20世纪是电子时代，那么21世纪将是光子时代。与电子信息技术相比，光信息技术已经在信息检测、信息传输与信息显示等领域占据上风。在信息处理和信息存储方面，虽然光还不及电，但随着各种新型光电子集成器件的不断出现，光信息技术发展势头迅猛，大有与电子信息技术并驾齐驱之势。

光信息的传输是光信息科学与技术的一个重要分支，它的基础是各种介质光波导。研究光在介质波导中传输的基础理论的学科分支就是导波光学。导波光学的发展与其他相关学科（如光纤通信、光纤传感、全光信号处理、激光技术等）的发展是相辅相成、相互促进的。导波光学为这些学科的发展奠定了理论基础，而后者的发展又在不断丰富和完善导波光学的内容。因此，学习导波光学的理论，对于全面掌握光信息科学与技术是至关重要的。

本书系统地讲述了光波导的基本概念和基本理论。第1章是绪论，第2章是其他各章的理论基础，重点讲述了介质光波导的电磁波理论、射线光学理论和模式的概念。第3～6章分别讨论了平面光波导、金属包层平板介质波导、矩形介质波导和圆光波导中光的传播特性。第7章讲述了光波导的横向耦合，包括横向模耦合和光束耦合。第8章讲述了光在非正规光波导中的耦合理论，重点讨论了光纤光栅和光纤对接问题。第9章介绍了近年来迅速发展的集成光子器件中出现的三种典型波导结构——Y分支波导、多模干涉耦合器和微环谐振器的原理和应用。

本书十分注重与先修课程和后续课程的衔接，力求做到通俗易懂。本书可以作为光信息科学与技术及相关专业学生的教材或参考教材，也可作为从事相关领域的科学技术人员的参考用书。

本书是在2010年《导波光学》（清华大学出版社）的基础上修订而成，在修订时，吸取了北京交通大学光信息科学与技术专业同学们提供的宝贵意见，也吸收了吴重庆教授的有益建议，在这里谨向他们表示衷心的感谢。

限于编者水平，书中不妥之处在所难免，希望读者指正。

编　者

2019年4月

目录

CONTENTS

第1章 绪论

CHAPTER 1

随着社会的发展和进步，需要传输处理的信息越来越多，并向着超高速、大容量的方向发展，使得人类逐步从电子时代向光子时代过渡，在这样的形势下，光信息科学与技术专业也就应运而生了，光的传输是光信息科学与技术中非常重要的内容之一。光既可以在自由空间中传输，又可以在介质中传输。导波光学是以经典电磁波理论为基础，研究光和光信号在各类介质光波导中传播特性的科学。

在光信息的传输和处理过程中，需要让光波沿着一定的方向传播。为此，需要设计一种介质结构，将光波限制在其内部或其表面附近且引导光沿着确定的方向传播，这种介质结构就称为光波导。最简单、最基本的光波导一般由传输光能的芯区介质和限制光能的包层介质组成，芯区介质的折射率一般大于包层介质的折射率，如大家所熟知的具有圆形截面的光纤。另外，当光波导用于传输时，还应具有低传输损耗的性质。

需要指出的是，虽然大部分光波导都是人为设计的，但是也存在天然的光波导，比如水柱、活体等。这些光波导的性质比较复杂，但本课程分析问题的基本方法也适用于这些复杂的光波导。

光波导可以按不同的方法进行分类，若按波导结构进行分类可以把光波导分成平面（平板）介质波导、矩形（条形）介质波导、圆和非圆介质波导等，如图 1-1 所示。

还有一些结构复杂的光波导，在今后的学习中我们会逐渐了解。

光波导还可以按其折射率在空间的分布进行分类，在按这种方法分类时要涉及纵向和横向的概念，下面先介绍这两个概念。在导波光学中，把光的传播方向称为纵向，通常设为 z 轴的方向，而把与之垂直的方向称为横向，即 x-y 平面上的任一方向。

按波导折射率在空间的分布进行分类，光波导可以分成非线性光波导和线性光波导两大类。非线性光波导的折射率可以写为 $n=n(x,y,z,\boldsymbol{E})$，即折射率除了和位置有关外，还与电场有关；而线性光波导的折射率只是位置的函数，即 $n=n(x,y,z)$。线性光波导又可以分为纵向均匀的光波导（又称为正规光波导）和纵向非均匀的光波导（又称为非正规光波导）两种，前者的折射率 $n=n(x,y)$，与纵向无关；而后者的折射率 $n=n(x,y,z)$，与纵向有关。最后，纵向均匀的光波导还可分为均匀光波导和横向非均匀光波导两种，均匀光波导的折射率在芯区和包层等区域分别为常数；横向非均匀光波导的折射率在芯区或包层等区域随 x、y 变化。

本书中，我们主要研究线性光波导。

当然不同的波导还有其他的习惯叫法，在以后学习过程中遇到后再加以说明。

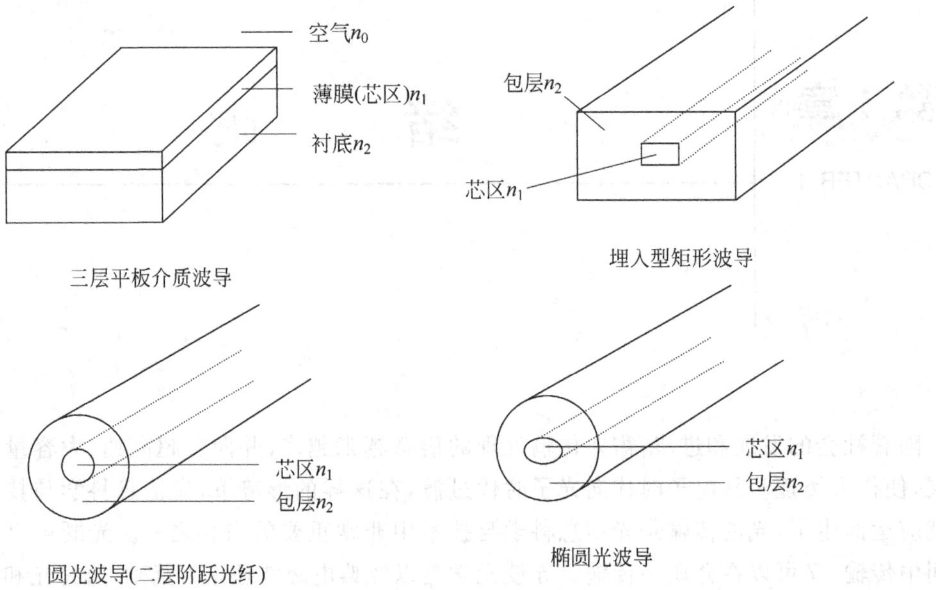

图 1-1 几种不同结构的光波导

在导波光学中，我们主要讨论光在各类介质光波导中的传播特性，它包括两个方面的内容：一是指光本身在光波导中的传播特性，二是指载有信息的光信号的传播特性。

光本身在光波导中的传播特性包括：(1)光场的分布形式；(2)传播常数或相移常数；(3)偏振特性；(4)模式耦合特性。

光信号的传播特性包括：(1)群时延或群速度；(2)色散特性；(3)偏振模色散等。

为了研究这些问题，通常采用的分析方法有射线光学分析法和电磁波理论分析法。

当光波的波长远小于波导的横向尺寸时，可以近似地认为光能是沿着一定的曲线传播，这条曲线称为“光线”(亦称射线)。用射线理论分析光在波导中传播的方法称为射线光学分析法。本书中对“光线”的理解，赋予了新的含义，即把“光线”理解为波矢的场线，光线的切线方向即波矢的方向，这意味着将相位与相干等波动的概念引入了射线光学，这样可以更好地解释波导中光的传播特性，所以射线光学的方法并不是传统意义上的几何光学的分析方法。射线光学方法的优点是简便、直观；缺点是不精确也不全面。

光是一种电磁波，从电磁理论的基本方程——麦克斯韦方程组出发，针对所研究的波导结构进行求解，求出光场分布和传播常数等反映传播特性的物理参量的方法，称为电磁波理论的方法。基于电磁波理论的分析方法虽然比较复杂，但精确和全面，比射线法更能准确地反映光和光信息的传播特性。这种方法不但能解释相关的物理现象，引出一些新的物理概念，而且由电磁波理论得出的结论，都能直接被实验所证实，所以是一个行之有效的分析方法。

为了研究光在各类介质光波导中的传输特性，本书作了如下的安排：第 2 章讲述介质光波导的电磁波理论、射线光学理论和模式的概念，是后续章节的理论基础。第 3～6 章阐述光在各类正规光波导(包括平面光波导、金属包层平板介质波导、矩形介质波导、圆光波导)中的传播特性。第 7 章讲述光波导的横向耦合，包括横向模耦合和光束耦合。第 8 章讲述光在非正规光波导中的传播问题。第 9 章介绍集成光子器件中出现的三种新型波导结构。

第 2 章

CHAPTER 2

导波光学的理论基础

光是波长极短的电磁波，它的传播遵守电磁场的基本规律，即麦克斯韦方程组，因此，从麦克斯韦方程组出发推导出光波传播的一系列基本方程是导波光学的理论基础。在本章中，首先给出电磁场的基本理论，包括麦克斯韦方程组、物质方程和边值关系，单色波所满足的亥姆霍兹方程，正规光波导中模式场的亥姆霍兹方程以及电磁场和模式场的横向分量和纵向分量的关系，作为用电磁场的方法分析光波导的理论基础；然后给出光线在介质中的传播特性，包括光在全反射时产生的相移和古斯-汉欣位移，光在非均匀的介质中传播时，光线轨迹服从的射线方程，作为用射线光学的方法分析光波导的理论基础。在以后各章中，将应用本章给出的基本理论和概念进一步分析光在各类介质波导中的传播特性。

2.1 电磁场的基本方程

2.1.1 麦克斯韦方程组、物质方程、边值关系

宏观电磁现象可以用电场强度 $\boldsymbol{E}$、电位移矢量 $\boldsymbol{D}$、磁感应强度 $\boldsymbol{B}$ 和磁场强度 $\boldsymbol{H}$ 四个矢量来描述。它们是空间位置和时间的函数，它们之间的关系由麦克斯韦方程给出，即

$$\nabla\times \boldsymbol{E}=-\frac{\partial \boldsymbol{B}}{\partial t} \tag{2-1-1}$$

$$\nabla\times \boldsymbol{H}=\boldsymbol{J}+\frac{\partial \boldsymbol{D}}{\partial t} \tag{2-1-2}$$

$$\nabla\cdot \boldsymbol{D}=\rho \tag{2-1-3}$$

$$\nabla\cdot \boldsymbol{B}=0 \tag{2-1-4}$$

式中，$\boldsymbol{J}$ 和 ρ 分别是介质中的电流密度与电荷密度。上式中前两式是基本方程，后面两式可以通过前面两式取散度并利用电荷守恒定律得到。

要从给定的电流与电荷分布唯一地确定各场矢量，还必须为麦克斯韦方程组补充一些描述物质在电磁场作用下的经验公式，即物质方程。对于最常见的，线性、静止和各向同性的介质来说

$$\boldsymbol{D}=\varepsilon \boldsymbol{E} \tag{2-1-5}$$

$$\boldsymbol{B}=\mu \boldsymbol{H} \tag{2-1-6}$$

$$\boldsymbol{J}=\sigma \boldsymbol{E} \tag{2-1-7}$$

这里 ε、μ 和 σ 分别为介质的电容率、磁导率和电导率。

对于两介质分界面上的点，麦克斯韦方程组的微分形式不再适应，但我们可以用它的积分形式推导出两种介质分界面附近电磁场场量之间的关系，即边值关系。

(1) 电位移矢量法向分量的关系

$$\hat{\boldsymbol{n}}\cdot(\boldsymbol{D}_2-\boldsymbol{D}_1)=\sigma \tag{2-1-8}$$

σ 为界面上的面电荷密度，$\hat{\boldsymbol{n}}$ 为界面法线方向的单位矢量。若界面上没有面电荷，$\sigma=0$ 则 $D_{2n}=D_{1n}$，即电位移矢量连续。

(2) 磁感应强度法向分量的关系

$$\hat{\boldsymbol{n}}\cdot(\boldsymbol{B}_2-\boldsymbol{B}_1)=0 \quad 即 \quad B_{2n}=B_{1n} \tag{2-1-9}$$

(3) 电场强度切向分量的关系

$$\hat{\boldsymbol{n}}\times(\boldsymbol{E}_2-\boldsymbol{E}_1)=0 \quad 即 \quad E_{2t}=E_{1t} \tag{2-1-10}$$

(4) 磁场强度切向分量的关系

$$\hat{\boldsymbol{n}}\times(\boldsymbol{H}_2-\boldsymbol{H}_1)=\boldsymbol{\alpha} \tag{2-1-11}$$

$\boldsymbol{\alpha}$ 为界面处的面电流密度，若 $\boldsymbol{\alpha}=0$，则有 $H_{2t}=H_{1t}$。值得注意的是，上述方程都只是在静态场或者变化很慢的场情况下得到的，对于光这种变化速率非常高的电磁场，物质方程要做一定的修正。

2.1.2 亥姆霍兹方程

若我们考虑单色光的情况，则有

$$\boldsymbol{E}(\boldsymbol{r},t)=\boldsymbol{E}(\boldsymbol{r})\mathrm{e}^{-\mathrm{i}\omega t} \tag{2-1-12}$$

$$\boldsymbol{H}(\boldsymbol{r},t)=\boldsymbol{H}(\boldsymbol{r})\mathrm{e}^{-\mathrm{i}\omega t} \tag{2-1-13}$$

这两式说明在单色光入射的情况下可以把场随时间与空间变化的部分加以分离。这里 $\boldsymbol{E}(\boldsymbol{r})$、$\boldsymbol{H}(\boldsymbol{r})$ 是场随空间变化的部分，它们是复矢量，包括场的方向、幅度和位相，在以后的各章节中，为方便，$\boldsymbol{E}(\boldsymbol{r})$、$\boldsymbol{H}(\boldsymbol{r})$ 分别用 $\boldsymbol{E}$、$\boldsymbol{H}$ 简单表示。

一般情况下，在光波导中既不存在自由电荷也不存在自由电流，且波导介质是无磁性的，因此假定 $\rho=0$，$\boldsymbol{J}=0$ 且 $\mu=\mu_0$。把式(2-1-12)和式(2-1-13)代入麦克斯韦方程组和物质方程式(2-1-1)～式(2-1-6)，得单频电磁场的麦克斯韦方程组为

$$\nabla\times\boldsymbol{E}=\mathrm{i}\omega\mu_0\boldsymbol{H} \tag{2-1-14}$$

$$\nabla\times\boldsymbol{H}=-\mathrm{i}\omega\varepsilon\boldsymbol{E} \tag{2-1-15}$$

$$\nabla\cdot\boldsymbol{E}=-\frac{\nabla\varepsilon}{\varepsilon}\cdot\boldsymbol{E} \tag{2-1-16}$$

$$\nabla\cdot\boldsymbol{H}=0 \tag{2-1-17}$$

对式(2-1-14)取旋度有

$$\nabla\times(\nabla\times\boldsymbol{E})=\mathrm{i}\omega\mu_0\nabla\times\boldsymbol{H}$$

$$\nabla(\nabla\cdot\boldsymbol{E})-\nabla^2\boldsymbol{E}=\mathrm{i}\omega\mu_0\nabla\times\boldsymbol{H}$$

把式(2-1-15)代入上式并利用式(2-1-16)得

$$\nabla^2\boldsymbol{E}+k^2\boldsymbol{E}+\nabla\left(\boldsymbol{E}\cdot\frac{\nabla\varepsilon}{\varepsilon}\right)=0 \tag{2-1-18}$$

同理可得

$$\nabla^2 \boldsymbol{H} + k^2 \boldsymbol{H} + \frac{\nabla \varepsilon}{\varepsilon} \times (\nabla \times \boldsymbol{H}) = 0 \tag{2-1-19}$$

其中 $k=\sqrt{\varepsilon_r}k_0=nk_0$ 为介质中的波数（n 为介质的折射率，$k_0=\omega/c=\omega\sqrt{\varepsilon_0\mu_0}$ 为真空中的波数）。

式(2-1-18)和式(2-1-19)反映了电磁场 $\boldsymbol{E}$、$\boldsymbol{H}$ 随空间变化关系的方程，称它们为**亥姆霍兹方程**。

2.1.3　正规光波导中模式场的亥姆霍兹方程及模式的概念

正规光波导是折射率沿纵向不变的一种波导，也是最基本、最常见的一种波导，在本书中主要研究这种波导。为了方便后续章节中各种正规光波导的研究，下面给出正规光波导的基本方程和相关概念。

正规光波导的电容率可以写成 $\varepsilon(x,y,z)=\varepsilon(x,y)$，因光波沿 z 向传播，故正规光波导中导波的场可以写成

$$\boldsymbol{E}(x,y,z)=\boldsymbol{E}(x,y)\mathrm{e}^{\mathrm{i}\beta z} \tag{2-1-20}$$

$$\boldsymbol{H}(x,y,z)=\boldsymbol{H}(x,y)\mathrm{e}^{\mathrm{i}\beta z} \tag{2-1-21}$$

其中波导横截面的电场和磁场矢量 $\boldsymbol{E}(x,y)$、$\boldsymbol{H}(x,y)$ 称为模式场，反映导波在波导内传播速度的特征参量 β 称为传播常数。把式(2-1-20)代入亥姆霍兹方程式(2-1-18)，考虑到

$$\begin{aligned}\nabla^2\boldsymbol{E}(x,y,z) &= \nabla_t^2[\boldsymbol{E}(x,y)\mathrm{e}^{\mathrm{i}\beta z}] + \frac{\partial^2}{\partial z^2}[\boldsymbol{E}(x,y)\mathrm{e}^{\mathrm{i}\beta z}] \\ &= [\nabla_t^2\boldsymbol{E}(x,y)]\mathrm{e}^{\mathrm{i}\beta z} - \beta^2\boldsymbol{E}(x,y)\mathrm{e}^{\mathrm{i}\beta z} \\ \nabla\left(\boldsymbol{E}\cdot\frac{\nabla\varepsilon}{\varepsilon}\right) &= \nabla_t\left[\boldsymbol{E}(x,y)\mathrm{e}^{\mathrm{i}\beta z}\cdot\frac{\nabla\varepsilon}{\varepsilon}\right] + \hat{z}\frac{\partial}{\partial z}\left[\boldsymbol{E}(x,y)\mathrm{e}^{\mathrm{i}\beta z}\cdot\frac{\nabla_t\varepsilon}{\varepsilon}\right] \\ &= \nabla_t\left[\boldsymbol{E}(x,y)\cdot\frac{\nabla_t\varepsilon}{\varepsilon}\right]\mathrm{e}^{\mathrm{i}\beta z} + \mathrm{i}\beta\left[\boldsymbol{E}(x,y)\cdot\frac{\nabla_t\varepsilon}{\varepsilon}\right]\mathrm{e}^{\mathrm{i}\beta z}\hat{z}\end{aligned}$$

有

$$\nabla_t^2\boldsymbol{E}(x,y) + (k_0^2n^2-\beta^2)\boldsymbol{E}(x,y) + \nabla_t\left[\boldsymbol{E}(x,y)\cdot\frac{\nabla_t\varepsilon}{\varepsilon}\right] + \mathrm{i}\beta\left[\boldsymbol{E}(x,y)\cdot\frac{\nabla_t\varepsilon}{\varepsilon}\right]\hat{z} = 0 \tag{2-1-22}$$

同理，对于 $\boldsymbol{H}(x,y)$ 可以得到如下方程

$$\nabla_t^2\boldsymbol{H}(x,y) + (k_0^2n^2-\beta^2)\boldsymbol{H}(x,y) + \frac{\nabla_t\varepsilon}{\varepsilon}\times[\nabla_t\times\boldsymbol{H}(x,y)] + \mathrm{i}\beta\left[\boldsymbol{H}(x,y)\cdot\frac{\nabla_t\varepsilon}{\varepsilon}\right]\hat{z} = 0 \tag{2-1-23}$$

方程式(2-1-22)和式(2-1-23)称为模式场的亥姆霍兹方程。由偏微分方程的理论可知，模式场的亥姆霍兹方程在给定边界条件下是一个个离散的特征解。每个特征解与一个特征值相对应，通解是这些特征解的线性叠加，当给定初始条件时，就可以确定特征解前面的系数。在光波导中，一个特征解就叫这个光波导的一个模式。所以从数学上讲，模式是满足模式场的亥姆霍兹方程及边界条件的一个特解；从物理上讲，模式是正规光波导中光波的一种可能的存在形式，模式场是正规光波导的光场在横截面上的一种可能的场分布。

2.1.4　电磁场和模式场的横向分量与纵向分量的关系

把电磁场 $\boldsymbol{E}$、$\boldsymbol{H}$ 分解成 x-y 平面内的横向分量 $\boldsymbol{E}_t$、$\boldsymbol{H}_t$ 与 z 方向的纵向分量 $\boldsymbol{E}_z$、$\boldsymbol{H}_z$

之和,即

$$\boldsymbol{E}=\boldsymbol{E}_{\mathrm{t}}+\boldsymbol{E}_{z} \tag{2-1-24}$$

$$\boldsymbol{H}=\boldsymbol{H}_{\mathrm{t}}+\boldsymbol{H}_{z} \tag{2-1-25}$$

把矢量微分算子∇也表示成横向分量与纵向分量之和,即$\nabla=\nabla_{\mathrm{t}}+\hat{z}\dfrac{\partial}{\partial z}$,再由等式两边的横向与纵向分量分别相等,式(2-1-14)可以写成

$$\nabla_{\mathrm{t}}\times\boldsymbol{E}_{\mathrm{t}}=\mathrm{i}\omega\mu_0\boldsymbol{H}_{z} \tag{2-1-26}$$

$$\nabla_{\mathrm{t}}\times\boldsymbol{E}_{z}+\hat{z}\times\frac{\partial\boldsymbol{E}_{\mathrm{t}}}{\partial z}=\mathrm{i}\omega\mu_0\boldsymbol{H}_{\mathrm{t}} \tag{2-1-27}$$

把式(2-1-24)与式(2-1-25)代入式(2-1-15),同理得

$$\nabla_{\mathrm{t}}\times\boldsymbol{H}_{\mathrm{t}}=-\mathrm{i}\omega\varepsilon\boldsymbol{E}_{z} \tag{2-1-28}$$

$$\nabla_{\mathrm{t}}\times\boldsymbol{H}_{z}+\hat{z}\times\frac{\partial\boldsymbol{H}_{\mathrm{t}}}{\partial z}=-\mathrm{i}\omega\varepsilon\boldsymbol{E}_{\mathrm{t}} \tag{2-1-29}$$

方程(2-1-26)~(2-1-29)给出了电磁场横向分量与纵向分量之间的关系。

把模式场$\boldsymbol{E}(x,y)$、$\boldsymbol{H}(x,y)$分解为横向分量与纵向分量,即

$$\boldsymbol{E}(x,y)=\boldsymbol{E}_{\mathrm{t}}(x,y)+\boldsymbol{E}_{z}(x,y) \tag{2-1-30}$$

$$\boldsymbol{H}(x,y)=\boldsymbol{H}_{\mathrm{t}}(x,y)+\boldsymbol{H}_{z}(x,y) \tag{2-1-31}$$

把以上两式代入式(2-1-26)~式(2-1-29)得

$$\nabla_{\mathrm{t}}\times\boldsymbol{E}_{\mathrm{t}}(x,y)=\mathrm{i}\omega\mu_0\boldsymbol{H}_{z}(x,y) \tag{2-1-32}$$

$$\nabla_{\mathrm{t}}\times\boldsymbol{H}_{\mathrm{t}}(x,y)=-\mathrm{i}\omega\varepsilon\boldsymbol{E}_{z}(x,y) \tag{2-1-33}$$

$$\nabla_{\mathrm{t}}\times\boldsymbol{E}_{z}(x,y)+\mathrm{i}\beta\hat{z}\times\boldsymbol{E}_{\mathrm{t}}(x,y)=\mathrm{i}\omega\mu_0\boldsymbol{H}_{\mathrm{t}}(x,y) \tag{2-1-34}$$

$$\nabla_{\mathrm{t}}\times\boldsymbol{H}_{z}(x,y)+\mathrm{i}\beta\hat{z}\times\boldsymbol{H}_{\mathrm{t}}(x,y)=-\mathrm{i}\omega\varepsilon\boldsymbol{E}_{\mathrm{t}}(x,y) \tag{2-1-35}$$

进一步推导得(详细推导见附录I)

$$\boldsymbol{E}_{\mathrm{t}}(x,y)=\frac{\mathrm{i}}{\omega^2\mu_0\varepsilon-\beta^2}[-\omega\mu_0\hat{z}\times\nabla_{\mathrm{t}}\boldsymbol{H}_{z}(x,y)+\beta\nabla_{\mathrm{t}}\boldsymbol{E}_{z}(x,y)] \tag{2-1-36}$$

$$\boldsymbol{H}_{\mathrm{t}}(x,y)=\frac{\mathrm{i}}{\omega^2\mu_0\varepsilon-\beta^2}[\omega\varepsilon\hat{z}\times\nabla_{\mathrm{t}}\boldsymbol{E}_{z}(x,y)+\beta\nabla_{\mathrm{t}}\boldsymbol{H}_{z}(x,y)] \tag{2-1-37}$$

从以上两式可见,模式场的横向分量可由纵向分量来表示。因此在直接求解模式场横向分量很困难的时候,可以先求出其纵向分量,再由式(2-1-36)及式(2-1-37)求出其横向分量。以后我们会在阶跃光纤的精确分析中采用这种方法。

2.1.5 模式的正交性与模式展开

1. 正反向模的模式场之间的关系

在波导中除了通常所讲的沿z方向传播的模式之外,还有沿$-z$方向传播的模式,一般称前者为正向模,后者为反向模。为方便描述,设正向模的模式场为$\boldsymbol{E}(x,y)$和$\boldsymbol{H}(x,y)$,反向模的模式场为$\widetilde{\boldsymbol{E}}(x,y)$和$\widetilde{\boldsymbol{H}}(x,y)$。对于反向模,$\beta$变为$-\beta$,根据模式场的亥姆霍兹方程式(2-1-22)和式(2-1-23),反向模的模式场横向分量所满足的亥姆霍兹方程与正向模相同,在相同注入光功率下,方程的解相同,或相差一个负号,即$\widetilde{\boldsymbol{E}}_{\mathrm{t}}(x,y)=\pm\boldsymbol{E}_{\mathrm{t}}(x,y)$,$\widetilde{\boldsymbol{H}}_{\mathrm{t}}(x,y)=\pm\boldsymbol{H}_{\mathrm{t}}(x,y)$。另外,由于正反向模能流的方向相反,有$\widetilde{\boldsymbol{E}}_{\mathrm{t}}(x,y)\times\widetilde{\boldsymbol{H}}_{\mathrm{t}}(x,y)=$

$-\boldsymbol{E}_t(x,y)\times\boldsymbol{H}_t(x,y)$，故正反向模的模式场横向分量之间的关系有以下两种情况，第一种情况是

$$\widetilde{\boldsymbol{E}}_t(x,y)=\boldsymbol{E}_t(x,y),\widetilde{\boldsymbol{H}}_t(x,y)=-\boldsymbol{H}_t(x,y) \tag{2-1-38}$$

第二种情况是

$$\widetilde{\boldsymbol{E}}_t(x,y)=-\boldsymbol{E}_t(x,y),\widetilde{\boldsymbol{H}}_t(x,y)=\boldsymbol{H}_t(x,y) \tag{2-1-39}$$

下面分析正反向模模式场纵向分量之间的关系。根据式(2-1-33)和式(2-1-32)，得模式场纵向分量与横向分量的关系为

$$E_z(x,y)=\frac{i}{\omega\varepsilon}\hat{z}\cdot\nabla_t\times\boldsymbol{H}_t(x,y)$$

$$H_z(x,y)=-\frac{i}{\omega\mu_0}\hat{z}\cdot\nabla_t\times\boldsymbol{E}_t(x,y)$$

根据以上两式，横向分量满足式(2-1-38)时，纵向分量满足

$$\widetilde{E}_z(x,y)=-E_z(x,y),\quad \widetilde{H}_z(x,y)=H_z(x,y) \tag{2-1-40}$$

横向分量满足式(2-1-39)时，纵向分量满足

$$\widetilde{E}_z(x,y)=E_z(x,y),\quad \widetilde{H}_z(x,y)=-H_z(x,y) \tag{2-1-41}$$

总之，正反向模的模式场关系有以下两种情况：第一种情况，满足式(2-1-38)和式(2-1-40)；第二种情况，满足式(2-1-39)和式(2-1-41)。

2. 模式的正交性

为证明模式的正交性，考虑模式 μ 和模式 ν，它们满足麦克斯韦方程式(2-1-14)和式(2-1-15)，即

$$\nabla\times\boldsymbol{E}_\mu=\mathrm{i}\omega\mu_0\boldsymbol{H}_\mu,\quad \nabla\times\boldsymbol{H}_\mu=-\mathrm{i}\omega\varepsilon\boldsymbol{E}_\mu$$

$$\nabla\times\boldsymbol{E}_\nu=\mathrm{i}\omega\mu_0\boldsymbol{H}_\nu,\quad \nabla\times\boldsymbol{H}_\nu=-\mathrm{i}\omega\varepsilon\boldsymbol{E}_\nu$$

由以上各式，利用矢量运算公式$\nabla\cdot(\boldsymbol{A}\times\boldsymbol{B})=\boldsymbol{B}\cdot(\nabla\times\boldsymbol{A})-\boldsymbol{A}\cdot(\nabla\times\boldsymbol{B})$，得到

$$\nabla\cdot(\boldsymbol{E}_\mu\times\boldsymbol{H}_\nu^*)=-\mathrm{i}\omega(\varepsilon\boldsymbol{E}_\mu\cdot\boldsymbol{E}_\nu^*-\mu_0\boldsymbol{H}_\mu\cdot\boldsymbol{H}_\nu^*) \tag{2-1-42}$$

$$\nabla\cdot(\boldsymbol{E}_\nu^*\times\boldsymbol{H}_\mu)=\mathrm{i}\omega(\varepsilon\boldsymbol{E}_\mu\cdot\boldsymbol{E}_\nu^*-\mu_0\boldsymbol{H}_\mu\cdot\boldsymbol{H}_\nu^*) \tag{2-1-43}$$

式中的“*”表示取复共轭。把式(2-1-42)和式(2-1-43)相加得到

$$\nabla\cdot(\boldsymbol{E}_\mu\times\boldsymbol{H}_\nu^*+\boldsymbol{E}_\nu^*\times\boldsymbol{H}_\mu)=0 \tag{2-1-44}$$

考虑到$\nabla=\nabla_t+\hat{z}\dfrac{\partial}{\partial z}$，式(2-1-44)可进一步写为

$$\nabla_t\cdot(\boldsymbol{E}_\mu\times\boldsymbol{H}_\nu^*+\boldsymbol{E}_\nu^*\times\boldsymbol{H}_\mu)+\hat{z}\cdot\frac{\partial}{\partial z}(\boldsymbol{E}_\mu\times\boldsymbol{H}_\nu^*+\boldsymbol{E}_\nu^*\times\boldsymbol{H}_\mu)=0 \tag{2-1-45}$$

假设模式 μ 和模式 ν 都是正向波，即 $\boldsymbol{E}_\mu=\boldsymbol{E}_\mu(x,y)\exp(\mathrm{i}\beta_\mu z)$，$\boldsymbol{E}_\nu=\boldsymbol{E}_\nu(x,y)\exp(\mathrm{i}\beta_\nu z)$，则式(2-1-45)可写为

$$\nabla_t\cdot(\boldsymbol{E}_\mu\times\boldsymbol{H}_\nu^*+\boldsymbol{E}_\nu^*\times\boldsymbol{H}_\mu)+\mathrm{i}(\beta_\mu-\beta_\nu)(\boldsymbol{E}_\mu\times\boldsymbol{H}_\nu^*+\boldsymbol{E}_\nu^*\times\boldsymbol{H}_\mu)_z=0 \tag{2-1-46}$$

式(2-1-46)中 $\boldsymbol{E}_\mu$ 和 $\boldsymbol{H}_\nu^*$ 等分别表示模式场 $\boldsymbol{E}_\mu(x,y)$ 和 $\boldsymbol{H}_\nu^*(x,y)$，为方便用了简写表示，在下面推导过程中[一直到式(2-1-50)]仍然使用这种简写表示形式。

取 S 为垂直于波导轴线的无穷大平面，其边界曲线为 L，在 S 上对式(2-1-46)作积分，有

$$\iint_S \nabla_t \cdot (\boldsymbol{E}_\mu \times \boldsymbol{H}_\nu^* + \boldsymbol{E}_\nu^* \times \boldsymbol{H}_\mu) \mathrm{d}x\mathrm{d}y + \mathrm{i}(\beta_\mu - \beta_\nu)\iint_S (\boldsymbol{E}_\mu \times \boldsymbol{H}_\nu^* + \boldsymbol{E}_\nu^* \times \boldsymbol{H}_\mu)_z \mathrm{d}x\mathrm{d}y = 0 \tag{2-1-47}$$

利用二维散度定理,式(2-1-47)中的第一项可写为

$$\iint_S \nabla_t \cdot (\boldsymbol{E}_\mu \times \boldsymbol{H}_\nu^* + \boldsymbol{E}_\nu^* \times \boldsymbol{H}_\mu) \mathrm{d}x\mathrm{d}y = \oint_L (\boldsymbol{E}_\mu \times \boldsymbol{H}_\nu^* + \boldsymbol{E}_\nu^* \times \boldsymbol{H}_\mu) \cdot \boldsymbol{e}_t \mathrm{d}l$$

式中 $\boldsymbol{e}_t$ 是垂直于曲线 L 的单位矢量(即法向单位矢量),$\mathrm{d}l$ 是曲线元。若两个模式中只要有一个是导模,由于该模式在波导外按指数律衰减,则线积分

$$\oint_L (\boldsymbol{E}_\mu \times \boldsymbol{H}_\nu^* + \boldsymbol{E}_\nu^* \times \boldsymbol{H}_\mu) \cdot \boldsymbol{e}_t \mathrm{d}l = 0$$

因此式(2-1-47)可进一步写为

$$\mathrm{i}(\beta_\mu - \beta_\nu)\iint_S (\boldsymbol{E}_\mu \times \boldsymbol{H}_\nu^* + \boldsymbol{E}_\nu^* \times \boldsymbol{H}_\mu)_z \mathrm{d}x\mathrm{d}y = 0 \tag{2-1-48}$$

于是,只要 μ 和 ν 是两个不同模式,即有 $\beta_\mu \neq \beta_\nu$,从而有

$$\iint_S (\boldsymbol{E}_\mu \times \boldsymbol{H}_\nu^* + \boldsymbol{E}_\nu^* \times \boldsymbol{H}_\mu)_z \mathrm{d}x\mathrm{d}y = 0$$

上式又可写为

$$\iint_S (\boldsymbol{E}_{t\mu} \times \boldsymbol{H}_{t\nu}^* + \boldsymbol{E}_{t\nu}^* \times \boldsymbol{H}_{t\mu}) \cdot \hat{z} \mathrm{d}x\mathrm{d}y = 0 \tag{2-1-49}$$

式(2-1-49)是通过两个正向模 μ 和 ν 得到了两个不同模式的模式场应满足的关系,根据推导过程可明显地看出:若模式 μ 和 ν 都是反向模,或一个正向模、一个反向模,式(2-1-49)仍然成立。若 μ 是反向模式,利用正反向模的模式场之间的关系[式(2-1-38)或式(2-1-39)],式(2-1-49)可改写为

$$\iint_S (\boldsymbol{E}_{t\mu} \times \boldsymbol{H}_{t\nu}^* - \boldsymbol{E}_{t\nu}^* \times \boldsymbol{H}_{t\mu}) \cdot \hat{z} \mathrm{d}x\mathrm{d}y = 0 \tag{2-1-50}$$

将式(2-1-49)同式(2-1-50)相加或相减,就分别得到

$$\iint_{-\infty}^{\infty} [\boldsymbol{E}_{t\mu}(x,y) \times \boldsymbol{H}_{t\nu}^*(x,y)] \cdot \hat{z} \mathrm{d}x\mathrm{d}y = 0 \quad \beta_\mu \neq \beta_\nu \tag{2-1-51}$$

$$\iint_{-\infty}^{\infty} [\boldsymbol{E}_{t\nu}^*(x,y) \times \boldsymbol{H}_{t\mu}(x,y)] \cdot \hat{z} \mathrm{d}x\mathrm{d}y = 0 \quad \beta_\mu \neq \beta_\nu \tag{2-1-52}$$

以上两式积分上下限分别用正负无穷大来表示是因为 S 为一个无穷大的平面。

式(2-1-51)和式(2-1-52)就是要证明的正规光波导模式正交性的表达式。应该指出:上述结论虽然是用导模证明出来的,但是如果两个模式都是辐射模,或一个辐射模和一个导模,结论仍然成立,但论证这一点,还要涉及辐射模的振荡性质,这里不再证明。

3. 模式的归一化与模式展开

根据模式的正交性,可以用模式场作为基矢量,把波导中一个任意场分布的横向分量表示成这些模式场横向分量的线性叠加,这就是模式展开,即

$$\boldsymbol{E}_t(x,y) = \sum_\mu a_\mu \boldsymbol{E}_{t\mu}(x,y) \tag{2-1-53}$$

$$\boldsymbol{H}_t(x,y) = \sum_\mu a_\mu \boldsymbol{H}_{t\mu}(x,y) \tag{2-1-54}$$

严格来讲，叠加项中还应包括辐射模，但辐射模不能在波导中持续传播，通常不是所关注的模式，在展开式中可忽略。

另外，在实际问题中经常把波导中的模式场归一化，使之成为正交归一化的基矢量。一般情况下，把模式场归一化为功率等于1，即

$$\frac{1}{2}\iint_{-\infty}^{\infty}[\boldsymbol{E}_{t\mu}(x,y)\times\boldsymbol{H}_{t\mu}^{*}(x,y)]\cdot\hat{z}\,\mathrm{d}x\,\mathrm{d}y=1 \tag{2-1-55}$$

因此模式正交性及归一化条件可写为

$$\frac{1}{2}\iint_{-\infty}^{\infty}[\boldsymbol{E}_{t\mu}(x,y)\times\boldsymbol{H}_{t\nu}^{*}(x,y)]\cdot\hat{z}\,\mathrm{d}x\,\mathrm{d}y=\delta_{\mu\nu} \tag{2-1-56}$$

利用式(2-1-56)可求得式(2-1-53)和式(2-1-54)中的展开系数 a_μ 为

$$a_\mu=\frac{1}{2}\iint_{-\infty}^{\infty}[\boldsymbol{E}_{t}(x,y)\times\boldsymbol{H}_{t\mu}^{*}(x,y)]\cdot\hat{z}\,\mathrm{d}x\,\mathrm{d}y \tag{2-1-57}$$

于是场的总功率

$$P=\frac{1}{2}\iint_{-\infty}^{\infty}[\boldsymbol{E}(x,y)\times\boldsymbol{H}^{*}(x,y)]\cdot\hat{z}\,\mathrm{d}x\,\mathrm{d}y=\sum_{\mu}|a_\mu|^2 \tag{2-1-58}$$

式(2-1-58)说明，任意 z 方向传播的场所携带的总功率等于各个模式所携带的功率之和。

最后需要说明的是：当式(2-1-51)和式(2-1-52)中模式场的横向场分量 $\boldsymbol{E}_{t\mu}(x,y)$ 和 $\boldsymbol{H}_{t\nu}^{*}(x,y)$ 用模式场 $\boldsymbol{E}_{\mu}(x,y)$ 和 $\boldsymbol{H}_{\nu}^{*}(x,y)$ 代替，或用 $\boldsymbol{E}_{\mu}(x,y)\exp(\mathrm{i}\beta_\mu z)$ 和 $\boldsymbol{H}_{\nu}^{*}(x,y)\exp(\mathrm{i}\beta_\nu z)$ 代替，等式仍然成立，这意味着在模式展开中，波导某一横截面上的任意一个电磁场 $\boldsymbol{E}(x,y)$ 和 $\boldsymbol{H}(x,y)$ 可以分别用模式场 $\boldsymbol{E}_{\mu}(x,y)$ 和 $\boldsymbol{H}_{\mu}(x,y)$ 来展开，即

$$\boldsymbol{E}(x,y)=\sum_{\mu}a_\mu\boldsymbol{E}_\mu(x,y) \tag{2-1-59}$$

$$\boldsymbol{H}(x,y)=\sum_{\mu}a_\mu\boldsymbol{H}_\mu(x,y) \tag{2-1-60}$$

而波导中沿 z 轴方向传播的任意电磁场 $\boldsymbol{E}(x,y,z)$ 和 $\boldsymbol{H}(x,y,z)$ 可以分别用 $\boldsymbol{E}_{\mu}(x,y)\exp(\mathrm{i}\beta_\mu z)$ 和 $\boldsymbol{H}_{\mu}(x,y)\exp(\mathrm{i}\beta_\mu z)$ 来展开，即

$$\boldsymbol{E}(x,y,z)=\sum_{\mu}c_\mu(z)\boldsymbol{E}_\mu(x,y)\exp(\mathrm{i}\beta_\mu z) \tag{2-1-61}$$

$$\boldsymbol{H}(x,y,z)=\sum_{\mu}d_\mu(z)\boldsymbol{H}_\mu(x,y)\exp(\mathrm{i}\beta_\mu z) \tag{2-1-62}$$

以上两式中的展开系数 $c_\mu(z)$ 和 $d_\mu(z)$ 之所以不同且随 z 变化，是考虑到波导不同模式之间可能存在着耦合。

2.2 光线在介质中的传播特性

在本节，我们来研究光线传播的基本理论。实际上，在光学的发展过程中，传统几何光学的基本理论，如在均匀介质中光沿直线传播，在不同介质分界面上光的反射和折射分别满足反射和折射定律等，都在波动光学之前就已经提出来了。几何光学的基本方程——程函方程，也可以完全从费马原理得到，而不必借助电磁场理论。但本书中为了使光的传播理论统一在电磁场的理论框架之下，并得到传统几何光学不能得到的一些结果（如光在界面上全反射时产生的相移和古斯-汉欣位移），我们将从电磁场理论出发，用短波长近似（光波的波

长比光学系统尺寸小得多时,忽略光波的有限大小波长)来得到光线传播的基本方程。用射线光学理论分析波导的传输特性时,得到的结果物理概念清晰、易于理解,但这种理论只用于分析波导横向几何尺寸远大于光波波长的情形,这也是射线光学理论的局限之处。

2.2.1 反射定律、折射定律与全反射

光在通过两种不同介质的分界面时,会发生反射与折射现象,如图 2-1 所示。用电磁场理论进行分析可以导出反射与折射定律。设入射光、反射光与透射光为平面波,光场分别可以表示为

$$\begin{pmatrix} \boldsymbol{E}_0 \\ \boldsymbol{H}_0 \end{pmatrix} \mathrm{e}^{\mathrm{i}(\boldsymbol{k}_\mathrm{i}\cdot\boldsymbol{r}-\omega_\mathrm{i}t)}$$

$$\begin{pmatrix} \boldsymbol{E}'_0 \\ \boldsymbol{H}'_0 \end{pmatrix} \mathrm{e}^{\mathrm{i}(\boldsymbol{k}_\mathrm{r}\cdot\boldsymbol{r}-\omega_\mathrm{r}t)}$$

$$\begin{pmatrix} \boldsymbol{E}''_0 \\ \boldsymbol{H}''_0 \end{pmatrix} \mathrm{e}^{\mathrm{i}(\boldsymbol{k}_\mathrm{t}\cdot\boldsymbol{r}-\omega_\mathrm{t}t)}$$

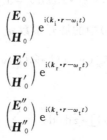

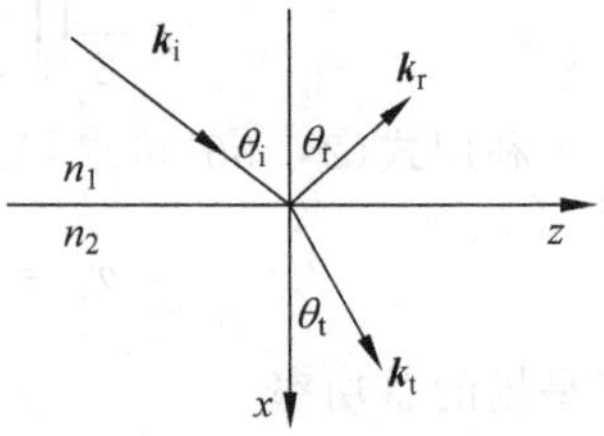

图 2-1 光在两种不同介质分界面上的反射与折射

由边界处 $\boldsymbol{E}$、$\boldsymbol{H}$ 的切向分量连续可得

(1) $\omega_\mathrm{i}=\omega_r=\omega_\mathrm{t}$。

(2) $\theta_\mathrm{i}=\theta_r=\theta_1$,$n_1\sin\theta_1=n_2\sin\theta_2$($\theta_\mathrm{t}=\theta_2$)。

(3) 入射、反射与折射波都在同一平面内。

由(1)~(3)可以得到反射定律和折射定律。

(4) 若 r 表示反射振幅与入射振幅的比值,则对 TE 模偏振($\boldsymbol{E}$ 垂直于入射面)的波

$$r_\mathrm{TE}=E'_0/E_0=\frac{n_1\cos\theta_1-\sqrt{n_2^2-n_1^2\sin^2\theta_1}}{n_1\cos\theta_1+\sqrt{n_2^2-n_1^2\sin^2\theta_1}} \tag{2-2-1}$$

对于 TM 模偏振($\boldsymbol{H}$ 垂直于入射面)的波

$$r_\mathrm{TM}=H'_0/H_0=\frac{n_2^2\cos\theta_1-n_1\sqrt{n_2^2-n_1^2\sin^2\theta_1}}{n_2^2\cos\theta_1+n_1\sqrt{n_2^2-n_1^2\sin^2\theta_1}} \tag{2-2-2}$$

这就是由电磁场边界条件导出的菲涅耳(Fresnel)公式。菲涅耳公式在历史上曾经起过重要作用,但是它不便记忆,用起来并不方便。其中的一个特例,当 $\theta_1=0$ 时,

$$r_\mathrm{TE}=-r_\mathrm{TM}=\frac{n_1-n_2}{n_1+n_2}$$

这表明正入射的光,对于 TE 与 TM 偏振,其反射振幅与入射振幅的比值大小是相同的,但其相位差为 π。

当 $n_1>n_2$ 时,折射角将大于入射角。随着入射角的增大,折射角也将变大。当入射角达到某一个临界值 θ_c 时,折射角变为 $\pi/2$;再继续增大入射角,入射到介质分界面上的光全部被反射,这就是全反射现象。

实际上,在全反射时,能量并非不进入 n_2 介质,即折射光的瞬时能流并不为零,只是在某个半周期内能流流入 n_2 介质,而在另一个半周期内又从 n_2 介质流回来,所以平均能流为 0。下面用公式对这一问题进行说明。

在全反射时,n_2 介质中折射波的波矢 $\boldsymbol{k}_\mathrm{t}=k_{\mathrm{t}x}\hat{\boldsymbol{x}}+k_{\mathrm{t}z}\hat{\boldsymbol{z}}$ 的 x 分量为

$$k_{tx}=\sqrt{k_t^2-k_{tz}^2}=\sqrt{(k_i n_2/n_1)^2-k_{iz}^2}$$
$$=\sqrt{(k_i n_2/n_1)^2-k_i^2\sin^2\theta_1}=\mathrm{i}k_i\sqrt{\sin^2\theta_1-(n_2/n_1)^2}=\mathrm{i}\kappa$$

可见 k_{tx} 是虚数,那么折射波的电场为

$$\boldsymbol{E}''=\boldsymbol{E}''_0 e^{\mathrm{i}(\boldsymbol{k}_t\cdot\boldsymbol{r}-\omega t)}=\boldsymbol{E}''_0 e^{-\kappa x}e^{\mathrm{i}(k_{tz}z-\omega t)}$$

根据式(2-1-14),可以求出磁场强度为

$$\boldsymbol{H}''=\frac{\boldsymbol{k}_t\times\boldsymbol{E}''}{\omega\mu_0}$$

例如,TE 偏振的电磁场分别可以写为

$$\boldsymbol{E}''=E''_0 e^{-\kappa x}e^{\mathrm{i}(k_{tz}z-\omega t)}\hat{\boldsymbol{y}}$$
$$\boldsymbol{H}''=\frac{\boldsymbol{k}_t\times\boldsymbol{E}''}{\omega\mu_0}=n_1E''_0\sqrt{\frac{\varepsilon_0}{\mu_0}}\left[\mathrm{i}\sqrt{\sin^2\theta_1-(n_2/n_1)^2}\,\hat{\boldsymbol{z}}-\sin\theta_1\hat{\boldsymbol{x}}\right]e^{-\kappa x}e^{\mathrm{i}(k_{tz}z-\omega t)}$$

所以在分界面上($x=0$)x 方向的瞬时能流为

$$S''_x=(\boldsymbol{E}''\times\boldsymbol{H}'')_x=-\frac{n_1\sqrt{\sin^2\theta_1-(n_2/n_1)^2}}{2}\sqrt{\frac{\varepsilon_0}{\mu_0}}E''^2_0\sin[2(k_{tz}z-\omega t)]$$

从上式可以看出:对于介质分界面上某个确定的 z 点,S''_x 值正负交替变化,这说明进入 n_2 介质的能量和流出 n_2 介质的能量交替变化。例如,对 $z=0$ 的点,当 ωt 在 $0\sim\pi/2$ 时,$S_x>0$,这说明有能量经过介质分界面进入 n_2 介质;当 ωt 在 $\pi/2\sim\pi$ 时,$S_x<0$,这说明有能量经过介质分界面流出 n_2 介质。所以通过介质分界面进入 n_2 介质的平均能流为

$$\overline{S}''_x=\frac{1}{2}\mathrm{Re}(\boldsymbol{E}''\times\boldsymbol{H}''^*)_x=0$$

总之,进入 n_2 介质折射光的电磁场按指数规律衰减,折射光的平均能流为 0,这种电磁场称为消逝场。

下面计算在全反射时,反射光相位的变化。若临界 θ_c 由式

$$\sin\theta_c=n_2/n_1$$

给出,由式(2-2-1)和式(2-2-2)得:

(1) 若 $\theta_1<\theta_c$,$r<1$,说明光只能有部分被反射,相位没有变化或者反相。

(2) 若 $\theta_1>\theta_c$ 则

$$r_{TE}=\frac{n_1\cos\theta_1-\mathrm{i}\sqrt{n_1^2\sin^2\theta_1-n_2^2}}{n_1\cos\theta_1+\mathrm{i}\sqrt{n_1^2\sin^2\theta_1-n_2^2}}=e^{-\mathrm{i}2\arctan\left(\frac{\sqrt{n_1^2\sin^2\theta_1-n_2^2}}{n_1\cos\theta_1}\right)}$$

令

$$\phi_{TE}=\arctan\left(\frac{\sqrt{n_1^2\sin^2\theta_1-n_2^2}}{n_1\cos\theta_1}\right)$$
$$r_{TE}=e^{-\mathrm{i}2\phi_{TE}}$$

同理

$$r_{TM}=e^{-\mathrm{i}2\phi_{TM}}$$

这里

$$\phi_{TM}=\arctan\left(\frac{n_1^2}{n_2^2}\frac{\sqrt{n_1^2\sin^2\theta_1-n_2^2}}{n_1\cos\theta_1}\right)$$

由此可见,此时$|r_{TE}|=|r_{TM}|=1$,光波被全部反射,且反射光产生相移$2\phi_{TE}$或$2\phi_{TM}$,这里ϕ_{TE}和ϕ_{TM}是半相移。

2.2.2 古斯-汉欣(Goos-Haerchen)位移

在前面对全反射的讨论中,假定入射光线与反射光线都是理想的平面波,可延展到无穷远处,此外还具有单一波长。考虑到实际的光线,它的横截面有一定的范围,而且也不是单一波长。对于实际的光线,1947年古斯-汉欣曾做过实验,证明反射点与入射点不在同一位置,而是有一段距离或位移,如图2-2中A、B两点的位移$2z_s$,我们称这一位移为古斯-汉欣位移。此位移的大小与入射角θ_1,介质的折射率n_1、n_2及入射光的波长λ有关。

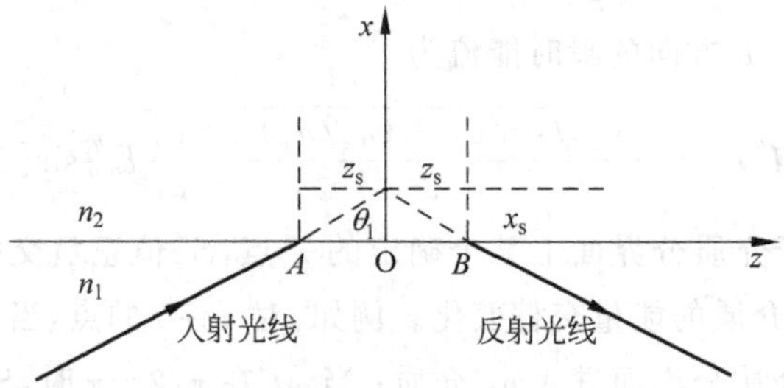

图2-2 古斯-汉欣位移

在理论上对古斯-汉欣位移的解释为:实际单色入射光波的光束有一定的空间宽度,入射光波发生衍射,入射光线不再是一束严格平行的光线,每条光线的入射角是略有差别的。对于准单色光,光线除了具有一定的空间宽度外,还有一定的频率宽度。基于单色入射光波有一定的空间宽度的假设,可以推导出(详细推导过程见附录Ⅱ或其他有关的参考资料)TE波、TM波的古斯-汉欣位移的1/2分别为

$$z_s=\begin{cases}\dfrac{\tan\theta_1}{\alpha} & \text{TE 波}\\[2ex] \dfrac{n_2^2}{n_1^2\sin^2\theta_1-n_2^2\cos^2\theta_1}\dfrac{\tan\theta_1}{\alpha} & \text{TM 波}\end{cases}\tag{2-2-3}$$

式中

$$\alpha=k_0\sqrt{n_1^2\sin^2\theta_1-n_2^2}\tag{2-2-4}$$

由图2-2可得光线进入第二种介质中的深度为x_s

$$x_s=z_s/\tan\theta_1=\begin{cases}\dfrac{1}{\alpha} & \text{TE 波}\\[2ex] \dfrac{n_2^2}{n_1^2\sin^2\theta_1-n_2^2\cos^2\theta_1}\dfrac{1}{\alpha} & \text{TM 波}\end{cases}$$

由于古斯-汉欣位移的存在,在一个三层平板波导中光线传播的轨迹如图2-3所示,图中的x_c和x_s分别为光线进入包层和衬底的深度。因此,可以认为光线穿过介质的分界面在$w_{eff}=w+x_s+x_c$的厚度上,以Z字形的轨迹在波导内传播,把w_{eff}称为波导的有效厚

度。这说明考虑到古斯-汉欣位移之后，波导芯区的有效厚度比实际厚度增加了。

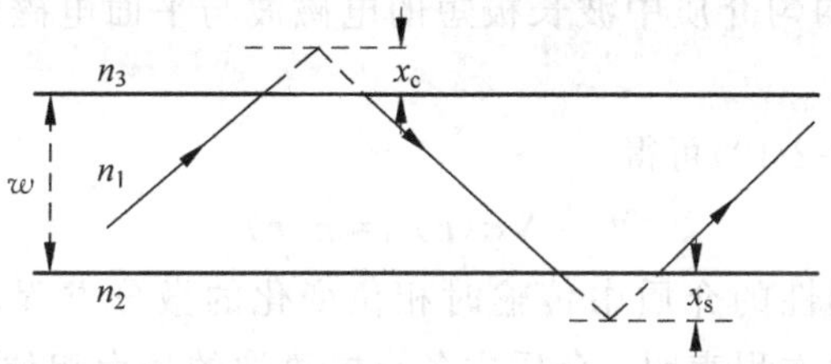

图 2-3　考虑古斯-汉欣位移时光线在一个三层平板波导中的传播

2.2.3　射线光学基础

在前面分析了均匀介质分界面上光(此时光为平面电磁波)的反射、折射与全反射，并得到了全反射时存在着相位变化及古斯-汉欣位移。用平面电磁波分析简单波导(如均匀波导)是可以的，但遇到比较复杂的情况(如非均匀波导)就无能为力了。为此，下面讨论更一般的问题，即光在非均匀介质中传播的情况。

1. 程函(eikonal)方程

在非均匀介质中，折射率是空间位置的函数，电磁场的解不再是均匀的平面波形式，可以将电磁场随空间变化的试探解写成

$$\boldsymbol{E}(\boldsymbol{r})=\boldsymbol{E}_0(\boldsymbol{r})\mathrm{e}^{\mathrm{i}k_0\varphi(\boldsymbol{r})} \tag{2-2-5}$$

$$\boldsymbol{H}(\boldsymbol{r})=\boldsymbol{H}_0(\boldsymbol{r})\mathrm{e}^{\mathrm{i}k_0\varphi(\boldsymbol{r})} \tag{2-2-6}$$

这里振幅矢量$\boldsymbol{E}_0(\boldsymbol{r})$和$\boldsymbol{H}_0(\boldsymbol{r})$都是位置的函数，$\varphi(\boldsymbol{r})$则称为光程函数，它代表光射线的相位特性。在各向同性的介质中

$$\varphi(r)=\int n(r)\mathrm{d}s \tag{2-2-7}$$

式中$n(r)$表示各点的折射率，$\mathrm{d}s$表示光所走的微小路程。

由式(2-2-5)有

$$\begin{aligned}\nabla\times\boldsymbol{E}(\boldsymbol{r})&=\nabla\times\left[\boldsymbol{E}_0(\boldsymbol{r})\mathrm{e}^{\mathrm{i}k_0\varphi(\boldsymbol{r})}\right]\\&=\nabla\mathrm{e}^{\mathrm{i}k_0\varphi(\boldsymbol{r})}\times\boldsymbol{E}_0(\boldsymbol{r})+\nabla\times\boldsymbol{E}_0(\boldsymbol{r})\mathrm{e}^{\mathrm{i}k_0\varphi(\boldsymbol{r})}\\&=\mathrm{i}k_0\nabla\varphi(\boldsymbol{r})\times\boldsymbol{E}_0(\boldsymbol{r})\mathrm{e}^{\mathrm{i}k_0\varphi(\boldsymbol{r})}+\nabla\times\boldsymbol{E}_0(\boldsymbol{r})\mathrm{e}^{\mathrm{i}k_0\varphi(\boldsymbol{r})}\end{aligned}$$

当$\lambda\to0$时，$k_0\to\infty$，上式第二项可以略去，这样上式可以近似写成

$$\nabla\times\boldsymbol{E}(\boldsymbol{r})=\mathrm{i}k_0\nabla\varphi(\boldsymbol{r})\times\boldsymbol{E}_0(\boldsymbol{r})\mathrm{e}^{\mathrm{i}k_0\varphi(\boldsymbol{r})} \tag{2-2-8}$$

把上式代入式(2-1-14)并利用式(2-1-6)可得

$$k_0\nabla\varphi(\boldsymbol{r})\times\boldsymbol{E}_0(\boldsymbol{r})=\omega\mu_0\boldsymbol{H}_0(\boldsymbol{r}) \tag{2-2-9}$$

同理

$$k_0\nabla\varphi(\boldsymbol{r})\times\boldsymbol{H}_0(\boldsymbol{r})=-\omega\varepsilon\boldsymbol{E}_0(\boldsymbol{r}) \tag{2-2-10}$$

由以上两式可以看出，电场矢量$\boldsymbol{E}_0(\boldsymbol{r})$和磁场矢量$\boldsymbol{H}_0(\boldsymbol{r})$都与矢量$\nabla\varphi(\boldsymbol{r})$垂直。若令$\varphi(\boldsymbol{r})=$常数，则可以得到一系列曲面，这些曲面就是等相位面或等光程面，这些曲面的法

向方向即为矢量$\nabla\varphi(\boldsymbol{r})$的方向。可见，电场矢量$\boldsymbol{E}_0(\boldsymbol{r})$和磁场矢量$\boldsymbol{H}_0(\boldsymbol{r})$与等相位面的法向矢量垂直，所以在非均匀介质中波长极短的电磁波与平面电磁波一样仍是横电磁波或TEM波。

由式(2-2-9)和式(2-2-10)可得

$$|\nabla\varphi(\boldsymbol{r})|=n(\boldsymbol{r}) \tag{2-2-11}$$

上式是电磁波在各向同性的介质中传输时相位变化的微分方程，称为程函方程，它是光线理论的基本方程。此方程表明：介质中各点电磁波的最大相位变化与该点的折射率成正比。

2. 射线方程

程函方程不能直接解决我们所关心的射线所走的路径的问题，因此从程函方程出发推导出射线所遵循的方程——射线方程。

设图2-4为光在各向同性的非均匀介质中所走的路径。路径上任意一点射线的方向为此点处路径曲线的切向方向，令$\hat{\boldsymbol{i}}_s$为射线方向上的单位矢量，$\boldsymbol{r}$为此点的位置矢量，$\mathrm{d}\boldsymbol{r}$为微小位移，$\mathrm{d}s$为曲线的微分段，显然

$$\hat{\boldsymbol{i}}_s=\frac{\mathrm{d}\boldsymbol{r}}{\mathrm{d}s} \tag{2-2-12}$$

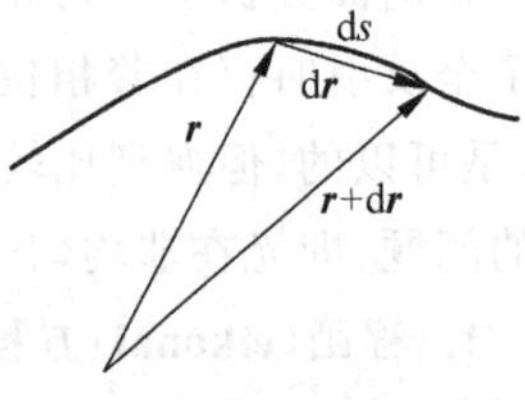

图2-4 光在非均匀介质中的路径

利用上式，式(2-2-11)可以进一步写成

$$\nabla\varphi(\boldsymbol{r})=\hat{\boldsymbol{i}}_s n(\boldsymbol{r}) \tag{2-2-13}$$

或

$$\frac{\mathrm{d}\varphi(\boldsymbol{r})}{\mathrm{d}s}=n(\boldsymbol{r}) \tag{2-2-14}$$

式(2-2-13)两边对s求导得

$$\nabla\frac{\mathrm{d}\varphi(\boldsymbol{r})}{\mathrm{d}s}=\frac{\mathrm{d}}{\mathrm{d}s}\left[\frac{\mathrm{d}\boldsymbol{r}}{\mathrm{d}s}n(\boldsymbol{r})\right]$$

即

$$\frac{\mathrm{d}}{\mathrm{d}s}\left[\frac{\mathrm{d}\boldsymbol{r}}{\mathrm{d}s}n(\boldsymbol{r})\right]=\nabla n(\boldsymbol{r}) \tag{2-2-15}$$

此方程是$\boldsymbol{r}$的二阶微分方程，称为射线方程，在已知$n(\boldsymbol{r})$的分布及给定坐标的情况下，由初始条件就可以得出射线的路径。

讨论：

(1) 介质是各向同性的且为均匀分布

由于$n(\boldsymbol{r})$=常数，所以式(2-2-15)可以变为

$$\frac{\mathrm{d}}{\mathrm{d}s}\left[\frac{\mathrm{d}\boldsymbol{r}}{\mathrm{d}s}n\right]=0$$

$$\frac{\mathrm{d}\boldsymbol{r}}{\mathrm{d}s}=\text{常矢量}$$

$$\boldsymbol{r}=\boldsymbol{a}s+\boldsymbol{b}$$

这里 $\boldsymbol{a}$、$\boldsymbol{b}$ 是常矢量，$\boldsymbol{a}$、$\boldsymbol{b}$ 和 $\boldsymbol{r}$ 的关系如图 2-5 所示，显然射线的轨迹是通过 $\boldsymbol{b}$ 的端点且平行于 $\boldsymbol{a}$ 的直线。

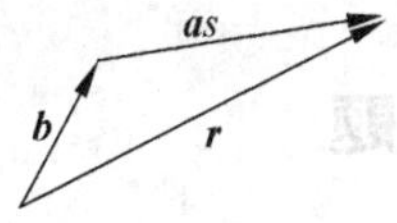

图 2-5　均匀介质中的射线轨迹

（2）介质是各向同性的但为非均匀分布

式(2-2-15)可写为

$$\frac{\mathrm{d}\hat{\boldsymbol{i}}_s}{\mathrm{d}s}n(\boldsymbol{r})+\hat{\boldsymbol{i}}_s\frac{\mathrm{d}n(\boldsymbol{r})}{\mathrm{d}s}=\nabla n(\boldsymbol{r})$$

$$\frac{\mathrm{d}\hat{\boldsymbol{i}}_s}{\mathrm{d}s}=\frac{1}{n(\boldsymbol{r})}\left[\nabla n(\boldsymbol{r})-\hat{\boldsymbol{i}}_s\frac{\mathrm{d}n(\boldsymbol{r})}{\mathrm{d}s}\right] \tag{2-2-16}$$

上式中 $\frac{\mathrm{d}\hat{\boldsymbol{i}}_s}{\mathrm{d}s}$ 的大小代表了射线的曲率，方向与 $\hat{\boldsymbol{i}}_s$ 垂直且指向曲线的凹侧，用单位矢量 $\hat{\boldsymbol{i}}_\mathrm{n}$ 表示，则

$$\frac{\mathrm{d}\hat{\boldsymbol{i}}_s}{\mathrm{d}s}=\frac{\hat{\boldsymbol{i}}_\mathrm{n}}{R} \tag{2-2-17}$$

这里 R 代表曲率半径。由式(2-2-16)，式(2-2-17)又可以写为

$$\frac{\hat{\boldsymbol{i}}_\mathrm{n}}{R}=\frac{1}{n(\vec{r})}\left[\nabla n(\boldsymbol{r})-\hat{\boldsymbol{i}}_s\frac{\mathrm{d}n(\boldsymbol{r})}{\mathrm{d}s}\right]$$

$$\frac{\hat{\boldsymbol{i}}_\mathrm{n}}{R}\cdot\frac{\hat{\boldsymbol{i}}_\mathrm{n}}{R}=\frac{1}{n(\boldsymbol{r})}\nabla n(\boldsymbol{r})\cdot\frac{\hat{\boldsymbol{i}}_\mathrm{n}}{R}$$

$$\frac{1}{R}=\frac{1}{n(\boldsymbol{r})}\nabla n(\boldsymbol{r})\cdot\hat{\boldsymbol{i}}_\mathrm{n} \tag{2-2-18}$$

由于 $R>0$，那么 $\nabla n(\boldsymbol{r})$ 与 $\hat{\boldsymbol{i}}_\mathrm{n}$ 之间的夹角必为锐角。若有一非均匀的介质，上方折射率为 n'，下方折射率为 n，当一条射线向上斜射过去，它会怎么弯曲呢？

① $n'>n$ 时，如图 2-6(a)所示，∇n 的方向向上，$\hat{\boldsymbol{i}}_\mathrm{n}$ 的方向也应有向上的分量，射线向上弯曲；

② $n'<n$ 时，如图 2-6(b)所示，∇n 的方向向下，$\hat{\boldsymbol{i}}_\mathrm{n}$ 的方向也应有向下的分量，射线向下弯曲。因此，射线总是向介质折射率增大的方向弯曲。

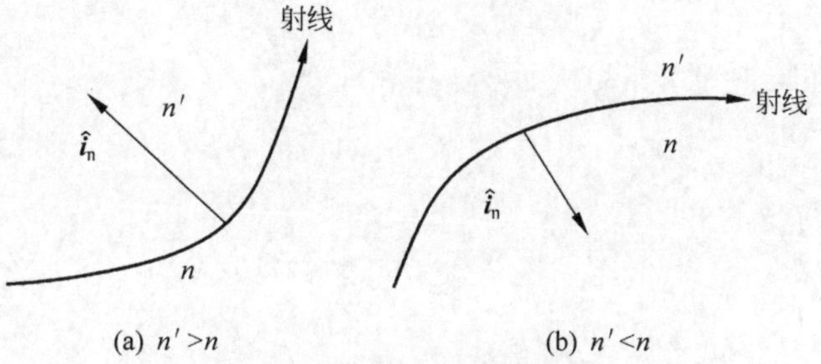

图 2-6　非均匀介质中的射线轨迹

习题

1. 试推导磁场的亥姆霍兹方程式(2-1-19)。

2. 试推导模式场 $\boldsymbol{H}(x, y)$ 的亥姆霍兹方程式(2-1-23)。

3. 什么是模式？传播常数 β 实质指什么？

4. 什么是古斯-汉欣位移，它是怎样产生的？如果没有全反射会存在古斯-汉欣位移吗？

5. 试推导程函方程式(2-2-11)。

6. 利用射线方程，求自聚焦光纤内近轴光线的轨迹，已知光纤的折射率分布为：

$$n^2 = n_0^2[1-\alpha^2(x^2+y^2)]$$

其中的 n_0 和 α 是常数。

第 3 章 平面光波导

CHAPTER 3

平面光波导是最常见、最基本的光波导，对它的研究具有重要的实际意义。许多概念以及近似计算方法等也都出自于对平面光波导的研究，所以熟练掌握本章内容是学好其他后续章节的关键。

平面光波导是指组成光波导不同介质的折射率分布的分界面是一些平面的光波导。按照构成光波导的介质层数，可以分成三层、四层……平面波导；按照折射率的分布又可分成均匀(阶跃型)平面波导和非均匀(渐变折射率)平面波导等。

在平面光波导中最重要的概念是模式，它包括模式场与相移项(波动项)两部分，因此，求解平面光波导的问题就归结为如何求模式场分布和如何确定波动项的相移常数。求模式场分布通常是利用分离变量法，这时假定传输常数已经确定；而求传输常数的方法是，利用已知的模式场在边界上连续的条件，列出一个代数方程，这个方程实际上就是模式场函数的本征值方程。

3.1 三层均匀平面波导的射线分析法

光波导的射线分析法不是局限于用传统几何光学的方法给出光线的传播轨迹，而是为了得到波导中光的传播特性，又加入了波动光学的平面波、相位和相干等概念。从这个意义上来说，这种分析方法已不是传统几何光学的分析方法。下面先用射线法来分析一种最简单的平面光波导——三层均匀平面波导。

三层均匀平面波导的结构如图 3-1 所示。折射率沿 x 方向有变化，沿 y、z 方向没有变化。它是由薄膜(芯区)、衬底和包层所构成的，薄膜、衬底和包层的折射率分别为 n_1、n_2 和 n_3，且 $n_1>n_2\geqslant n_3$。包层通常为空气，即 $n_3=1$，薄膜和衬底的折射率之差一般为 $10^{-3}\sim10^{-1}$，薄膜厚度一般为几微米。

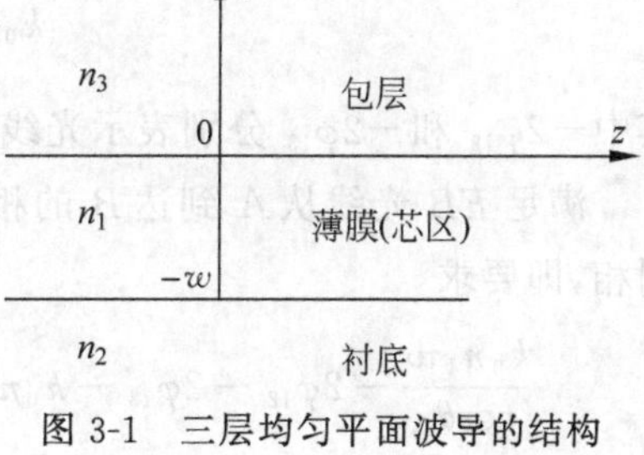

图 3-1 三层均匀平面波导的结构

按照几何光学的理论，光线在芯区中传播的一段是直线，而在芯区-包层的分界面与芯区-衬底的分界面上发生反射和折射。若光线的入射角大于两个分界面上的全反射临界角，则光线在两个分界面上形成全反射，光线被约束在芯区内沿着锯齿形路线向前传播，这种受约束的光线称为束缚光线。从波动光学的理论来看，束缚光线是限制在波导中光波的波矢线，它对应的光波称为导波。注意，这个导波已经不是理想的等幅平面波，但是，它可以看作为由斜着向上界面行进的平面波与斜着向下行进的两个平面波的叠加。

那么是否满足全反射条件就一定能形成导波呢？不一定。导波是被限制在波导中，且能在波导中传播的光波。全反射条件仅仅能使光波被限制在波导中，是形成导波的必要条件，但并不是充分条件，因为导波由两个平面波叠加而成，当这两个平面波到达同一地点时，只有满足相位相同的条件，才能使两波叠加后，发生相互加强，使光波维持在波导中传播，形成导波。否则会因相位不同而相互抵消，使得光波不能沿波导传输。

图 3-2 中画出了两平面波的叠加模型。带箭头的实线代表射线，虚线代表波阵面(等相面)。BD 代表向上界面行进的射线 EB 到达 B 点的波阵面，同时也代表向下界面行进的射线 CD 由 C 点到达 D 点经全反射后的射线 DF 的波阵面。

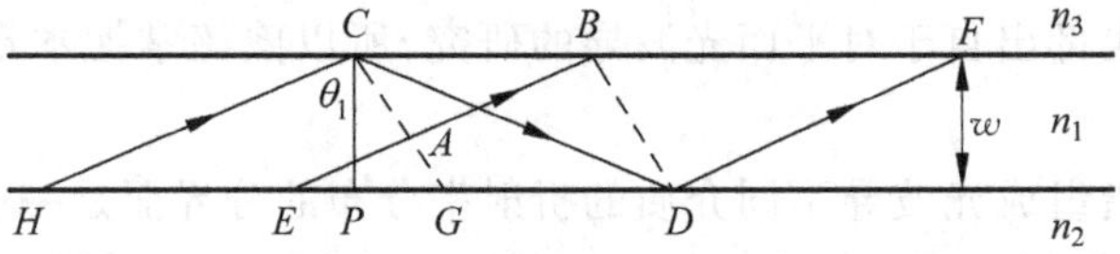

图 3-2 两平面波的叠加模型

由于 A、C 都在同一波阵面 CG 上，所以 EB 光线的 A 点与 HC 光线的 C 点的相位是相同的。因此，如果要想使它们到达 D 点的相位相同，即要求 EB 光线从 A 到达 B 的相移与 HC 光线从 C 经过全反射到达 D 点再经过全反射后的相移相同，或相差 2π 的整数倍。

EB 光线从 A 点到达 B 点的光程为

$$n_1\overline{AB}=n_1\overline{BC}\sin\theta_1=n_1(\overline{PD}-\overline{PG})\sin\theta_1=n_1\left(w\tan\theta_1-\frac{w}{\tan\theta_1}\right)\sin\theta_1$$

所以相应的相移为

$$k_0n_1\left(w\tan\theta_1-\frac{w}{\tan\theta_1}\right)\sin\theta_1$$

CD 光线的光程和相移分别为

$$n_1\overline{CD}=n_1\frac{w}{\cos\theta_1},\quad k_0n_1\frac{w}{\cos\theta_1}$$

另外 HC 光线从点 C 到达 D 点还要包括两次全反射，所以总的相移为

$$k_0n_1\frac{w}{\cos\theta_1}-2\varphi_{12}-2\varphi_{13}$$

其中 $-2\varphi_{12}$ 和 $-2\varphi_{13}$ 分别表示光线在芯区与衬底、芯区与包层全反射时产生的相移。

满足 EB 光线从 A 到达 B 的相移与 HC 光线从 C 经过全反射到达 D 再经过全反射后同相，即要求

$$\frac{k_0n_1w}{\cos\theta_1}-2\varphi_{12}-2\varphi_{13}-k_0n_1\left(w\tan\theta_1-\frac{w}{\tan\theta_1}\right)\sin\theta_1=2m\pi\quad m=0,1,2,\cdots$$

上式经过整理后得

$$\kappa w=m\pi+\varphi_{12}+\varphi_{13}\tag{3-1-1}$$

其中，$\kappa=k_x=n_1k_0\cos\theta_1=(n_1^2k_0^2-\beta^2)^{1/2}=k_0(n_1^2-N^2)^{1/2}$，这里 $N=\beta/k_0$ 称为模折射率或有效折射率。

对于给定的波导结构和入射光的频率，不同的 m 值，方程(3-1-1)中 θ_1 或 β 有不同的解。可见 θ_1 或 β 是一个个分立值，不同的 θ_1 或 β 对应不同的导波，不同导波对应在第 2 章讲到的不同模式，因此方程(3-1-1)称为模式的本征值方程或特征方程，这里本征值是指传播常数 β，通过此方程可以求解出不同模式的传播常数 β。

由 TE、TM 模全反射时的相移公式，φ_{12}，φ_{13} 可以进一步写为

$$\text{对 TE 模}\begin{cases}\varphi_{12}=\arctan\left(\dfrac{P}{\kappa}\right)\\[2ex]\varphi_{13}=\arctan\left(\dfrac{q}{\kappa}\right)\end{cases}\qquad\text{对 TM 模}\begin{cases}\varphi_{12}=\arctan\left(\dfrac{n_1^2}{n_2^2}\dfrac{P}{\kappa}\right)\\[2ex]\varphi_{13}=\arctan\left(\dfrac{n_1^2}{n_3^2}\dfrac{q}{\kappa}\right)\end{cases}$$

这里 $P=(\beta^2-k_0^2n_2^2)^{1/2}=k_0(N^2-n_2^2)^{1/2}$，$q=(\beta^2-k_0^2n_3^2)^{1/2}=k_0(N^2-n_3^2)^{1/2}$，因此本征值方程为

$$\kappa w=m\pi+\arctan\left(\frac{P}{\kappa}\right)+\arctan\left(\frac{q}{\kappa}\right)\quad\text{对 TE 模}\tag{3-1-2}$$

$$\kappa w=m\pi+\arctan\left(\frac{n_1^2}{n_2^2}\frac{P}{\kappa}\right)+\arctan\left(\frac{n_1^2}{n_3^2}\frac{q}{\kappa}\right)\quad\text{对 TM 模}\tag{3-1-3}$$

对于厚度为 w 的薄膜，光线从下界面行进到上界面光波的横向(x 轴方向)相移是 κw，在薄膜上界面光波的全反射相移是 $-2\varphi_{13}$，光线从上界面返回到下界面光波的横向相移又是 κw，在薄膜下界面的全反射相移是 $-2\varphi_{12}$，所以光线在一个往返周期内光波产生的横向相移与全反射相移的总和为 $2\kappa w-2\varphi_{12}-2\varphi_{13}$。当总相移等于零或 2π 的整数倍时，就得到了本征值方程(3-1-1)。因此，本征值方程也可以解释为：光线在薄膜中完成一个往返周期时，光波产生的横向相移与全反射相移的总和等于 0 或 2π 的整数倍。

在波导结构确定之后，本征值方程式(3-1-2)和式(3-1-3)中只有入射光波长和入射角两个变量。因此对于波长一定的光波，入射角只能取有限个分立值。这说明了在光线的入射角大于两个分界面上的全反射临界角的条件下，只有特殊角度入射的光波才能形成导波。

射线分析法很直观地给出了波导中光线传播的轨迹和形成导波的条件，但这种方法不能给出波导中的场分布，为此在 3.2 节给出波导电磁场的分析方法。

3.2 三层均匀平面波导的电磁场分析法

正规光波导的电磁场分析法是根据正规光波导模式的亥姆霍兹方程和具体波导的边界条件，求出波导中的光场分布和传播常数等反映传播特性的物理量。这种方法虽然比较复杂，但精确和全面，还可处理结构和折射率分布复杂的波导，是本书中分析光波导的主要方法。

3.2.1 一般平面波导中模式的种类

对于平面波导，因为在 y 方向折射率不发生变化，所以模式场只是 x 的函数，即 $\boldsymbol{E}(x,y)=\boldsymbol{E}(x)$，$\boldsymbol{H}(x,y)=\boldsymbol{H}(x)$，那么模式场的横向与纵向分量也只是 x 的函数，这样式(2-1-32)～式(2-1-35)可以写为

$$\hat{\boldsymbol{x}}\times\frac{\partial \boldsymbol{E}_{\mathrm{t}}(x)}{\partial x}=\mathrm{i}\omega\mu_0\boldsymbol{H}_z(x) \tag{3-2-1}$$

$$\hat{\boldsymbol{x}}\times\frac{\partial \boldsymbol{H}_{\mathrm{t}}(x)}{\partial x}=-\mathrm{i}\omega\varepsilon_0\boldsymbol{E}_z(x) \tag{3-2-2}$$

$$\hat{\boldsymbol{x}}\times\frac{\partial \boldsymbol{E}_z(x)}{\partial x}+\mathrm{i}\beta\hat{\boldsymbol{z}}\times\boldsymbol{E}_{\mathrm{t}}(x)=\mathrm{i}\omega\mu_0\boldsymbol{H}_{\mathrm{t}}(x) \tag{3-2-3}$$

$$\hat{\boldsymbol{x}}\times\frac{\partial \boldsymbol{H}_z(x)}{\partial x}+\mathrm{i}\beta\hat{\boldsymbol{z}}\times\boldsymbol{H}_{\mathrm{t}}(x)=-\mathrm{i}\omega\varepsilon\boldsymbol{E}_{\mathrm{t}}(x) \tag{3-2-4}$$

上面4式可以进一步写为(为方便计，$E_{\mathrm{t}}(x)$，$E_x(x)$，$E_y(x)$，$E_z(x)$，$H_{\mathrm{t}}(x)$，$H_x(x)$，$H_y(x)$，$H_z(x)$，分别简写为 E_{t}，E_x，E_y，E_z，H_{t}，H_x，H_y，H_z)

$$\frac{\mathrm{d}E_y}{\mathrm{d}x}=\mathrm{i}\omega\mu_0H_z \tag{3-2-5}$$

$$\frac{\mathrm{d}H_y}{\mathrm{d}x}=-\mathrm{i}\omega\varepsilon E_z \tag{3-2-6}$$

$$-\frac{\mathrm{d}E_z}{\mathrm{d}x}+\mathrm{i}\beta E_x=\mathrm{i}\omega\mu_0H_y \tag{3-2-7}$$

$$\mathrm{i}\beta E_y=-\mathrm{i}\omega\mu_0H_x \tag{3-2-8}$$

$$-\frac{\mathrm{d}H_z}{\mathrm{d}x}+\mathrm{i}\beta H_x=-\mathrm{i}\omega\varepsilon E_y \tag{3-2-9}$$

$$\mathrm{i}\beta H_y=\mathrm{i}\omega\varepsilon E_x \tag{3-2-10}$$

从式(3-2-5)～式(3-2-10)可以看出，式(3-2-5)、式(3-2-8)和式(3-2-9)只含有模式场分量 E_y、H_x 和 H_z；而式(3-2-6)、式(3-2-7)和式(3-2-10)只含有模式场分量 H_y、E_x 和 E_z。这样模式场的6个分量，可以化成独立的两组，分别由两组独立的方程求解。前一组分量的电场只有横向分量 E_y，故这组分量对应的模式为TE模；而后一组分量的磁场只有横向分量 H_y，故这组分量对应的模式为TM模，因此在平面波导中只存在TE、TM两种模。

对于TE模，从式(3-2-8)和式(3-2-5)分别得

$$H_x=-\frac{\beta}{\omega\mu_0}E_y \tag{3-2-11}$$

$$H_z=-\frac{\mathrm{i}}{\omega\mu_0}\frac{\mathrm{d}E_y}{\mathrm{d}x} \tag{3-2-12}$$

从以上两式可见，对于TE模只要求出 E_y 即可求出其他的分量。

对于TM模，从式(3-2-10)和式(3-2-6)分别得

$$E_x = \frac{\beta}{\omega\varepsilon} H_y \tag{3-2-13}$$

$$E_z = \frac{\mathrm{i}}{\omega\varepsilon} \frac{\mathrm{d}H_y}{\mathrm{d}x} \tag{3-2-14}$$

从以上两式可见,对于 TM 模只要求出 H_y 即可求出其他分量。

3.2.2 三层均匀平面波导中模式场的场分布与本征值方程

本小节用电磁场理论具体分析 TE 模模式场的场分布和本征值方程,TM 的分析与之完全类似,这里就不再赘述了。

对均匀平面波导,模式场的亥姆霍兹方程(2-1-22)可以写成

$$\frac{\mathrm{d}^2 \boldsymbol{E}}{\mathrm{d}x^2} + (k_0^2 n^2 - \beta^2)\boldsymbol{E} = 0$$

由于 TE 模电场只有分量 E_y,所以上式可以写成

$$\frac{\mathrm{d}^2 E_y}{\mathrm{d}x^2} + (k_0^2 n^2 - \beta^2) E_y = 0 \tag{3-2-15}$$

把图 3-1 所示平面波导三个区域的折射率代入,式(3-2-15)可以变为

$$\frac{\mathrm{d}^2 E_y}{\mathrm{d}x^2} + (k_0^2 n_1^2 - \beta^2) E_y = 0 \quad 芯区 \tag{3-2-16}$$

$$\frac{\mathrm{d}^2 E_y}{\mathrm{d}x^2} + (k_0^2 n_2^2 - \beta^2) E_y = 0 \quad 衬底 \tag{3-2-17}$$

$$\frac{\mathrm{d}^2 E_y}{\mathrm{d}x^2} + (k_0^2 n_3^2 - \beta^2) E_y = 0 \quad 包层 \tag{3-2-18}$$

对于传导模式(简称导模),光场的能量被限制在波导的芯区内,在衬底和包层内远离芯区处的场应为零。因此,光场在芯区是振荡场,在包层和衬底为衰减场,即 $k_0^2 n_2^2 < \beta^2 < k_0^2 n_1^2$,且 $E_y|_{x\to\pm\infty} \to 0$,所以式(3-2-16)~式(3-2-18)的通解为

$$E_y = A_1 \cos(\kappa x + \varphi) \tag{3-2-19}$$

$$E_y = A_2 \mathrm{e}^{P(x+w)} \tag{3-2-20}$$

$$E_y = A_3 \mathrm{e}^{-qx} \tag{3-2-21}$$

式中

$$\kappa = (k_0^2 n_1^2 - \beta^2)^{\frac{1}{2}} \tag{3-2-22}$$

$$P = (\beta^2 - k_0^2 n_2^2)^{\frac{1}{2}} \tag{3-2-23}$$

$$q = (\beta^2 - k_0^2 n_3^2)^{\frac{1}{2}} \tag{3-2-24}$$

A_1、A_2、A_3、φ 是待定常数。

由边界条件 $x=0, x=-w$ 处电场的切向分量连续可得 E_y 在边界上是连续的,因此

$$A_1 \cos\varphi = A_3 \tag{3-2-25}$$

$$A_1 \cos(-\kappa w + \varphi) = A_2 \tag{3-2-26}$$

把以上两式代入式(3-2-20)和式(3-2-21)得

$$E_y = A_1\cos(\kappa w - \varphi)e^{P(x+w)} \tag{3-2-27}$$

$$E_y = A_1\cos\varphi e^{-qx} \tag{3-2-28}$$

由边界条件 $x=0, x=-w$ 处磁场的切向分量连续可得 H_z 连续，再由式(3-2-12)可得 $\frac{dE_y}{dx}$ 连续，因此

$$A_1\kappa\sin\varphi = A_1 q\cos\varphi \tag{3-2-29}$$

$$-A_1\kappa\sin(-\kappa w + \varphi) = A_1 P\cos(-\kappa w + \varphi) \tag{3-2-30}$$

由式(3-2-29)和式(3-2-30)分别得

$$\tan\varphi = \frac{q}{\kappa} \tag{3-2-31}$$

$$\tan(\kappa w - \varphi) = \frac{P}{\kappa} \tag{3-2-32}$$

联立式(3-2-31)及式(3-2-32)得

$$\kappa w = m\pi + \arctan\left(\frac{P}{\kappa}\right) + \arctan\left(\frac{q}{\kappa}\right) \tag{3-2-33}$$

这里 $m=0,1,2,\cdots$

由此可见，此方程即为本征值方程，与3.1节用射线分析法得到的方程是完全一样的。通过求解它就可以得到在给定入射光与波导参数情况下的不同模式(不同 m)的传播常数 β 值，从而进一步求出模场分布 E_y、H_x 和 H_z。

为了更好地理解不同模式之间的区别及其模阶数 m 与场分布的关系，下面讨论不同模式场场分布的特点。

芯区的场分布由式(3-2-19)表示，因此它在芯区出现极大值和节点(零点)的数目由 $\kappa x+\varphi$ 的取值范围决定。由式(3-2-31)可知，φ 的取值范围为 $0<\varphi<\pi/2$，那么 $\kappa x+\varphi$ 的取值范围为 $-\kappa w+\varphi<\kappa x+\varphi<\pi/2$。由式(3-2-32)可知，$-\kappa w+\varphi=-m\pi-\arctan(P/\kappa)$，而 $\arctan(P/\kappa)$ 的取值范围为 $0<\arctan(P/\kappa)<\pi/2$，所以 $-\kappa w+\varphi$ 的取值范围为 $-(m+1/2)\pi<-\kappa w+\varphi<-m\pi$。综上所述，$\kappa x+\varphi$ 的取值范围为 $-(m+1/2)\pi<\kappa x+\varphi<\pi/2$。例如，对于 $m=0$ 的零阶模，$\kappa x+\varphi$ 的取值范围为 $-\pi/2<\kappa x+\varphi<\pi/2$，所以 E_y 在芯区只出现一个极大值，不会出现节点；对于 $m=1$ 的一阶模，$\kappa x+\varphi$ 的取值范围为 $-3\pi/2<\kappa x+\varphi<\pi/2$，所以 E_y 在芯区会出现两个极值点，出现一个节点。总之，对于 m 阶模，E_y 在芯区会出现 $m+1$ 个极值点，出现 m 个节点。

衬底和包层的场分布由式(3-2-27)和式(3-2-28)决定。阶次 m 越大，β 值越小，P、q 越小，从而使场延伸到衬底和包层的距离越长。

例如，对于 $n_1=1.62, n_2=1.515, n_3=1, w=5\mu m$ 的三层平面波导，若入射光的波长 $\lambda=1.55\mu m$。通过附录Ⅲ中的程序1，让程序中的 m 分别取0、1、2和3；可以估算出 TE_0、TE_1、TE_2 和 TE_3 模传播常数的范围分别为6.5～6.55、6.45～6.5、6.3～6.4和6.15～6.2。再运行程序2即可解出这些模的 β 值分别为6.5432、6.4719、6.3535和6.1937(单位：$1/\mu m$)。在程序2中，“slab_waveguide”是函数文件(见附录Ⅲ中的程序3)。在求出 β 之后，通过求程序2又可进一步求出各模式的 κ、P、q 和 φ 值，并画出这几个模式的电场分

布，如图 3-3 所示，这里设 $A_1=1$。

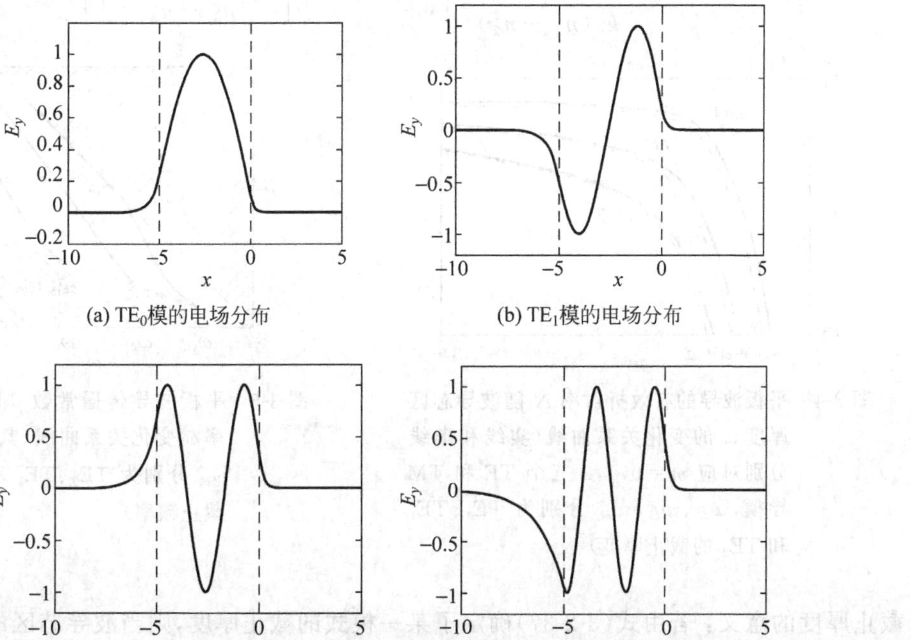

(a) TE_0模的电场分布　(b) TE_1模的电场分布

(c) TE_2模的电场分布　(d) TE_3模的电场分布

图 3-3　几个模式的电场分布

3.2.3　模截止及波导中的传输模式数

若把 TE 模、TM 模的本征方程写成一个统一的公式，则本征值方程可写为

$$\kappa w=m\pi+\arctan\left(c_{12}\frac{P}{\kappa}\right)+\arctan\left(c_{13}\frac{q}{\kappa}\right) \tag{3-2-34}$$

或写为

$$(n_1^2k_0^2-\beta^2)^{\frac{1}{2}}w=m\pi+\arctan\left[c_{12}\left(\frac{\beta^2-n_2^2k_0^2}{n_1^2k_0^2-\beta^2}\right)^{\frac{1}{2}}\right]+\arctan\left[c_{13}\left(\frac{\beta^2-n_3^2k_0^2}{n_1^2k_0^2-\beta^2}\right)^{\frac{1}{2}}\right] \tag{3-2-35}$$

$$(n_1^2-N^2)^{\frac{1}{2}}k_0w=m\pi+\arctan\left[c_{12}\left(\frac{N^2-n_2^2}{n_1^2-N^2}\right)^{\frac{1}{2}}\right]+\arctan\left[c_{13}\left(\frac{N^2-n_3^2}{n_1^2-N^2}\right)^{\frac{1}{2}}\right] \tag{3-2-36}$$

上三式中，对 TE 模，$c_{12}=c_{13}=1$；对 TM 模，$c_{12}=(n_1/n_2)^2$，$c_{13}=(n_1/n_3)^2$。

从式(3-2-36)可以看出：在给定入射光的频率，波导折射率 n_1、n_2 和 n_3 时，可以得到平板波导的有效折射率 N 随波导芯区厚度 w 的变化关系曲线，如图 3-4 所示；同样在给定波导的参数 w、n_1、n_2 和 n_3 时又可通过式(3-2-35)得到平板波导传播常数 β 随入射光频率 ω 变化关系曲线，如图 3-5 所示。

当 $N=n_2$ 时，薄膜的厚度称为截止厚度，用 w_c 表示。从式(3-2-36)可得

$$w_c = \frac{1}{k_0(n_1^2 - n_2^2)^{\frac{1}{2}}}\left\{m\pi + \arctan\left[c_{13}\left(\frac{n_2^2 - n_3^2}{n_1^2 - n_2^2}\right)^{\frac{1}{2}}\right]\right\} \tag{3-2-37}$$

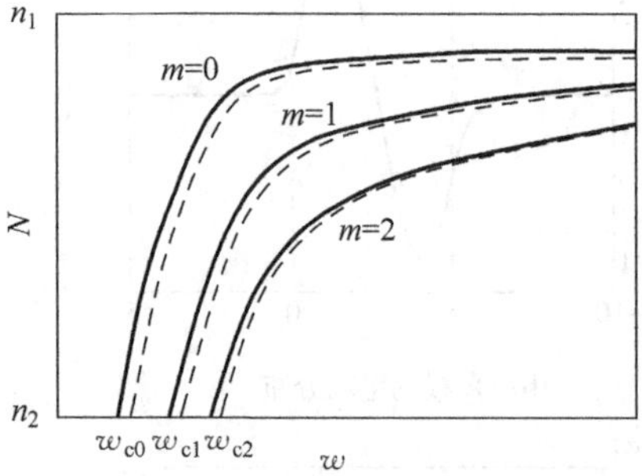

图 3-4 平板波导的有效折射率 N 随波导芯区厚度 w 的变化关系曲线(实线和虚线分别对应 $m=0,1,2$ 三个 TE 和 TM 导模，w_{c0}、w_{c1}、w_{c2} 分别为 TE_0、TE_1 和 TE_2 的截止厚度)

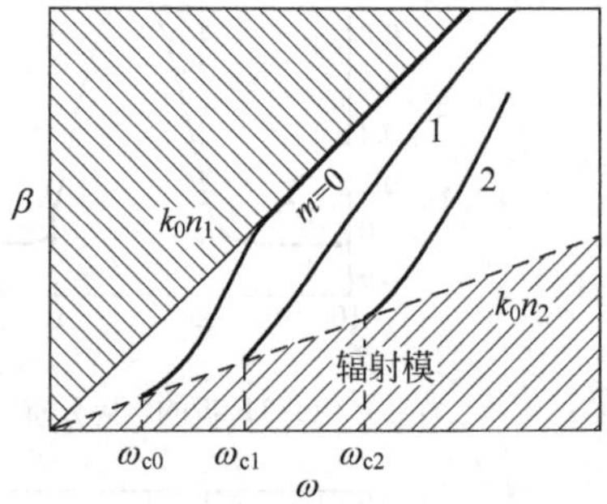

图 3-5 平板波导传播常数 β 随入射光频率 ω 变化关系曲线(其中 ω_{c0}、ω_{c1}、ω_{c2} 分别为 TE_0、TE_1 和 TE_2 模的截止频率)

截止厚度的意义：若由式(3-2-37)确定了某一模式的截止厚度，则当波导芯区的厚度小于此厚度时，此模及阶数高于此模的模式是不存在的。如 TE_1 模的截止厚度为 w_{c1}，若 $w \leqslant w_{c1}$，则波导中不存在 TE_1、TE_2 和 TE_3 及其他高阶模。从式(3-2-37)还可以看出

(1) w_c 随 m 的增大而增大。

(2) 若入射光的频率增大，则 w_c 变小，这说明对某一频率光波导不存在的模式，对比此频率高的光波，这种模式可能存在。例如有频率分别为 ω_1 和 ω_2 的两种不同光，且 $\omega_2 > \omega_1$，则频率为 ω_1 光某模式(如 TE_1 模)的截止厚度 w'_{c1} 大于频率为 ω_2 光 TE_1 模的截止厚度 w''_{c1}。若波导的厚度 w 满足：$w''_{c1} < w < w'_{c1}$，则频率为 ω_2 光的 TE_1 模存在，频率为 ω_1 光的 TE_1 模不存在。

(3) TM 模的截止厚度大于同阶 TE 模的截止厚度。

(4) 当 $n_2 = n_3$ 时(称为三层对称平面波导)，有

$$w_c = \frac{m\pi}{k_0(n_1^2 - n_2^2)^{\frac{1}{2}}}$$

对零阶模有 $w_c = 0$，所以三层对称平面波导的零阶模不会截止。

同样在给定波导参数 w、n_1、n_2 和 n_3 的情况下，可以求出某一模式的截止频率

$$\omega_c = \frac{c}{(n_1^2 - n_2^2)^{\frac{1}{2}}} \cdot \frac{1}{w}\left\{m\pi + \arctan\left[c_{13}\left(\frac{n_2^2 - n_3^2}{n_1^2 - n_2^2}\right)^{\frac{1}{2}}\right]\right\} \tag{3-2-38}$$

同截止厚度一样，对上式也可以进行类似的讨论，这里不再赘述。

从前面的讨论可见，对于 $n_2 \neq n_3$ 的非对称平面波导，TE_0 模是最不容易截止的一种模式，若波导中只能传输 TE_0 模这一种模式，称为单模传输。在给定入射光的频率，波导折射率 n_1、n_2 和 n_3 时，单模传输条件为 $w_c(TE_0) < w < w_c(TM_0)$；给定波导参数时，单模传输的条件为 $\omega_c(TE_0) < \omega < \omega_c(TM_0)$ 或 $\lambda_c(TM_0) < \lambda < \lambda_c(TE_0)$。应该说明的是：实际光波导

的 n_1、n_2 和 n_3 相差不大，因而 TE_0 和 TM_0 模的截止厚度、截止频率和截止波长都相差不大。为此，在实际工程中，认为 TE_0 和 TM_0 模的截止厚度近似相等，而将单模传输条件放宽到 $w_c(TE_0)<w<w_c(TE_1)$、$\omega_c(TE_0)<\omega<\omega_c(TE_1)$ 和 $\lambda_c(TE_1)<\lambda<\lambda_c(TE_0)$。此种条件下，$TE_0$ 和 TM_0 模都可以传输。

若已知波导参数和入射光的波长，则可以求出波导中能够传输 TE、TM 模式的数量分别为

$$M_{TE}=\text{Int}\left[\frac{2w}{\lambda}(n_1^2-n_2^2)^{\frac{1}{2}}-\frac{1}{\pi}\arctan\left(\frac{n_2^2-n_3^2}{n_1^2-n_2^2}\right)^{\frac{1}{2}}+1\right] \tag{3-2-39}$$

$$M_{TM}=\text{Int}\left\{\frac{2w}{\lambda}(n_1^2-n_2^2)^{\frac{1}{2}}-\frac{1}{\pi}\arctan\left[\frac{n_1^2}{n_3^2}\left(\frac{n_2^2-n_3^2}{n_1^2-n_2^2}\right)^{\frac{1}{2}}\right]+1\right\} \tag{3-2-40}$$

式中 Int 表示只取整数部分。波导中能够传输模式的总数量为

$$M=M_{TE}+M_{TM}$$

3.2.4 归一化参量

为了方便，常常把波导进行归一化计算，为此首先定义几个无量纲的参量。归一化厚度（或归一化频率）

$$V=k_0 w\sqrt{n_1^2-n_2^2} \tag{3-2-41}$$

归一化波导折射率或归一化传播常数

$$P^2=\frac{N^2-n_2^2}{n_1^2-n_2^2}=\frac{(\beta/k_0)^2-n_2^2}{n_1^2-n_2^2} \tag{3-2-42}$$

P^2 的取值范围为 $0<P^2<1$，$P^2=0$ 相应于截止，在近截止区，$P^2\ll 1$，在远截止区，$1-P^2\ll 1$。

波导结构非对称的参量

$$\Delta=(n_2^2-n_3^2)/(n_1^2-n_2^2) \tag{3-2-43}$$

$\Delta=0$ 相应于对称平板波导，$\Delta\to\infty$ 则对应于强非对称的平板波导（$n_1\approx n_2$，$n_2\neq n_3$）。

对于 TE 模，利用上述各归一化参量的定义式，可以把本征值方程写成下列形式

$$V\sqrt{1-P^2}=m\pi+\arctan\sqrt{P^2/(1-P^2)}+\arctan\sqrt{(P^2+\Delta)/(1-P^2)} \tag{3-2-44}$$

从上式可见，经过归一化定义之后，无论波导参量 w、n_1、n_2、n_3 和入射光的波数 k_0 为何值都可以用此式表示。若几个不同波导结构的非对称参量 Δ 值相等，P^2 与 V 的关系曲线完全一致，这说明一条 $P^2\sim V$ 曲线可以代表 Δ 相同的一类波导，这就是归一化的好处。

在式(3-2-44)中，令 $P^2=0$，我们便求得归一化截止频率为

$$V_c=m\pi+\arctan\sqrt{\Delta}$$

又可写为

$$(w/\lambda)_c=\frac{1}{2\pi}(n_1^2-n_2^2)^{-1/2}(m\pi+\arctan\sqrt{\Delta}) \tag{3-2-45}$$

由此可在给定波长 λ 的情况下，求得 m 阶 TE 模的截止厚度。当导模数目较多（例如在 5 个以上）时，由上式可得估算波导中允许存在的 TE 导模数目的近似公式

$$m \approx \frac{2w}{\lambda}\sqrt{n_1^2 - n_2^2} \tag{3-2-46}$$

对于 TM 模，归一化本征值方程可写成

$$V\sqrt{1-P^2} = m\pi + \arctan\left[\left(\frac{n_1}{n_2}\right)^2 \sqrt{P^2/(1-P^2)}\right] + \arctan\left[\left(\frac{n_1}{n_3}\right)^2 \sqrt{(P^2+\Delta)/(1-P^2)}\right] \tag{3-2-47}$$

它和 TE 模的对应方程(3-2-44)相似，意义也类似，不再赘述。

3.3 非均匀平面波导的射线分析法

从射线光学观点看，在均匀平板波导中传播的导波光，沿锯齿形光路前进时，要在上、下两个界面反复作全反射，必然因界面的不规则性而引起散射，使传输损耗增加。为减小传输损耗，可用扩散、离子交换和离子注入等技术制成波导层内折射率渐变的非均匀或渐变折射率的平面波导。在非均匀平面波导中，因光线前进时可以远离界面，故能避免因界面的不规则性引起的散射损耗。

3.3.1 光线在非均匀平面波导中的轨迹

在非均匀平面波导中，射线方程(2-2-15)可以写为

$$\frac{\mathrm{d}}{\mathrm{d}s}\left[n(x)\frac{\mathrm{d}\boldsymbol{r}}{\mathrm{d}s}\right] = \frac{\mathrm{d}n(x)}{\mathrm{d}x}\hat{\boldsymbol{x}} \tag{3-3-1}$$

由于光沿着 z 轴方向传播，因而光线的路径是 xOz 平面内的曲线，故

$$\boldsymbol{r} = x\hat{\boldsymbol{x}} + z\hat{\boldsymbol{z}}, \quad \frac{\mathrm{d}\boldsymbol{r}}{\mathrm{d}s} = \frac{\mathrm{d}x}{\mathrm{d}s}\hat{\boldsymbol{x}} + \frac{\mathrm{d}z}{\mathrm{d}s}\hat{\boldsymbol{z}}$$

这样式(3-3-1)的 x 和 z 分量可分别写为

$$\frac{\mathrm{d}}{\mathrm{d}s}\left[n(x)\frac{\mathrm{d}x}{\mathrm{d}s}\right] = \frac{\mathrm{d}n(x)}{\mathrm{d}x} \tag{3-3-2}$$

$$\frac{\mathrm{d}}{\mathrm{d}s}\left[n(x)\frac{\mathrm{d}z}{\mathrm{d}s}\right] = 0 \tag{3-3-3}$$

在 xOz 平面内，$\mathrm{d}s$、$\mathrm{d}x$、$\mathrm{d}z$ 的关系如图 3-6 所示，可见 $\mathrm{d}s=\sqrt{\mathrm{d}x^2+\mathrm{d}z^2}$，若用 $\theta(x)$ 表示光线上某点的切线与 z 轴的夹角，则 $\mathrm{d}z=\mathrm{d}s\cos\theta(x)$。

由式(3-3-3)可得

$$n(x)\frac{\mathrm{d}z}{\mathrm{d}s} = n(x)\cos\theta(x) = n(0)\cos\theta(0) = C_1 \tag{3-3-4}$$

上式中的 C_1 在光线轨迹上为常数。

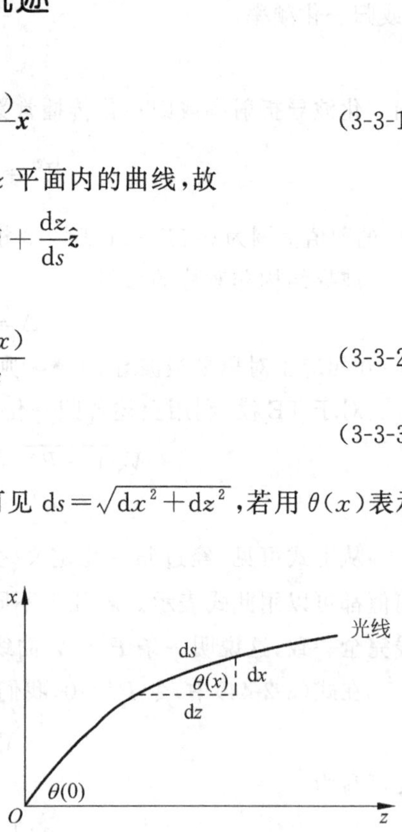

图 3-6 在非均匀介质中传播的光线

对于折射率分布如图 3-7(a)所示的非均匀波导，波导的折射率分布 $n(x)$ 在 $x=0$ 处取最大值 n_1，在 $x\leqslant 0$ 区域从 n_1 开始逐渐递减，在 $x>0$ 的包层区域取常数 n_0 ($n_0<n_1$)。

在这种非对称的渐变折射率波导中，光线先在 $x=0$ 的界面上发生全反射，然后向下传播。由于在 $x=0$ 处折射率最大，且随着 x 的减小折射率逐渐变小，那么从式(3-3-4)可知，光线与 z 轴的夹角 $\theta(x)$ 会随 x 的减小而逐渐变小，当 $x=x_1$ 时，$\theta(x)=0$，那么在 $x<x_1$ 区域光线不能传播，光线将从此点弯向 z 轴，称这点为光线的转折点，如图 3-7(b)所示。从转折点处光线再沿曲线向上行进，到 $x=0$ 界面处光线发生第二次全反射。这样，光线走弧形曲线沿 z 轴方向向前传播。

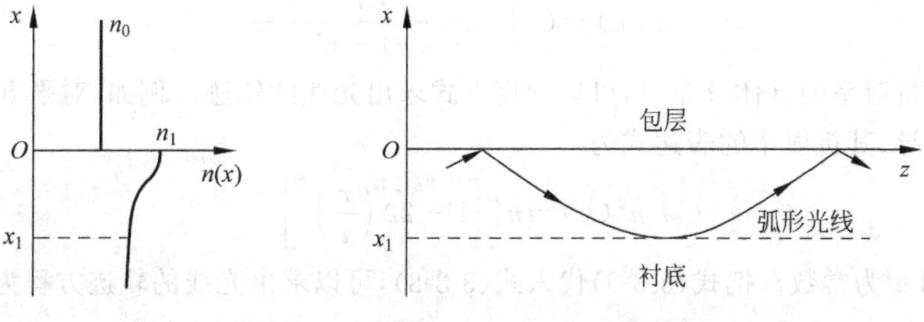

(a) 非均匀折射率分布　　(b)光线在波导中的走向

图 3-7　非对称渐变折射率波导的折射率分布及光线在波导中的轨迹

对于折射率分布如图 3-8(a)所示的对称渐变折射率平面波导，按上面同样的方法分析可以得到波导中的光线是蛇形曲线，如图 3-8(b)所示。它有 $x=x_1$ 和 $x=x_2$ 两个转折点，且 $x_1=-x_2$。

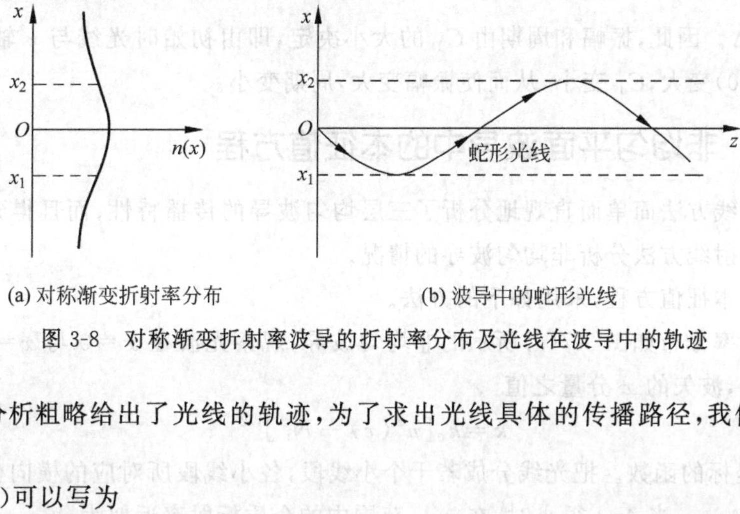

(a) 对称渐变折射率分布　　(b) 波导中的蛇形光线

图 3-8　对称渐变折射率波导的折射率分布及光线在波导中的轨迹

上面的分析粗略给出了光线的轨迹，为了求出光线具体的传播路径，我们进行如下的推导。

式(3-3-2)可以写为

$$\frac{\mathrm{d}}{\mathrm{d}z}\left[n(x)\frac{\mathrm{d}x}{\mathrm{d}z}\frac{\mathrm{d}z}{\mathrm{d}s}\right]\frac{\mathrm{d}z}{\mathrm{d}s}=\frac{\mathrm{d}n(x)}{\mathrm{d}x},\quad 即\quad \cos\theta(x)\frac{\mathrm{d}}{\mathrm{d}z}\left[n(x)\cos\theta(x)\frac{\mathrm{d}x}{\mathrm{d}z}\right]=\frac{\mathrm{d}n(x)}{\mathrm{d}x}$$

利用式(3-3-4)，上式可进一步写为

$$C_1^2\frac{\mathrm{d}^2x}{\mathrm{d}z^2}=\frac{1}{2}\frac{\mathrm{d}n^2(x)}{\mathrm{d}x} \tag{3-3-5}$$

作变换 $t=\frac{\mathrm{d}x}{\mathrm{d}z}$，则 $\frac{\mathrm{d}^2x}{\mathrm{d}z^2}=\frac{\mathrm{d}t}{\mathrm{d}z}=\frac{\mathrm{d}t}{\mathrm{d}x}\frac{\mathrm{d}x}{\mathrm{d}z}=t\frac{\mathrm{d}t}{\mathrm{d}x}=\frac{1}{2}\frac{\mathrm{d}t^2}{\mathrm{d}x}$，将其代入式(3-3-5)，得

$$C_1^2\frac{\mathrm{d}t^2}{\mathrm{d}x}=\frac{\mathrm{d}n^2(x)}{\mathrm{d}x} \tag{3-3-6}$$

对上式积分可得

$$C_1^2t^2=n^2(x)+C_2 \tag{3-3-7}$$

其中 C_2 为积分常数。由于转折点处 $t=0$,且转折点的折射率为 C_1,所以可以求出 $C_2=-C_1^2$。把它代入上式,可以解出光线轨迹的方程为

$$z(x)=C_1\int_0^x\frac{\mathrm{d}x}{[n^2(x)-C_1^2]^{1/2}} \tag{3-3-8}$$

当已知折射率的具体分布时,可以利用上式求出光线的轨迹。例如,对平方律折射率分布的平面波导,其折射率的表达式为

$$n^2(x)=n_1^2\left[1-2\Delta\left(\frac{x}{a}\right)^2\right] \tag{3-3-9}$$

式中的 Δ 和 a 为常数。把式(3-3-9)代入式(3-3-8),可以求出光线的轨迹方程为

$$z(x)=C_1\frac{a}{n_1\sqrt{2\Delta}}\arcsin\frac{n_1\sqrt{2\Delta}x}{a\sqrt{n_1^2-C_1^2}} \tag{3-3-10}$$

上式还可写为

$$x=\frac{a\sqrt{n_1^2-C_1^2}}{n_1\sqrt{2\Delta}}\sin\frac{n_1\sqrt{2\Delta}}{aC_1}z \tag{3-3-11}$$

从式(3-3-11)可见,光线的轨迹是一个正弦曲线,振幅为 $a\sqrt{n_1^2-C_1^2}/n_1\sqrt{2\Delta}$,周期为 $2\pi aC_1/n_1\sqrt{2\Delta}$。因此,振幅和周期由 C_1 的大小决定,即由初始时光线与 z 轴夹角 $\theta(0)$ 的大小决定。$\theta(0)$变大,C_1 变小,从而使振幅变大,周期变小。

3.3.2 非均匀平面波导中的本征值方程

前面用射线方法简单而直观地分析了三层均匀波导的传播特性,而且得到了其本征值方程。下面用射线方法分析非均匀波导的情况。

为了建立本征值方程,采用如下的方法。

对于折射率分布如图 3-7(a)所示的非均匀波导,观察光波在 $x=0$ 与 $x=x_1$ 之间的横向运动。这里,波矢的 x 分量之值

$$\kappa=k_0[n^2(x)-N^2]^{1/2}$$

是依赖于 x 坐标的函数。把光线分成若干个小线段,各小线段所对应的横向坐标和间隔分别记作 x_i 和 Δx_i。当 Δx_i 很小时,在 Δx_i 范围内的介质折射率近似为 $n(x_i)$,这时,对应于 Δx_i 间隔的相移近似为

$$\Delta\varphi_i=[n^2(x_i)-N^2]^{1/2}\cdot k_0\Delta x_i$$

光波从 $x=0$ 行进到 $x=x_1$ 的相移可由上式求和并令 Δx_i 取极限得到

$$\lim_{\Delta x_i\to 0}\sum\Delta\varphi_i=k_0\int_{x_1}^0[n^2(x)-N^2]^{1/2}\mathrm{d}x \tag{3-3-12}$$

光波在上界面 $x=0$ 和转折点 x_1 之间往返一次的总相移,应等于上式给出的相移的 2 倍再加上在上界面上的全反射相移 $-2\varphi_{10}$ 和在转折点处的相移 $-2\varphi_c$,$-2\varphi_c$ 也叫作弯曲相移。

与 3.1 节三层均匀平面波导类似，要想形成导模，总相移应等于零或 2π 的整数倍，即

$$2k_0\int_{x_1}^{0}[n^2-N^2]^{1/2}\mathrm{d}x-2\varphi_{10}-2\varphi_c=2m\pi \tag{3-3-13}$$

式中 $\varphi_{10}=\arctan\left(\frac{N^2-n_0^2}{n_1^2-N^2}\right)^{\frac{1}{2}}$（TE 模），$\varphi_{10}=\arctan\left[\left(\frac{n_1}{n_0}\right)^2\cdot\left(\frac{N^2-n_0^2}{n_1^2-N^2}\right)^{\frac{1}{2}}\right]$（TM 模）。弯曲相移 $-2\varphi_c$ 由下面的分析给出。

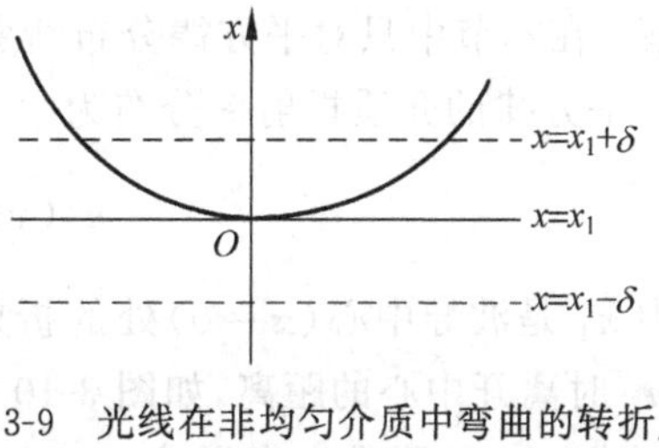

图 3-9 光线在非均匀介质中弯曲的转折点

图 3-9 中的 $x=x_1+\delta$ 和 $x=x_1-\delta$ 是 $x=x_1$ 上下方的两条直线。当 δ 很小时，在 $x_1-\delta<x<x_1$ 和 $x_1<x<x_1+\delta$ 两个区域可以近似看成是折射率分别为 $n(x_1-\delta)$ 和 $n(x_1+\delta)$ 的两个均匀介质区域，弯曲光线可看作是在 $x=x_1$ 分界面上发生全反射的光线。这样，对于 TE 波，全反射的相移为

$$-2\varphi_c=-2\arctan\left[\frac{N^2-n^2(x_1-\delta)}{n^2(x_1+\delta)-N^2}\right]^{1/2} \tag{3-3-14}$$

上式中 $n(x_1-\delta)$ 和 $n(x_1+\delta)$ 分别为

$$n(x_1-\delta)=n(x_1)-\delta\left(\frac{\mathrm{d}n}{\mathrm{d}x}\right)_{x=x_1},\quad n(x_1+\delta)=n(x_1)+\delta\left(\frac{\mathrm{d}n}{\mathrm{d}x}\right)_{x=x_1}$$

代入式(3-3-14)并利用 $N=n(x_1)$，就得到光线在非均匀介质中弯曲时，对于 TE 模，转折点处的相移为 $-2\varphi_c=-2\arctan(1)=-\pi/2$。仿此，也可证明，对于 TM 模，转折点处的相移也为 $-\pi/2$。

由以上的分析，可得此波导的本征值方程为

$$k_0\int_{x_1}^{0}[n^2(x)-N^2]^{\frac{1}{2}}\mathrm{d}x=m\pi+\frac{1}{4}\pi+\arctan\left(\frac{N^2-n_0^2}{n_1^2-N^2}\right)^{\frac{1}{2}}\quad \text{TE 模} \tag{3-3-15}$$

$$k_0\int_{x_1}^{0}[n^2(x)-N^2]^{\frac{1}{2}}\mathrm{d}x=m\pi+\frac{1}{4}\pi+\arctan\left[\left(\frac{n_1}{n_0}\right)^2\left(\frac{N^2-n_0^2}{n_1^2-N^2}\right)^{\frac{1}{2}}\right]\quad \text{TM 模} \tag{3-3-16}$$

当 n_1^2 比 n_0^2 大得多，$n_1^2-N^2$ 比 $N^2-n_0^2$ 小得多时，即远离截止处，以上两式右边的第三项近似地等于 $\pi/2$。当包层为空气时，就属于这种情况。$n_1\gg n_0$ 的情况，常称为强非对称情况。因此，对于强非对称渐变折射率波导，常把模式方程写成下列近似式：

$$k_0\int_{x_1}^{0}[n^2(x)-N^2]^{\frac{1}{2}}\mathrm{d}x=\left(m+\frac{3}{4}\right)\pi,\quad m=0,1,2,\cdots \tag{3-3-17}$$

它适用于 TE 模和 TM 模。

对于折射率分布是图 3-8(a)所示的对称渐变折射率平面波导，光线是蛇形曲线，如图 3-8(b)所示，它有 $x=x_1$ 和 $x=x_2$ 两个转折点，它们都给出弯曲相移 $-\pi/2$，于是，在射线光学近似下，本征值方程为

$$k_0\int_{x_1}^{x_2}[n^2(x)-N^2]^{\frac{1}{2}}\mathrm{d}x=\left(m+\frac{1}{2}\right)\pi,\quad m=0,1,2,\cdots \tag{3-3-18}$$

3.4 平方律分布渐变型折射率平板波导

前面已讲过用射线光学方法分析渐变折射率波导。利用电磁场理论严格分析渐变折射率波导十分困难,只有少数几种分布(平方律分布、直线型分布、指数型分布等)有严格的精确解。在本节中只对平方律分布渐变折射率波导作简要介绍。

平方律的介质折射率分布为

$$n^2(x)=n_1^2-(n_1^2-n_2^2)\left(\frac{x}{a}\right)^2 \tag{3-4-1}$$

式中 n_1 是波导中心($x=0$)处的折射率,a 是折射率减小到 n_2 时离开中心的距离,如图 3-10 所示。

式(3-4-1)可进一步写成

$$n^2(x)=n_1^2\left[1-2\Delta\left(\frac{x}{a}\right)^2\right] \tag{3-4-2}$$

其中 $2\Delta=\dfrac{n_1^2-n_2^2}{n_1^2}$。

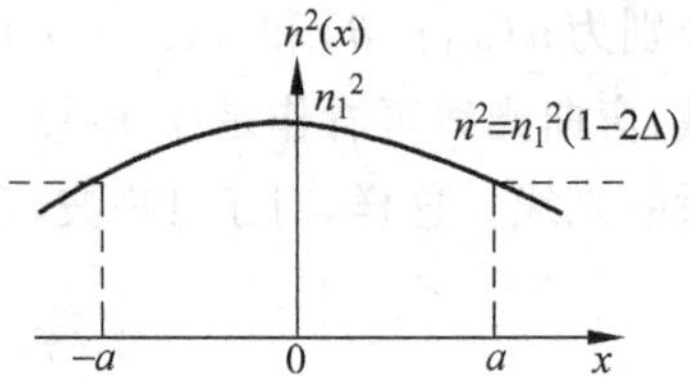

图 3-10 平方律折射率分布

3.4.1 TE 导模

对 TE 导模,由亥姆霍兹方程的一般形式式(2-1-22),得关于 E_y 的方程为

$$\frac{d^2E_y}{dx^2}+[k_0^2n^2(x)-\beta^2]E_y=0 \tag{3-4-3}$$

将式(3-4-2)代入方程(3-4-4),得到

$$\frac{d^2E_y}{dx^2}+\left[(k_0^2n_1^2-\beta^2)-2k_0^2n_1^2\Delta\left(\frac{x}{a}\right)^2\right]E_y=0 \tag{3-4-4}$$

为便于数学分析,引进参数 w_0 及 ξ 如下

$$w_0^2=\frac{a^2}{V}=\frac{a}{k_0n_1(2\Delta)^{1/2}} \tag{3-4-5}$$

$$\xi=\frac{x}{w_0} \tag{3-4-6}$$

则式(3-4-4)可写成

$$\frac{d^2E_y}{d\xi^2}+(\lambda-\xi^2)E_y=0 \tag{3-4-7}$$

$$\lambda=(k_0^2n_1^2-\beta^2)w_0^2 \tag{3-4-8}$$

方程(3-4-7)与量子力学中一维谐振子的定态薛定谔方程完全相同。这样,就可以直接引用有关结果(可参看量子力学教材)。这一本征值方程的本征值为

$$\lambda=2m+1,\quad m=0,1,2,\cdots \tag{3-4-9}$$

相应的本征函数为厄米-高斯(Hermite-Gauss)函数

$$E_y=N_m\cdot H_m(\xi)\exp\left(-\frac{1}{2}\xi^2\right) \tag{3-4-10}$$

式中,$H_m(\xi)$表示阶厄米多项式,N_m 表示归一化常数。如果按下式进行归一化

$$\int_{-\infty}^{\infty} E_y^2(x)\mathrm{d}x = 1 \tag{3-4-11}$$

则有

$$N_m = \pi^{-1/4}(2^m \cdot m!\ w_0)^{-1/2} \tag{3-4-12}$$

磁场分量 H_x 和 H_z 则由式(3-2-11)与式(3-2-12)求出。厄米多项式的定义为

$$H_m(\xi) = (-1)^m \exp(\xi^2)\frac{\mathrm{d}^m}{\mathrm{d}\xi^m}\exp(-\xi^2) \tag{3-4-13}$$

如 $H_0(\xi)=1, H_1(\xi)=2\xi, H_2(\xi)=4\xi^2-2, H_3(\xi)=8\xi-12\xi$ 等。三个最低阶的厄米-高斯模式的场分布如图 3-11 所示。

定义归一化传播常数 $P^2=[(\beta/k_0)^2-n_2^2]/(n_1^2-n_2^2)$，则利用式(3-4-5)、式(3-4-8)和式(3-4-9)，归一化传播常数 P^2 与归一化频率 V 的关系式为

$$P^2 = 1-\left(\frac{2m+1}{V}\right),\quad m=0,1,2,\cdots \tag{3-4-14}$$

由式(3-4-14)计算得到的 P^2 和 V 的关系曲线如图 3-12 所示。需要强调指出的是，这里所给出的结果仅是光波在 $x=0$ 附近区域导模的一种近似。

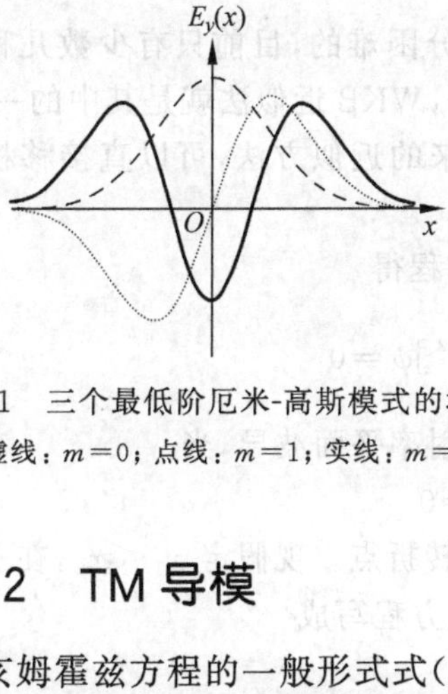

图 3-11 三个最低阶厄米-高斯模式的场分布
虚线：$m=0$；点线：$m=1$；实线：$m=2$

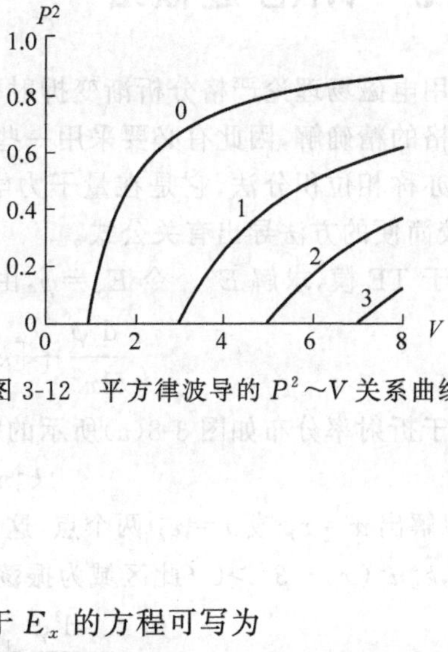

图 3-12 平方律波导的 $P^2 \sim V$ 关系曲线

3.4.2 TM 导模

利用亥姆霍兹方程的一般形式式(2-1-22)，关于 E_x 的方程可写为

$$\frac{\mathrm{d}^2E_x}{\mathrm{d}x^2}+\frac{\mathrm{d}}{\mathrm{d}x}\left[\frac{E_x}{n^2(x)}\frac{\mathrm{d}n^2(x)}{\mathrm{d}x}\right]+[k_0^2n^2(x)-\beta^2]E_x=0 \tag{3-4-15}$$

为了消去上式中的 $\mathrm{d}E_x/\mathrm{d}x$ 项，引进变换式

$$E_x=\psi(x)/n(x) \tag{3-4-16}$$

于是得到 $\psi(x)$ 所满足的标量波动方程为

$$\frac{\mathrm{d}^2\psi}{\mathrm{d}x^2}+\left[\frac{1}{2n^2(x)}\frac{\mathrm{d}^2n^2(x)}{\mathrm{d}x^2}-\frac{3}{4}\frac{1}{n^4(x)}\left(\frac{\mathrm{d}n^2(x)}{\mathrm{d}x}\right)^2+k_0^2n^2(x)-\beta^2\right]\psi=0 \tag{3-4-17}$$

将式(3-4-2)代入上式并略去高于 $\Delta^2(x/a)^4$ 的项得

$$\frac{\mathrm{d}^2\psi}{\mathrm{d}x^2}+\left[\left(k_0^2n_1^2(x)-\beta^2-\frac{2\Delta}{a^2}\right)-\left(\frac{k_0^2n_1^2 2\Delta}{a^2}+\frac{16\Delta^2}{a^4}\right)x^2\right]\psi=0 \tag{3-4-18}$$

令

$$\eta=\frac{x}{w_0},\quad w_0^2=\left(\frac{2k_0^2n_1^2\Delta}{a^2}+\frac{16\Delta^2}{a^4}\right)^{-\frac{1}{2}},\quad \lambda=\left(k_0^2n_1^2-\beta^2-\frac{2\Delta}{a^2}\right)w_0^2$$

方程(3-4-18)也能变换成方程(3-4-7)的形式,即

$$\frac{d^2\psi}{d\eta^2}+(\lambda-\eta^2)\psi=0 \tag{3-4-19}$$

因此函数 ψ 仍可写为厄米-高斯函数,故

$$E_x=\frac{\psi(x)}{n(x)}=\frac{1}{n(x)}\cdot\pi^{-1/4}(2^m\cdot m!\ w_0)^{-1/2}H_m(\eta)\exp\left(-\frac{1}{2}\eta^2\right) \tag{3-4-20}$$

$$\lambda=1+2m,\quad m=0,1,2,\cdots$$

TM 模的本征值为

$$\beta^2=k_0^2n_1^2-\frac{2\Delta}{a^2}-\frac{2m+1}{w_0^2} \tag{3-4-21}$$

3.5 WKB 近似法

利用电磁场理论严格分析渐变折射率波导是十分困难的,目前只有少数几种折射率分布有严格的精确解,因此有必要采用一些近似的方法,WKB 近似法就是其中的一种。WKB 近似法亦称相位积分法,它是在量子力学中建立起来的近似方法,可以直接移植过来。现在,用较简便的方法导出有关公式。

对于 TE 模,求解 E_y。令 $E_y=\psi$,由亥姆霍兹方程得

$$\frac{d^2\psi}{dx^2}+[k_0^2n^2(x)-\beta^2]\psi=0 \tag{3-5-1}$$

对于折射率分布如图 3-8(a)所示的对称渐变折射率平面波导,当

$$k_0^2n^2(x)-\beta^2=0 \tag{3-5-2}$$

时,可以解出 $x=x_1$ 或 $x=x_2$ 两个点,这两个点即为转折点。现假定 $x_1<x_2$,在 $x_1<x<x_2$ 的区域,$k_0^2n^2(x)-\beta^2>0$ (此区域为振荡解区),可把方程写成

$$\frac{d^2\psi}{dx^2}+\kappa^2(x)\psi=0 \tag{3-5-3}$$

$$\kappa^2(x)=k_0^2n^2(x)-\beta^2 \tag{3-5-4}$$

在 $x>x_2$,$x<x_1$ 的区域,$k_0^2n^2(x)-\beta^2<0$ (此区域简称为指数解区),可把方程写成

$$\frac{d^2\psi}{dx^2}-p^2(x)\psi=0 \tag{3-5-5}$$

$$p^2(x)=\beta^2-k_0^2n^2(x) \tag{3-5-6}$$

假定折射率的变化是缓慢的(即采用短波长近似,假定在一个波长的范围内折射率的变化可忽略不计),这是 WKB 法的基本假定。因为 $n^2(x)$ 是缓变函数,可设式(3-5-3)的解在区间 $x_1<x<x_2$ 近似为余弦函数,即

$$\psi(x)=A(x)\cos[\varphi(x)] \tag{3-5-7}$$

其中 $\varphi(x)$ 是相位,而振幅 $A(x)$ 是缓变函数,代入式 (3-5-3),略去小项 $A''(x)$,就得到

$$[-A\varphi'^2 + A\kappa^2]\cos\varphi - (2A'\varphi' + A\varphi'')\sin\varphi = 0$$

因此

$$\frac{\mathrm{d}\varphi}{\mathrm{d}x} = \kappa \tag{3-5-8}$$

$$2A'\varphi' + A\varphi'' = 0 \tag{3-5-9}$$

以上两式可进一步写为

$$\varphi(x) = \int_{x_1}^{x} \kappa(x)\mathrm{d}x + \varphi_1 \text{ 或 } \varphi(x) = \int_{x_2}^{x} \kappa(x)\mathrm{d}x + \varphi_2 \tag{3-5-10}$$

$$A(x) = A_0 / \sqrt{\kappa(x)} \tag{3-5-11}$$

其中 φ_1、φ_2($\varphi_1 = \varphi(x_1)$,$\varphi_2 = \varphi(x_2)$)及 A_0 均为待定常数,于是振荡区的场函数近似表示式为

$$\psi(x) = \frac{A_0}{\sqrt{\kappa}}\cos\left[\int_{x_1}^{x} \kappa(x)\mathrm{d}x + \varphi_1\right] \tag{3-5-12}$$

或

$$\psi(x) = \frac{A_0}{\sqrt{\kappa}}\cos\left[\int_{x_2}^{x} \kappa(x)\mathrm{d}x + \varphi_2\right] \tag{3-5-13}$$

对于 $k_0^2 n^2(x) - \beta^2 < 0$ 的两个指数式衰减区:$x < x_1$ 及 $x > x_2$,类似地,可设解的近似式为

$$\psi(x) = B(x) \cdot \exp[\pm \alpha(x)] \tag{3-5-14}$$

其中 $B(x)$ 是缓变函数(正号相应于 $x < x_1$ 区,负号相应于 $x > x_2$ 区),代入方程(3-5-5)中,略去与 $B''(x)$ 有关的项,就得到 $\mathrm{d}\alpha/\mathrm{d}x = p$ 和 $B(x) = B_0/\sqrt{p(x)}$,其中 B_0 为常数。因此,两个指数式衰减区的场函数近似表示式分别为

$$\psi(x) = \frac{B_1}{\sqrt{p}}\exp\left[\int_{x_1}^{x} p\,\mathrm{d}x\right], \quad x < x_1 \tag{3-5-15}$$

$$\psi(x) = \frac{B_2}{\sqrt{p}}\exp\left[-\int_{x_2}^{x} p\,\mathrm{d}x\right], \quad x > x_2 \tag{3-5-16}$$

其中 B_1、B_2 均为常数。

下面利用 $x = x_1$ 处及 $x = x_2$ 处 ψ 及 $\mathrm{d}\psi/\mathrm{d}x$ 连续的条件推导导模的色散关系式。由 $x = x_1$ 处 ψ 连续,从式(3-5-12)和式(3-5-15)就得到

$$\frac{A_0}{\lim\limits_{x \to x_1^+} \sqrt{\kappa}}\cos\varphi_1 = \frac{B_1}{\lim\limits_{x \to x_2^-} \sqrt{p}} \tag{3-5-17}$$

由 ψ' 连续得

$$-A_0 \lim_{x \to x_1^+} \sqrt{\kappa}\sin\varphi_1 = B_1 \lim_{x \to x_1^-} \sqrt{p} \tag{3-5-18}$$

由式(3-5-17)与式(3-5-18)得

$$\varphi_1 = -\arctan\left(\frac{\lim\limits_{x \to x_1^-} p}{\lim\limits_{x \to x_1^+} \kappa}\right) + m_1\pi \tag{3-5-19}$$

因为

$$\frac{\lim\limits_{x\to x_1^-} p}{\lim\limits_{x\to x_1^+} \kappa}=\frac{\lim\limits_{x\to x_1^-}[N^2-n^2(x)]^{1/2}}{\lim\limits_{x\to x_1^+}[n^2(x)-N^2]^{1/2}}$$

以 Δx 表示 $|x-x_1|$，且在 $x\to x_1^-$ 的过程中，$n^2(x)$ 用 $n^2(x_1-\Delta x)$ 来表示，且在 $x\to x_1^+$ 的过程中，$n^2(x)$ 用 $n^2(x_1+\Delta x)$ 来表示，则上式可写为

$$\frac{\lim\limits_{x\to x_1^-}[N^2-n^2(x)]^{\frac{1}{2}}}{\lim\limits_{x\to x_1^+}[n^2(x)-N^2]^{\frac{1}{2}}}=\frac{\lim\limits_{\Delta x\to 0}[N^2-n^2(x_1-\Delta x)]^{\frac{1}{2}}}{\lim\limits_{\Delta x\to 0}[n^2(x_1+\Delta x)-N^2]^{\frac{1}{2}}}$$

$$=\lim_{\Delta x\to 0}\frac{[N^2-n^2(x_1)+2n(x_1)n'(x_1)\Delta x]^{\frac{1}{2}}}{[n^2(x_1)+2n(x_1)n'(x_1)\Delta x-N^2]^{\frac{1}{2}}}=1$$

因此式(3-5-19)变为

$$\varphi_1=\left(m_1-\frac{1}{4}\right)\pi \tag{3-5-20}$$

同理由 $x=x_2$ 处 ψ、ψ' 连续，从式(3-5-13)和式(3-5-16)亦可得到

$$\varphi_2=\left(m_2+\frac{1}{4}\right)\pi \tag{3-5-21}$$

由上两式及式(3-5-8)得到

$$\varphi_2-\varphi_1=\left[(m_2-m_1)+\frac{1}{2}\right]\pi=\int_{x_1}^{x_2}\kappa\,\mathrm{d}x=k_0\int_{x_1}^{x_2}[n^2(x)-N^2]^{\frac{1}{2}}\,\mathrm{d}x$$

即

$$k_0\int_{x_1}^{x_2}[n^2(x)-N^2]^{\frac{1}{2}}\,\mathrm{d}x=\left(m+\frac{1}{2}\right)\pi \tag{3-5-22}$$

这里 $m=0,1,2,\cdots$ 此方程是用 WKB 近似法求出的色散方程或本征值方程，它和前面用射线光学近似导出的本征值方程一致，所不同的是，这里我们可以借助式(3-5-13)、式(3-5-15)和式(3-5-16)求出导模的场分布。

用同样方法还可以分析非对称渐变折射率分布的波导，设在 $x>x_2$ 处的折射率为 n_3，则在 $x>x_2$ 区域中，场函数应写为

$$\psi=C_2\exp[-p(x-x_2)] \tag{3-5-23}$$

其中 $p^2=\beta^2-k_0^2n_3^2$。因此 $x=x_2$ 处，ψ 及 $\mathrm{d}\psi/\mathrm{d}x$ 连续的条件可写为

$$\varphi(x_2)=\arctan\left(\frac{N^2-n_3^2}{n^2(x_2)-N^2}\right)^{\frac{1}{2}}+m_2\pi$$

对于强非对称渐变折射率波导，$n(x_2)\gg n_3$，因而近似地有

$$\varphi(x_2)=\left(m_2+\frac{1}{2}\right)\pi \tag{3-5-24}$$

于是，由式(3-5-20)、式(3-5-24)和式(3-3-12)，并把 m_2-m_1 记作 m，就得到

$$k_0\int_{x_1}^{x_2}[n^2(x)-N^2]^{\frac{1}{2}}\,\mathrm{d}x=\left(m+\frac{3}{4}\right)\pi \tag{3-5-25}$$

这就是用于计算强非对称渐变波导导模色散关系的 WKB 近似式。它和前面用射线光学近似导出的本征值方程也一致。

应该指出，射线光学法和 WKB 法所导出的色散关系式相吻合，是因为两者都是电磁场理论的短波长近似。不难理解，分析平面波导时，WKB 法的适用范围和射线法是相同的。WKB 法的优点在于能对场分布作近似计算。

3.6 变分法

变分法也是求渐变折射率平面波导的一种近似方法，它的基本思想是通过求传播常数积分表达式的极值确定模式场的场分布与传播常数。

3.6.1 传播常数的积分表达式和变分法

对于渐变折射率平面波导，模式场 $\psi(\psi=E_y)$ 的亥姆霍兹方程可以写为

$$H\cdot\psi=\beta^2\psi \tag{3-6-1}$$

其中算符

$$H=\frac{\mathrm{d}^2}{\mathrm{d}x^2}+k_0^2n^2(x) \tag{3-6-2}$$

因此，β^2 为算符 H 的本征值，ψ 为本征函数。

在式(3-6-1)两边同乘以本征函数 ψ，然后在 $-\infty<x<+\infty$ 的整个 x 值范围内积分，就得到下列积分表达式

$$\beta^2=\frac{\int_{-\infty}^{\infty}\psi H\psi\,\mathrm{d}x}{\int_{-\infty}^{\infty}\psi^2\,\mathrm{d}x} \tag{3-6-3}$$

此式称为传播常数 β 的积分表达式。

下面证明，在上述积分表示式中，当函数 ψ 为本征函数时，β^2 值取极值，这就是说，如果本征函数做微小的变化 $\delta\psi$(称为 ψ 的变分)，则 β^2 的变化(在一级近似下)等于 0，即

$$\delta\beta^2(\delta\psi\to 0)=0 \tag{3-6-4}$$

先证明算符 H 是对称算符，即对任意两函数 $u(x)$ 和 $v(x)$(设它们在 $x\to\pm\infty$ 时趋于 0)，恒有

$$\int_{-\infty}^{\infty}uHv\,\mathrm{d}x=\int_{-\infty}^{\infty}vHu\,\mathrm{d}x \tag{3-6-5}$$

算符 H 的对称性可用如下证明得到。注意到 $H=\mathrm{d}^2/\mathrm{d}x^2+k_0^2n^2(x)$，有

$$\int_{-\infty}^{\infty}uHv\,\mathrm{d}x=\int_{-\infty}^{\infty}u\,\frac{\mathrm{d}^2v}{\mathrm{d}x^2}\mathrm{d}x+\int_{-\infty}^{\infty}k_0^2n^2uv\,\mathrm{d}x$$

由分部积分公式，易见

$$\int_{-\infty}^{\infty}u\,\frac{\mathrm{d}^2v}{\mathrm{d}x^2}\mathrm{d}x=u\,\frac{\mathrm{d}v}{\mathrm{d}x}\bigg|_{-\infty}^{\infty}-\int_{-\infty}^{\infty}\frac{\mathrm{d}u}{\mathrm{d}x}\frac{\mathrm{d}v}{\mathrm{d}x}\mathrm{d}x=-\int_{-\infty}^{\infty}\frac{\mathrm{d}u}{\mathrm{d}x}\frac{\mathrm{d}v}{\mathrm{d}x}\mathrm{d}x$$

$$=-v\,\frac{\mathrm{d}u}{\mathrm{d}x}\bigg|_{-\infty}^{\infty}+\int_{-\infty}^{\infty}v\,\frac{\mathrm{d}^2u}{\mathrm{d}x^2}\mathrm{d}x=\int_{-\infty}^{\infty}v\,\frac{\mathrm{d}^2u}{\mathrm{d}x^2}\mathrm{d}x$$

由此即得式(3-6-5)。

现在在积分表示式$\beta^2=\int\psi H\psi \mathrm{d}x\Big/\int\psi^2\mathrm{d}x$中令函数$\psi$作一微小变化$\delta\psi$，则$\beta^2$的变化等于

$$\delta\beta^2=\frac{\int\delta\psi H\psi \mathrm{d}x}{\int\psi^2\mathrm{d}x}+\frac{\int\psi H\delta\psi \mathrm{d}x}{\int\psi^2\mathrm{d}x}-2\frac{\int\psi H\psi \mathrm{d}x}{\left(\int\psi^2\mathrm{d}x\right)^2}\cdot\int\psi\delta\psi \mathrm{d}x \tag{3-6-6}$$

利用式(3-6-5)可知上式右边第二项与第一项数值相等，且由$H\psi=\beta^2\psi$可知它们都等于$\beta^2\cdot\int\psi\delta\psi \mathrm{d}x\Big/\int\psi^2\mathrm{d}x$，而第三项则等于$-2\beta^2\int\psi\delta\psi \mathrm{d}x\Big/\int\psi^2\mathrm{d}x$，因此证得$\delta\beta^2=0$。

根据函数ψ为本征函数时，β^2值取极值的结论，可以采用如下的方法求β^2的近似值。首先取适当的尝试函数$\psi_t(x,\alpha_1,\alpha_2,\cdots,\alpha_n)$，其中$\alpha_1,\alpha_2,\cdots,\alpha_n$是待定的参数。然后将$\psi_t$代入$\beta^2$的积分表示式中，得到$\beta^2=\beta^2(\alpha_1,\alpha_2,\cdots,\alpha_n)$。最后为使$\beta^2$取极值，令

$$\frac{\partial}{\partial\alpha_1}\beta^2(\alpha_1,\alpha_2,\cdots,\alpha_n)=\frac{\partial}{\partial\alpha_2}\beta^2(\alpha_1,\alpha_2,\cdots,\alpha_n)=\cdots=0 \tag{3-6-7}$$

并由此解得$\alpha_1,\alpha_2,\cdots,\alpha_n$的值，相应的$\beta^2$值即为欲求的$\beta^2$近似值，尝试函数$\psi_t(x,\alpha_1,\alpha_2,\cdots,\alpha_n)$即为欲求的本征函数。这种方法称为变分法，在实际中应用甚广，只要尝试函数选得适当，往往能得到相当准确的结果。

3.6.2 变分法的应用

下面举一个简单例子，说明如何用变分法求基模β_0^2的近似值。考虑折射率分布为四阶对称多项式的渐变波导，即折射率分布为

$$n^2(x)=n_1^2\left[1-2\Delta\left(\frac{x}{a}\right)^2+2S\Delta\left(\frac{x}{a}\right)^4\right]\qquad 2\Delta=\frac{n_1^2-n_2^2}{n_1^2}，S\text{ 是小量}$$

采用归一化参量$V=k_0a(n_1^2-n_2^2)^{1/2}=k_0an_1\sqrt{2\Delta}$时，本征值方程可写为

$$\psi''(x)+\left[k_0^2n_1^2-\left(\frac{V}{a}\right)^2\left(\frac{x}{a}\right)^2+S\left(\frac{V}{a}\right)^2\left(\frac{x}{a}\right)^4\right]\psi(x)=\beta^2\psi(x)$$

故当令$\xi=x/a$时，本征值方程$H\psi=\beta^2\psi$中的算符

$$H=\frac{\mathrm{d}^2}{\mathrm{d}x^2}+k_0^2n_1^2-\left(\frac{V}{a}\right)^2\xi^2+S\left(\frac{V}{a}\right)^2\xi^4$$

为求基模传播常数的近似值，我们选取尝试函数

$$\psi_t(x)=\exp\left(-\frac{1}{2}C\xi^2\right)$$

其中C为待定参数，代入β^2的积分表示式

$$\beta^2=\int_{-\infty}^{\infty}\psi H\psi \mathrm{d}x\Big/\int_{-\infty}^{\infty}\psi^2\mathrm{d}x$$

中并利用公式

$$\int_{-\infty}^{\infty}\xi^{2n}\cdot \mathrm{e}^{-C\xi^2}\mathrm{d}\xi=\frac{1\cdot3\cdot5\cdot\cdots\cdot(2n-1)}{2^n\cdot C^n}\sqrt{\frac{\pi}{C}}$$

可算得

$$\beta^2(C)=k_0^2n_1^2+\frac{1}{a^2}\left[-C+\frac{1}{2C}(C^2-V^2)+\frac{3S}{4C^2}V^2\right] \tag{3-6-8}$$

上式对 C 求导,并令导数等于零,有

$$-\frac{1}{2}+\frac{1}{2}\frac{V^2}{C^2}-S\cdot\frac{3}{2}\frac{V^2}{C^3}=0$$

即

$$C^3-V^2C+3SV^2=0$$

若略去含有小量 S 的项,即可由上式解得 $C=V$,利用此结果,上式可写为

$$C^3-V^2C+3SVC=0$$

$$C^2=V^2\left(1-\frac{3S}{V}\right)$$

$$C\approx V-\frac{3S}{2}$$

在一级近似下,即取 $C=V$ 时,得近似本征函数为

$$\psi_0(x)=\exp\left(-\frac{1}{2}\frac{Vx^2}{a^2}\right)$$

本征值的近似值为

$$\beta_0^2=k_0^2n_1^2+\frac{1}{a^2}\left[-V+\frac{3}{4}S\right]$$

即归一化传播常数

$$P_0^2=1-\frac{1}{V}+\frac{3S}{4V^2}$$

3.7 有限元法简介

有限元法和下节要论述的多层分割法,是求渐变折射率分布平面波导场分布和传播常数的两种数值方法。

许多理论和实际工程问题都可以转化为对微分方程的求解。在已给边界条件下求微分方程的精确解析解,虽然已有完整的理论,但真正能解出的只是极少数的情况。为了满足生产和工程上的需要,必须运用数值近似方法来处理。在求解光波导问题的各种数值近似方法中,有限元方法是最好的数值近似方法之一,它不仅能处理任意截面、任意折射率分布的情况(包括线性与非线性的情况),还能给出比其他方法更精确的结果,因此了解一些用有限元方法分析光波导的内容是很有必要的。这里以平面波导为例进行讲解。

3.7.1 基于变分思想的有限元法

考虑平面波导中的 TE 模,若电场 E_y 用 ψ 表示,则由模式场的亥姆霍兹方程得

$$\frac{\mathrm{d}^2\psi}{\mathrm{d}x^2}+[k_0^2n^2(x)-\beta^2]\psi=0 \tag{3-7-1}$$

此方程相应的泛函为

$$I(\psi)=\int_{-\infty}^{\infty}\left[\left(\frac{\mathrm{d}\psi}{\mathrm{d}x}\right)^{2}-(k_0^2n^2(x)-\beta^2)\psi^2\right]\mathrm{d}x \tag{3-7-2}$$

由泛函极值的理论可以知道式(3-7-1)的解就是让式(3-7-2)取极值时的 ψ 值。在求式(3-7-2)取极值时的 ψ 值时,可以用 Ritz 法进行求解,这就要求先得找到试函数。实际上,全空间的试函数是很难找到的,因此人们就想到了用 n 个节点把全空间分成 E 个单元,用 $\psi_1,\psi_2,\cdots,\psi_n$ 代表节点上的 ψ 值,只要空间分得足够小就可以用节点的线性插值函数来代替试函数,即设第 e 个小区间两端节点的 ψ 值分别为 ψ_{i-1},ψ_i,区间内部的 ψ 值为

$$\tilde{\psi}_e=\psi_{i-1}+\frac{\psi_i-\psi_{i-1}}{x_i-x_{i-1}}(x-x_{i-1})=\frac{x_i-x}{x_i-x_{i-1}}\psi_{i-1}+\frac{x-x_{i-1}}{x_i-x_{i-1}}\psi_i \tag{3-7-3}$$

显然,e 区间越小时,用上式表示的线性插值函数就越接近真实的 ψ 值。把上式代入式(3-7-2)得

$$I=\sum_e\int_{x_{i-1}}^{x_i}\left[\left(\frac{\mathrm{d}\tilde{\psi}_e}{\mathrm{d}x}\right)^{2}-(k_0^2n^2(x)-\beta^2)\tilde{\psi}_e^2\right]\mathrm{d}x \tag{3-7-4}$$

显然,上式就变成了以 $\psi_1,\psi_2,\cdots,\psi_n$ 为参变量的方程,解

$$\frac{\partial I}{\partial\psi_i}=0,\quad i=1,2,\cdots,n \tag{3-7-5}$$

可求出 ψ_i 与 β 值,即模式场的场分布与传播常数。

3.7.2 基于加权余量法思想的有限元法

并不是所有的微分方程都能找到与其相对应的泛函,正是因为这一点,通过求泛函极值的方法来解微分方程并不是总能行得通的,于是人们就发展了一种不需要寻找泛函,直接从微分方程出发来求解微分方程的方法,这就是加权余量法。

若把精确解 ψ 代入方程(3-7-1),方程(3-7-1)是严格成立的,其精确解很难找到,先把近似解 $\tilde{\psi}$ 代入方程(3-7-1),于是

$$\frac{\mathrm{d}^2\tilde{\psi}}{\mathrm{d}x^2}+[k_0^2n^2(x)-\beta^2]\tilde{\psi}=Q(x)$$

这里 $Q(x)$称为余量。如果 $Q(x)$处处为 0,$\tilde{\psi}$ 就是精确解。但使 $Q(x)$在全区间处处为 0 显然是很难的,而使 $Q(x)$在区间内的平均值为 0,即

$$\frac{1}{l}\int Q(x)\mathrm{d}x=0$$

却不难做到。因此令

$$\int Q(x)\mathrm{d}x=0 \tag{3-7-6}$$

由式(3-7-6)所确定的方法就是余量法。余量法得到解的精度太低,为了提高精度可令

$$\int_{-\infty}^{\infty}W_lQ(x)\mathrm{d}x=0 \tag{3-7-7}$$

其中 $W_l(l=1,2,\cdots,n)$称为加权函数。W_l 有不同的选取方法,如子域定位法,点定位法,伽辽金法等。下面用子域定位法说明为什么加权余量法得到的解的精度比余量法得到的解的精度高。

子域定位法：把区间分成 E 个子区间，第 e 个子区间为 R_l，定义

$$W_l=\begin{cases}0 & \text{在 } R_l \text{ 外}\\ 1 & \text{在 } R_l \text{ 上}\end{cases} \tag{3-7-8}$$

这样就得到 E 个独立的方程

$$\int_{x_{l-1}}^{x_l} Q(x)\mathrm{d}x=0 \tag{3-7-9}$$

若 $\tilde{\psi}$ 用式(3-7-3)中的线性插值函数来代替，则有

$$\int_{x_{l-1}}^{x_l}\left[\frac{\mathrm{d}^2\tilde{\psi}_e}{\mathrm{d}x^2}+(k_0^2n^2(x)-\beta^2)\tilde{\psi}_e\right]\mathrm{d}x=0$$

即

$$\int_{x_{l-1}}^{x_l}\left[\frac{\mathrm{d}^2}{\mathrm{d}x^2}\left(\frac{x_l-x}{x_l-x_{l-1}}\psi_{l-1}+\frac{x-x_{l-1}}{x_l-x_{l-1}}\psi_l\right)+\right.$$
$$\left.(k_0^2n^2(x)-\beta^2)\left(\frac{x_l-x}{x_l-x_{l-1}}\psi_{l-1}+\frac{x-x_{l-1}}{x_l-x_{l-1}}\psi_l\right)\right]\mathrm{d}x=0 \tag{3-7-10}$$

这样得到 E 个方程，联立求解即可得出各节点处的 ψ_l。显然，这时求出的 ψ 比余量法求出的要精确得多。

实际上，常用的方法是伽辽金法，在此方法中取

$$W_l=\frac{\partial\tilde{\psi}}{\partial\psi_l}$$

也可得到关于 $\psi_1,\psi_2,\cdots,\psi_n$ 的 n 个方程组，联立即可求出 ψ_i 与 β 的值。

3.8 多层分割法

多层分割法的要点是把渐变折射率平板波导用许多层均匀平板波导来代替，每一层波导的折射率取为该层中心处的折射率，对每一层写出模式场的亥姆霍兹方程的解，并使相邻两层的解在分界面处满足边界条件(对 TE 模，若 $E_y=\psi$，边界条件为 ψ 及 $\mathrm{d}\psi/\mathrm{d}x$ 连续)。只要层数 N 足够大(一般取 $N=20\sim40$ 层即可)，即可用此方法得到足够精确的解。

考虑非对称渐变折射率平面波导，取 x 轴与分界面垂直，设折射率分布为

$$\begin{cases}n^2=n_0^2 & -\infty<x<0\\ n^2=n_2^2+f(x)(n_1^2-n_2^2) & 0<x<a\\ [f(0)=1,f(a)=0] & \\ n^2=n_2^2 & a<x<\infty\end{cases} \tag{3-8-1}$$

这里 a 为芯区厚度，$n_1>n_2>n_0$，$f(x)$为随 x 增大而递减的函数，如图 3-13 所示。

定义归一化传播常数 $P^2=(N^2-n_2^2)/(n_1^2-n_2^2)$，归一化厚度 $V=k_0a(n_1^2-n_2^2)^{1/2}$，则亥姆霍兹方程 $\psi''+(k_0^2n^2-\beta^2)\psi=0$ 除以 $k_0^2(n_1^2-n_2^2)$ 可得(注意，下式中的 x 是上式中 x 的 $k_0(n_1^2-n_2^2)^{1/2}$ 倍)。

$$
\begin{cases}
\psi'' - p^2\psi = 0 & -\infty < x < 0 \\
\psi'' + (f(x) - P^2)\psi = 0 & 0 < x < V \\
\psi'' - P^2\psi = 0 & V < x < \infty
\end{cases}
\tag{3-8-2}
$$

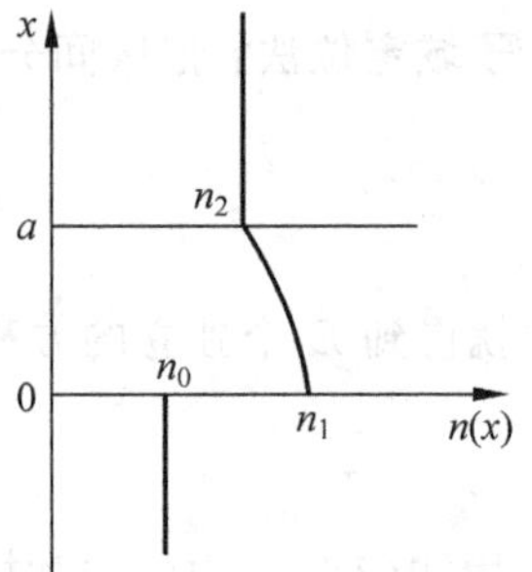

图 3-13 非对称渐变折射率平面波导折射率分布

式中

$$
p^2 = P^2 + \frac{n_2^2 - n_0^2}{n_1^2 - n_2^2} \tag{3-8-3}
$$

将芯区$(0,V)$等分成n层，设$x_0=0, x_n=V$，各层厚度$\Delta = x_i - x_{i-1} = V/n, (i=1,2,\cdots,n)$，并设$x=x_m$为振荡解区与指数解区的转折点，令

$$
\begin{aligned}
k_i^2 &= f\left(\frac{x_{i-1}+x_i}{2}\right) - P^2 \quad i = 1,2,\cdots,m \\
q_i^2 &= P^2 - f\left(\frac{x_{i-1}+x_i}{2}\right) \quad i = m+1, m+2, \cdots, n
\end{aligned}
\tag{3-8-4}
$$

则式(3-8-2)在各层的解可写成

$$
\begin{aligned}
&\psi_0(x) = A_0\exp[p(x-x_0)] && -\infty < x \leqslant x_0 \\
&\psi_i(x) = A_i\cos[k_i(x-x_i) - \varphi_i] \quad i = 1,2,\cdots,m && x_0 \leqslant x \leqslant x_m \\
&\psi_i(x) = A_i\{\exp[-q_i(x-x_i)] + \delta_i\exp[q_i(x-x_i)]\} \quad i = m+1, m+2,\cdots,n && x_m \leqslant x \leqslant x_n \\
&\psi_{n+1}(x) = A_{n+1}\exp[-P(x-x_n)] && x_n \leqslant x < \infty
\end{aligned}
\tag{3-8-5}
$$

为简明起见，这里讨论 TE 模(TM 模的讨论与之完全类似)。由各分界面处ψ及ψ'连续的条件，容易导出递推公式

$$
\begin{aligned}
&\varphi_1 = -k_1\Delta + \arctan(p/k_1) + M\pi \quad M = 0,1,2,\cdots \\
&\varphi_i = \arctan[(k_{i+1}/k_i)\tan(k_{i+1}\Delta + \varphi_{i+1})] \quad i = 1,2,\cdots,m-1 \\
&\varphi_m = -\arctan\left(\frac{q_{m+1}}{k_m}\cdot Y_{m+1}\right) \\
&Y_{m+1} = [\exp(2q_{m+1}\Delta) - \delta_{m+1}]/[\exp(2q_{m+1}\Delta) + \delta_{m+1}] \\
&\delta_j = (q_j - q_{j+1}Z_{j+1})/(q_j + q_{j+1}Z_{j+1}) \\
&Z_{j+1} = [\exp(2q_{j+1}\Delta) - \delta_{j+1}]/[\exp(2q_{j+1}\Delta) + \delta_{j+1}] \quad j = m+1, m+2, \cdots, n-1 \\
&\delta_n = (q_n - P)/(q_n + P)
\end{aligned}
\tag{3-8-6}
$$

利用递推公式求传播常数P^2的方法如下：对尝试值P^2，首先确定m, k_i, q_i，然后依次求得$\delta_n, Z_n, \delta_{n-1}, Z_{n-1}, \cdots, \delta_{m+1}, Y_{m+1}, \varphi_m, \cdots, \varphi_1$，当由此求得的$\varphi_1$值与由式(3-8-6)的第一式给出的$\varphi_1$值相等时，该尝试值即为所求的$P^2$值。

习题

1. 用射线光学的分析方法，说明三层均匀平面波导中形成导模的条件。
2. 试用电磁场分析法推导三层均匀平面波导中 TM 模的本征值方程。

3. 一平板波导薄膜、衬底和包层折射率分别为 n_1、n_2 和 n_3，若在波长 λ 下保持单膜传输，薄膜的厚度 d 应在什么范围内选取？

4. 一平板波导薄膜、衬底和包层折射率分别为 n_1、n_2 和 n_3，薄膜的厚度为 d，若只让 TE_0 传输，频率 ω 和波长 λ 分别应在什么范围内选取？

5. 有一玻璃波导，衬底玻璃的折射率为 $n_2=1.515$，芯区玻璃的折射率为 $n_1=1.620$，包层为空气，若芯区的厚度为 $d=1.00\mu m$，传输波长为 $\lambda=0.82\mu m$，波导中能传输哪几种导模？

6. 在一个三层均匀平面波导中形成的导模，哪种模式光线全反射的入射角最大？为什么？

7. 试用射线法推出对称非均匀平面波导模式的本征值方程(3-3-18)。

8. 简述 WKB 法求解渐变折射率波导本征值方程(3-5-22)中传播常数的步骤。

9. 试推导强非对称渐变折射率波导的色散方程(3-5-25)。

10. 简述变分法求渐变折射率波导的场分布和传播常数的步骤。

11. 用变分法求出抛物线(或平方律)型折射率分布，即 $n^2(x)=n_1^2[1-2\Delta(x/a)^2]$ 的场分布和传播常数。

第4章 金属包层平板介质波导

CHAPTER 4

金属包层介质光波导在集成光学中占有重要地位。因为，在许多集成光学器件中，需在介质波导中沉积一层金属膜或在金属薄膜基底上沉积介质波导层。在光频范围内，金属有其独特的性质，其电容率是复数且实部为负，而且一般地说，实部的绝对值比虚部系数大得多。这就使金属包层介质光波导具有区别于全介质光波导的独特传输性质：在金属和介质的交界面处，可以出现等离子体表面波(Surface Plasma Wave，SPW)；同一阶次的TE模和TM模的模折射率相差很大等。这些传输特性的研究，对于发展光波导理论和研制新型光波导器件有较大的意义。人们已成功地用金属包层介质波导制成光偏振器、滤模器、耦合器等集成光学器件。

4.1 金属的光频特性

4.1.1 金属中的亥姆霍兹方程和复相对电容率

下面介绍光波在金属中传播时所表现出的特殊性质。由于金属不同于一般的介质，必须从麦克斯韦方程组出发进行分析。

设金属是各向同性，均匀，非磁性的，则麦克斯韦方程组为

$$\begin{cases}\nabla\times \boldsymbol{E}=-\mu_0\dfrac{\partial \boldsymbol{H}}{\partial t}\\ \nabla\times \boldsymbol{H}=\sigma\boldsymbol{E}+\dfrac{\partial \boldsymbol{D}}{\partial t}\\ \nabla\cdot \boldsymbol{D}=\rho\\ \nabla\cdot \boldsymbol{H}=0\end{cases} \tag{4-1-1}$$

取第二方程两边的散度，可得

$$\nabla\cdot[\nabla\times \boldsymbol{H}]=\nabla\cdot\left[\sigma\boldsymbol{E}+\frac{\partial \boldsymbol{D}}{\partial t}\right]$$

由于一个矢量场的旋度场的散度为零，于是

$$\nabla\cdot\left[\sigma\boldsymbol{E}+\frac{\partial \boldsymbol{D}}{\partial t}\right]=0$$

对于均匀介质，各处的导电率相同，于是

$$\sigma\,\nabla\cdot\boldsymbol{E}+\frac{\partial\,\nabla\cdot\boldsymbol{D}}{\partial t}=0$$

再将第三方程代入，即得

$$\sigma\,\nabla\cdot\boldsymbol{E}+\frac{\partial\rho}{\partial t}=0$$

对角频率为 ω 的时谐波，考虑到公式的线性性质，如果设 $\boldsymbol{E}(\boldsymbol{r},t)=\boldsymbol{E}(\boldsymbol{r})\mathrm{e}^{-\mathrm{i}\omega t}$，则 $\boldsymbol{H}(\boldsymbol{r},t)=\boldsymbol{H}(\boldsymbol{r})\mathrm{e}^{-\mathrm{i}\omega t}$，$\boldsymbol{D}(\boldsymbol{r},t)=\boldsymbol{D}(\boldsymbol{r})\mathrm{e}^{-\mathrm{i}\omega t}$，$\rho(\boldsymbol{r},t)=\rho(\boldsymbol{r})\mathrm{e}^{-\mathrm{i}\omega t}$。

于是上式可以写为

$$\sigma\,\nabla\cdot\boldsymbol{E}(\boldsymbol{r})-\mathrm{i}\omega\rho(\boldsymbol{r})=0 \tag{4-1-2}$$

一般情况下，电位移矢量的变化要比 $\boldsymbol{E}$ 的变化滞后一定的时间。当 $\boldsymbol{E}$ 变化很慢时，这种滞后效应不显现出来，但在光频率情况下，这种滞后关系是很明显的，于是

$$\boldsymbol{D}(\boldsymbol{r})=\varepsilon(\omega)\boldsymbol{E}(\boldsymbol{r}) \tag{4-1-3}$$

但是，在金属中，电场的作用是使电子运动，而不会产生极化，所以 $\varepsilon(\omega)=\varepsilon_0$。另外，考虑到导电率 σ 也是频率的函数，因此式(4-1-2)可以进一步写成

$$\sigma(\omega)\,\frac{\nabla\cdot\boldsymbol{D}(\boldsymbol{r})}{\varepsilon_0}-\mathrm{i}\omega\rho(\boldsymbol{r})=0$$

将其代入方程组(4-1-1)的第三式，得到

$$\sigma(\omega)\,\frac{\rho(\boldsymbol{r})}{\varepsilon_0}-\mathrm{i}\omega\rho(\boldsymbol{r})=0$$

$$\left[\frac{\sigma(\omega)}{\varepsilon_0}-\mathrm{i}\omega\right]\rho(\boldsymbol{r})=0$$

一般来说，不可能做到 $\left[\frac{\sigma(\omega)}{\varepsilon_0}-\mathrm{i}\omega\right]\equiv0$，因此只有 $\rho(\boldsymbol{r})\equiv0$。这表明，即使在光频下，只要达到稳定状态，在金属内部，不可能存在光频变化的电荷。

于是方程组(4-1-1)，在光频下的形式为

$$\begin{aligned}
&\nabla\times\boldsymbol{E}(\boldsymbol{r})=\mathrm{i}\omega\mu_0\boldsymbol{H}(\boldsymbol{r})\\
&\nabla\times\boldsymbol{H}(\boldsymbol{r})=\sigma(\omega)\boldsymbol{E}(\boldsymbol{r})-\mathrm{i}\omega\varepsilon_0\boldsymbol{E}(\boldsymbol{r})\\
&\nabla\cdot\boldsymbol{E}(\boldsymbol{r})=0\\
&\nabla\cdot\boldsymbol{H}(\boldsymbol{r})=0
\end{aligned} \tag{4-1-4}$$

取方程组(4-1-4)的第一方程两边的旋度，再把第二方程代入，并利用 $\nabla\cdot\boldsymbol{E}=0$，就得到电场强度所满足的亥姆霍兹方程

$$\nabla^2\boldsymbol{E}(\boldsymbol{r})=-\mathrm{i}\omega\mu_0\sigma\boldsymbol{E}(\boldsymbol{r})-\varepsilon_0\mu_0\omega^2\boldsymbol{E}(\boldsymbol{r})$$

$$\nabla^2\boldsymbol{E}(\boldsymbol{r})+(\mathrm{i}\omega\mu_0\sigma+\varepsilon_0\mu_0\omega^2)\boldsymbol{E}(\boldsymbol{r})=0$$

$$\nabla^2\boldsymbol{E}(\boldsymbol{r})+\tilde{k}^2\boldsymbol{E}(\boldsymbol{r})=0 \tag{4-1-5}$$

式中 $\tilde{k}^2=\frac{\omega^2}{c^2}\left(1+\frac{\mathrm{i}\sigma(\omega)}{\varepsilon_0\omega}\right)$，令

$$\tilde{\varepsilon}_r=\left(1+\frac{\mathrm{i}\sigma(\omega)}{\varepsilon_0\omega}\right) \tag{4-1-6}$$

则方程(4-1-5)在形式上和各向均匀同性介质中的亥姆霍兹方程相同，但 $\tilde{k}^2$ 及 $\tilde{\varepsilon}_r$ 均为复

数，$\tilde{\varepsilon}_r$ 称为导电媒质的复相对电容率，简称复电容率。可见，只要把电磁波在电介质中传播的各个方程中的 ε_r 和 k 换成 $\tilde{\varepsilon}_r$ 和 $\tilde{k}^2$，就可以适用于导电介质。

理论和实验表明，在光频范围内，$\tilde{\varepsilon}_r$ 的实部 ε_R 为负数，且绝对值比虚部系数大得多。为了解释复相对电容率的这种性质，下面用经典电子理论模型给出电导率和复相对电容率与电场频率的关系。

4.1.2 金属光频特性的初等电子论

从电磁理论的角度来看，金属是由构成晶体点阵的正离子和自由电子组成的一个电荷系统。在无外界电场时，自由电子在晶体点阵内做无规则的运动(热运动)。由于金属中各点的自由电子所带负电荷数与正离子所带正电荷数相等，金属总体上呈现电中性，因此，这样的一个电荷系统又称为等离子体。在金属中，当正、负电荷分离时，离子质量大，可看作固定不动，而电子可在电场力作用下发生简谐振荡，叫作等离子体振荡，其固有角频率称为等离子体振荡频率，用 ω_p 表示。为了推导出 ω_p，设一块金属中，正负电荷数密度均为 N。由于外界扰动，使电子沿 x 轴方向移动一段距离 x，而正离子保持不动，如图 4-1 所示。

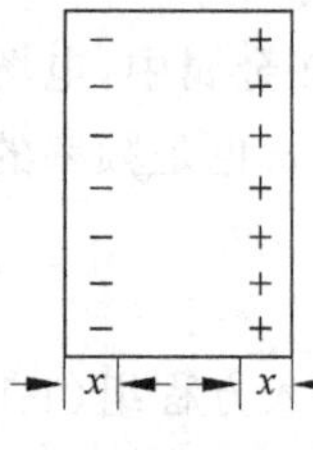

图 4-1 外界扰动时金属中的电子分布

于是，左边边界上出现过多电子的负电荷层，右边边界上出现过多离子的正电荷层。两电荷层中电荷面密度绝对值均为 Nex，e 为电子电量的绝对值。这样在金属内出现附加的匀强电场 $E=Nex/\varepsilon_0$，从而使其中的电子受到准弹性力

$$F=-\frac{Ne^2}{\varepsilon_0}x \tag{4-1-7}$$

的作用。这样，自由电子的振荡就如弹簧(弹性系数为 Ne^2/ε_0)上的振子一样，故得等离子体振荡的固有角频率为

$$\omega_p=\sqrt{\frac{Ne^2}{\varepsilon_0 m}} \tag{4-1-8}$$

其中 m 为电子的质量。对于金属，ω_p 的数量级约为 $10^{16}\,\mathrm{s}^{-1}$。

自由电子在金属的晶格点阵中运动时，不可避免地会发生碰撞和散射现象，这对自由电子的作用可以等效成一个阻尼力。阻尼力的大小与自由电子的速度成正比，方向相反，故此力可以写为 $-m\beta v=-m\beta\dot{x}$。因此，当电场为 E 时，自由电子的运动方程可写为

$$m\ddot{x}+m\beta\dot{x}=eE \tag{4-1-9}$$

在没有外电场的情况下，对上式的一次积分可以得到电子的运动速度为

$$v=v_0\mathrm{e}^{-\beta t} \tag{4-1-10}$$

其中 v_0 为电子的初速度。由上式可见，电子的速度按指数方式衰减，β 是衰减常数，$\tau=1/\beta$ 称为衰减时间或弛豫时间，其典型数量级为 $10^{-14}\,\mathrm{s}$。

在静电场的作用下，由式(4-1-9)，可以得到电子的运动速度为

$$v=v_0\mathrm{e}^{-\beta t}+\frac{eE}{m\beta}(1-\mathrm{e}^{-\beta t}) \tag{4-1-11}$$

由于衰减常数 β 很大，所以电子的运动速度很快变为 $v=eE/m\beta$。设单位体积内有 N

个自由电子,则电流密度

$$J = Nev = \frac{Ne^2}{m\beta}E \tag{4-1-12}$$

故在这种情况下,电导率为

$$\sigma = Ne^2/m\beta \tag{4-1-13}$$

在时谐电场 $E=E_0\mathrm{e}^{-\mathrm{i}\omega t}$ 的作用下,由式(4-1-9),可以得到电子的运动速度为

$$v = v_0\mathrm{e}^{-\beta t} + \frac{eE_0}{m(\beta-\mathrm{i}\omega)}(\mathrm{e}^{-\mathrm{i}\omega t} - \mathrm{e}^{-\beta t}) \tag{4-1-14}$$

仍略去衰减项,可求出电流密度

$$J = Nev = \frac{Ne^2}{m(\beta-\mathrm{i}\omega)}E \tag{4-1-15}$$

可见电导率随角频率 ω 变化的依赖关系为

$$\sigma = \frac{Ne^2}{m(\beta-\mathrm{i}\omega)} \tag{4-1-16}$$

将式(4-1-16)代入式(4-1-6),就得到

$$\tilde{\varepsilon}_\mathrm{r} = 1 - \frac{Ne^2}{\varepsilon_0 m\omega(\omega+\mathrm{i}\beta)} = 1 - \frac{\omega_\mathrm{p}^2}{\omega(\omega+\mathrm{i}\beta)} \tag{4-1-17}$$

在光频区,$\beta/\omega \ll 1$,因此,将上式中的实部和虚部系数分开,即得

$$\mathrm{Re}\tilde{\varepsilon}_\mathrm{r} = 1 - \frac{\omega_\mathrm{p}^2}{\omega^2+\beta^2} \approx 1 - \left(\frac{\omega_\mathrm{p}}{\omega}\right)^2 \tag{4-1-18}$$

$$\mathrm{Im}\tilde{\varepsilon}_\mathrm{r} = \frac{\omega_\mathrm{p}^2\beta}{\omega(\omega^2+\beta^2)} \approx \frac{\beta}{\omega}\left(\frac{\omega_\mathrm{p}}{\omega}\right)^2 \tag{4-1-19}$$

当 $\omega<\omega_\mathrm{p}$ 时,$\tilde{\varepsilon}_\mathrm{r}$ 的实部是负数。例如:若取 $\omega=1.2\times10^{15}\,\mathrm{s}^{-1}(\lambda=1.55\mu\mathrm{m})$,$\omega_\mathrm{p}=10^{16}\,\mathrm{s}^{-1}$,$\beta=10^{14}\,\mathrm{s}^{-1}$ 时,$\omega_\mathrm{p}/\omega\approx8.3$,而 $\beta/\omega=1/12$,由此可以求得,实部取负值 $\mathrm{Re}\tilde{\varepsilon}_\mathrm{r}=-68$,而虚部系数与实部绝对值之比约为 1/12。这说明,对一般金属来说,在光频范围内,复相对电容率的实部取负值,而且实部的绝对值比虚部系数大得多,这一事实已由实验测定结果所证实。当 $\omega>\omega_\mathrm{p}$ 时,$\tilde{\varepsilon}_\mathrm{r}$ 的实部为正,随着频率的升高,束缚电子起着越来越大的作用,金属就变得越来越"透明",从而表现出与电介质相似的光学性质。

应该指出,上述初等理论只能定性解释金属的光频特性和估计有关参数的数量级,严格的理论比较复杂,需用量子力学理论处理。

4.2 等离子体表面波(SPW)

4.2.1 介质与金属分界面上的等离子体表面波

下面分析在介质和金属的分界面上传输的波的性质。如图 4-2(a)所示,设各向同性的非磁性介质和金属的相对电容率各为 $\varepsilon_{1\mathrm{r}}$ 与 $\tilde{\varepsilon}_{2\mathrm{r}}$,略去金属中相对电容率的虚部系数时,有 $\tilde{\varepsilon}_{2\mathrm{r}}=\varepsilon_{2\mathrm{R}}$,注意它是一个负数。取分界面为 y-z 平面,并设单色平面电磁波沿 z 轴正方向传播,这里 $\varepsilon_{1\mathrm{r}}$ 与 $\varepsilon_{2\mathrm{R}}$ 的值均依赖于角频率 ω。则对介质、金属分别有

$$\nabla^2\boldsymbol{E}_1 + \varepsilon_{1\mathrm{r}}\frac{\omega^2}{\mathrm{c}^2}\boldsymbol{E}_1 = 0 \tag{4-2-1}$$

$$\nabla^2 \boldsymbol{E}_2 + \varepsilon_{2R} \frac{\omega^2}{c^2} \boldsymbol{E}_2 = 0 \tag{4-2-2}$$

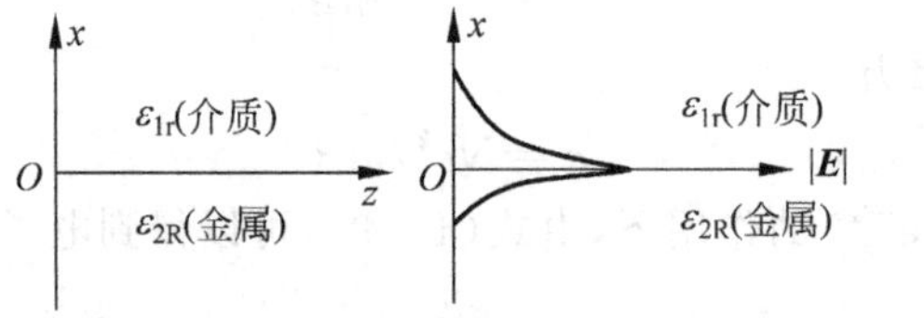

(a) 介质与金属的分界面 (b) 介质与金属中电场的振幅

图 4-2 介质与金属分界面上传播的波

对于沿 z 轴方向传播的波，考虑到折射率只与 x 方向有关，得到波的电磁场可以表示为：$\boldsymbol{E}=\boldsymbol{E}(x)\mathrm{e}^{\mathrm{i}(\beta z-\omega t)}$，$\boldsymbol{H}=\boldsymbol{H}(x)\mathrm{e}^{\mathrm{i}(\beta z-\omega t)}$。另外，同平面波导相似，可以证明波的形式只有TE和TM两种。

对于TE波，E_y 所满足的方程为

$$\begin{aligned} &\frac{\mathrm{d}^2 E_y}{\mathrm{d}x^2} + (k_0^2\varepsilon_{1r} - \beta^2)E_y = 0 \quad x > 0 \\ &\frac{\mathrm{d}^2 E_y}{\mathrm{d}x^2} - (k_0^2 \mid \varepsilon_{2R} \mid + \beta^2)E_y = 0 \quad x < 0 \end{aligned} \tag{4-2-3}$$

若让能量集中在分界面附近，应有 $\beta > k_0\sqrt{\varepsilon_{1r}}$，分界面附近电场的振幅如图 4-2(b)所示。经过分析可知：满足方程(4-2-3)和边界条件 E_y、$\mathrm{d}E_y/\mathrm{d}x$ 连续的解是不存在的。

对于TM波，H_y 所满足的方程为

$$\begin{aligned} &\frac{\mathrm{d}^2 H_y}{\mathrm{d}x^2} + (k_0^2\varepsilon_{1r} - \beta^2)H_y = 0 \quad x > 0 \\ &\frac{\mathrm{d}^2 H_y}{\mathrm{d}x^2} - (k_0^2 \mid \varepsilon_{2R} \mid + \beta^2)H_y = 0 \quad x < 0 \end{aligned} \tag{4-2-4}$$

若让能量集中在分界面附近，应有 $\beta > k_0\sqrt{\varepsilon_{1r}}$，分界面附近电场的振幅也如图 4-2(b)所示。那么满足方程(4-2-4)和边界条件 H_y、$\frac{1}{\varepsilon_r}\mathrm{d}H_y/\mathrm{d}x$ 连续的解是存在的，为

$$H_y = \begin{cases} A_1\mathrm{e}^{-\alpha_1 x} & x > 0 \\ A_2\mathrm{e}^{\alpha_2 x} & x < 0 \end{cases} \tag{4-2-5}$$

其中 $\alpha_1 = \sqrt{\beta^2 - k_0^2\varepsilon_{1r}}$，$\alpha_2 = \sqrt{\beta^2 + k_0^2|\varepsilon_{2R}|}$。另外，由边界条件得

$$\beta = k_0\sqrt{\frac{\varepsilon_{1r} \mid \varepsilon_{2R} \mid}{\mid \varepsilon_{2R} \mid - \varepsilon_{1r}}} \tag{4-2-6}$$

由于TM电磁波能在金属中激起等离子体振荡，称其为等离子体表面波 Surface Plasma Wave，简称为SPW。SPW传播常数 β 的表达式(4-2-6)是SPW的色散关系式。由于 $|\varepsilon_{2R}| > \varepsilon_{1r}$ 时(这在实际上总是满足的)，β 为正实数，且有 $\beta > k_0\sqrt{\varepsilon_{1r}}$，即SPW的波数总大于在介质中传播的平面波的波数，或者说，SPW的波速总小于均匀介质内的波速，因此是一种“慢波”。

4.2.2 长程等离子体表面波

等离子体表面波在传播中由于金属的吸收会发生衰减，只能传一段距离。下面说明，若采用介质-金属-介质组成的三层结构(见图 4-3)，当金属膜厚度小时，可以减小欧姆损耗，使传播距离增大。

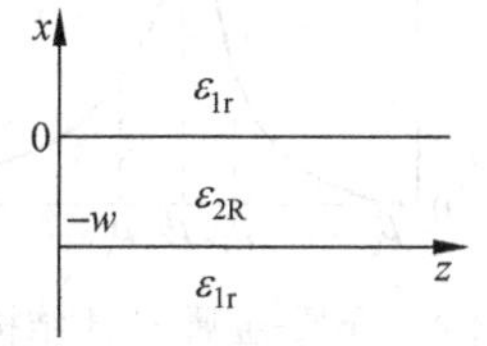

图 4-3 介质-金属-介质组成的三层结构

从物理本质看，当金属层厚度大时，两个金属-介质分界面处都可以激起自由的 SPW，互不干扰；而当金属层厚度减小时，两个 SPW 互相耦合，将两个 SPW 的场强叠加。有一种情况会使金属中的场强减弱，从而使表面波传播时的损耗降低，于是，对于很薄的金属膜，SPW 可以沿其表面传播较长的距离，成为长程等离子体表面波。

下面用求解波动方程来给予说明。为便于分析，略去 $\tilde{\varepsilon}_{2r}$ 的虚部，即让 $\tilde{\varepsilon}_{2r}\approx\varepsilon_{2R}$，另外 $\varepsilon_{1r}>0$，$\varepsilon_{2R}<0$ 且 $|\varepsilon_{2R}|\gg\varepsilon_{1r}$。

对于沿 z 轴正向传播的 TM 表面波，电磁场的分量为 H_y，E_x，E_z，其中 E_x 的亥姆霍兹方程可写为

$$\frac{\mathrm{d}^2E_x}{\mathrm{d}x^2}+(k_0^2\varepsilon_r-\beta^2)E_x=0 \tag{4-2-7}$$

因此其解为

$$E_x=\begin{cases}A\mathrm{e}^{-\alpha_1 x} & 0\leqslant x<\infty\\ B\mathrm{e}^{-\alpha_2 x}+C\mathrm{e}^{\alpha_2 x} & -w\leqslant x\leqslant 0\\ D\mathrm{e}^{\alpha_1 x} & -\infty<x-w\end{cases} \tag{4-2-8}$$

其中 A，B，C，D 为待定系数

$$\alpha_1^2=\beta^2-\varepsilon_{1r}k_0^2,\quad \alpha_2^2=\beta^2-\varepsilon_{2R}k_0^2 \tag{4-2-9}$$

由 $x=0$ 处，εE_x 及 $\mathrm{d}E_x/\mathrm{d}x$ 连续给出

$$\varepsilon_{1r}A=\varepsilon_{2R}(B+C),\quad \alpha_1A=\alpha_2(B-C)$$

由此得

$$\frac{C}{B}=\frac{\varepsilon_{1r}\alpha_2-\varepsilon_{2R}\alpha_1}{\varepsilon_{1r}\alpha_2+\varepsilon_{2R}\alpha_1} \tag{4-2-10}$$

由 $x=-w$ 处，εE_x 及 $\mathrm{d}E_x/\mathrm{d}x$ 连续给出

$$\varepsilon_{1r}\mathrm{e}^{-\alpha_1 w}\cdot D=\varepsilon_{2R}(B\mathrm{e}^{\alpha_2 w}+C\mathrm{e}^{-\alpha_2 w})$$

$$\alpha_1\mathrm{e}^{-\alpha_1 w}\cdot D=-\alpha_2(B\mathrm{e}^{\alpha_2 w}-C\mathrm{e}^{-\alpha_2 w})$$

由此得

$$\frac{C}{B}=\frac{\varepsilon_{1r}\alpha_2+\varepsilon_{2R}\alpha_1}{\varepsilon_{1r}\alpha_2-\varepsilon_{2R}\alpha_1}\cdot\mathrm{e}^{2\alpha_2 w} \tag{4-2-11}$$

式(4-2-10)与式(4-2-11)可给出

$$\mathrm{e}^{2\alpha_2 w}=\left(\frac{\varepsilon_{1r}\alpha_2-\varepsilon_{2R}\alpha_1}{\varepsilon_{1r}\alpha_2+\varepsilon_{2R}\alpha_1}\right)^2 \tag{4-2-12}$$

其中 α_1 与 α_2 应满足关系式(4-2-9)。由此，可以用数值方法解得传播常数 β 与金属厚度 w

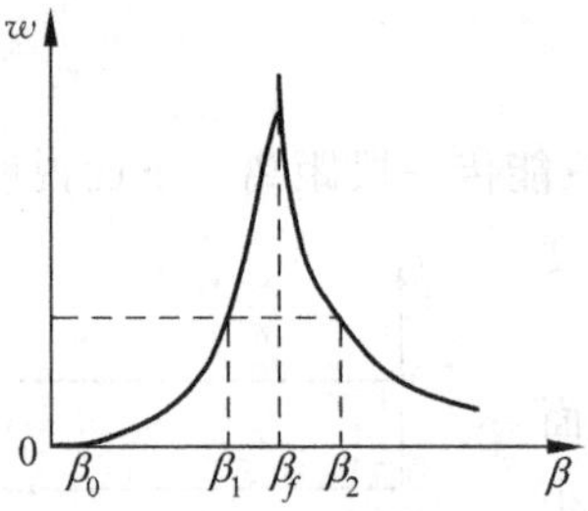

图 4-4 介质-金属-介质结构对称三层结构 SPW 的色散关系

的关系,如图 4-4 所示。

讨论:

(1) 当 $w\to\infty$ 时,$\varepsilon_{1r}/\alpha_1=-\varepsilon_{2R}/\alpha_2$,这时,由式(4-2-9)解得

$$\beta_f=\frac{\omega}{c}\sqrt{\frac{\varepsilon_{1r}\mid\varepsilon_{2R}\mid}{\mid\varepsilon_{2R}\mid-\varepsilon_{1r}}} \tag{4-2-13}$$

这实际上就是在两个分界面处彼此独立的自由 SPW。

(2) 当 $w\to 0$ 时,式(4-2-12)一个解是 $\alpha_1=0$,即

$$\beta_0=\sqrt{\varepsilon_{1r}}\frac{\omega}{c} \tag{4-2-14}$$

另一解相应于 α_1 和 α_2 趋于无限,β 亦趋于无限。

(3) 当 w 取有限值时,可求得传播常数各为 β_1 和 β_2 的两个解满足色散关系。对于 β_1,有 $\alpha_1/\alpha_2<\varepsilon_{1r}/|\varepsilon_{2R}|$;对于 β_2,有 $\alpha_1/\alpha_2>\varepsilon_{1r}/|\varepsilon_{2R}|$。由式(4-2-10)可见,对于 β_1 这个解,应有 $C/B>0$,它表明金属中的电场是增强的,这样电磁能量在金属层内所占比重较大,因而 SPW 的传播损耗较大,传播的距离很短。对于 β_2 这个解,应有 $C/B<0$,它表明金属中的电场是减弱的,此时电磁能量主要集中在两边的电介质内,因而 SPW 的传播损耗较小,计算表明,当金属层厚度小于 0.02μm 时,波的传播损耗大大下降,可以传播较长的距离,成为长程等离子体表面波。

4.3 非对称金属包层介质波导

由金属-介质-介质构成的三层平板波导结构如图 4-5 所示。这种一侧为金属层的结构称为非对称金属包层介质波导。

4.3.1 模式的本征方程

非对称金属包层介质波导结构与三层平板介质波导完全相似,如图 4-5 所示。主要差别是,其包层为金属。对于金属而言,其电容率取复数值,由于金属中的电磁场所满足的方程的形式与介质中的一样,因此此结构本征方程的形式与三层平板介质波导完全相同,即

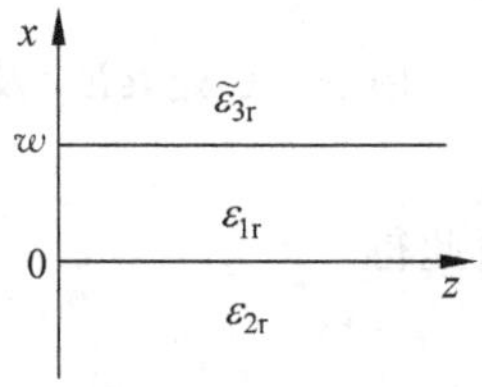

图 4-5 非对称金属包层介质波导

$$\kappa w=m\pi+\arctan\left(c_{12}\frac{P}{\kappa}\right)+\arctan\left(c_{13}\frac{q}{\kappa}\right) \tag{4-3-1}$$

这里

$$\kappa=(k_0^2\varepsilon_{1r}-\beta^2)^{\frac{1}{2}} \tag{4-3-2}$$

$$P=(\beta^2-k_0^2\varepsilon_{2r})^{\frac{1}{2}} \tag{4-3-3}$$

$$q=(\beta^2-k_0^2\tilde{\varepsilon}_{3r})^{\frac{1}{2}} \tag{4-3-4}$$

$$\begin{cases} c_{12}=c_{13}=1 & \text{对 TE 模} \\ c_{12}=\dfrac{\varepsilon_{1r}}{\varepsilon_{2r}}, c_{13}=\dfrac{\varepsilon_{1r}}{\tilde{\varepsilon}_{3r}} & \text{对 TM 模} \end{cases}$$

由于 $\tilde{\varepsilon}_{3r}$ 是复数，所以本征值方程(4-3-1)是复本征值方程，我们可以直接用计算机求解传播常数 β，它应是一复数，其虚部就代表在传播过程中能量的损失。

4.3.2 传播常数与模式特性

在本节中，为求解传播常数，分析各模式的特性，先略去 $\tilde{\varepsilon}_{3r}$ 的虚部，这样的分析，除了未计算损耗特性外，对传播常数的计算值几乎没有影响，因而是可行的。

(1) 导模存在的模折射率 N 的范围是 $\sqrt{\varepsilon_{2r}}<N<\sqrt{\varepsilon_{1r}}$。

(2) TE 模的 β 值比同一阶次的 TM 模的 β 值小(参看图 4-6)，这和全介质波导的情况恰恰相反。

(3) 与全介质波导相比，金属包层介质波导中，同阶次的 TE 模和 TM 模的色散曲线相隔较远，这一结论可以由截止时的 $k_0 w$ 值相比较得出。截止时，$N=\sqrt{\varepsilon_{2r}}$，故 TE 模与 TM 模截止值 w_c 之差为

$$w_c^{\mathrm{TE}}-w_c^{\mathrm{TM}}=\frac{1}{k_0(\varepsilon_{1r}-\varepsilon_{2r})^{1/2}}\left[\arctan\sqrt{\frac{\varepsilon_{2r}-\varepsilon_{3R}}{\varepsilon_{1r}-\varepsilon_{2r}}}-\arctan\left(\frac{\varepsilon_{1r}}{\varepsilon_{3R}}\sqrt{\frac{\varepsilon_{2r}-\varepsilon_{3R}}{\varepsilon_{1r}-\varepsilon_{2r}}}\right)\right]$$

对全介质波导而言，$\varepsilon_{1r}>\varepsilon_{3R}>0$，故差值为负；对金属包层介质波导而言，$\varepsilon_{3R}<0$，故差值为正。而且，因金属包层介质波导的 $\varepsilon_{2r}-\varepsilon_{3R}$ 值显然比全介质波导为大，故一般均有金属介质波导$(k_0 w_c^{\mathrm{TE}}-k_0 w_c^{\mathrm{TM}})$的绝对值大于全介质波导相应量的绝对值。

(4) TM_0 模的特点。

由方程(4-3-1)得 TM_0 模的本征值方程为

$$\kappa w=\arctan\left(\frac{\varepsilon_{1r}}{\varepsilon_{2r}}\frac{P}{\kappa}\right)+\arctan\left(\frac{\varepsilon_{1r}}{\varepsilon_{3R}}\frac{q}{\kappa}\right) \tag{4-3-5}$$

从上式可以看出，因为 $\varepsilon_{3R}<0$，故 TM_0 模是不会截止的。下面分别讨论厚度取不同值时 TM_0 模的特点。

① 当 $w=0$ 时，有

$$\arctan\left(\frac{\varepsilon_{1r}}{\varepsilon_{2r}}\frac{P}{\kappa}\right)=-\arctan\left(\frac{\varepsilon_{1r}}{\varepsilon_{3R}}\frac{q}{\kappa}\right)$$

于是得到 $\varepsilon_{3R}/\varepsilon_{2r}=-q/P$，因而传播常数为

$$\beta_1=k_0 N_1=\sqrt{\frac{\varepsilon_{2r}\varepsilon_{3R}}{\varepsilon_{2r}+\varepsilon_{3R}}}\cdot\frac{\omega}{c} \tag{4-3-6}$$

这是在金属与电容率为 ε_{2r} 的介质分界面上的一个 SPW。

② 当 $w\neq 0$ 时，分两种情况考虑。

(a) $n_1>N_1$。在此情况下，TM_0 模的曲线如图 4-6 所示。

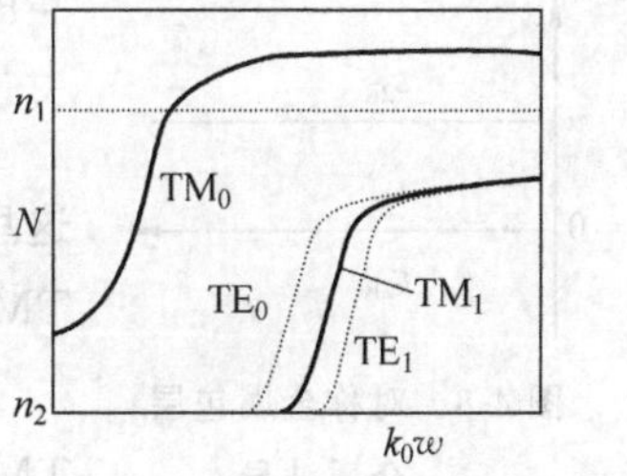

图 4-6　$n_1>N_1$ 时非对称金属包层介质波导色散曲线

由图 4-6 可见随着芯区厚度 w 的增加 N 也在增加，当 $N=n_1$ 时，导模处于截止状态。由于式(4-3-5)可以改写为

$$\tan\kappa w=\left(\frac{\varepsilon_{1r}P}{\varepsilon_{2r}\kappa}+\frac{\varepsilon_{1r}q}{\varepsilon_{3R}\kappa}\right)\left(1-\frac{\varepsilon_{1r}P}{\varepsilon_{2r}\kappa}\cdot\frac{\varepsilon_{1r}q}{\varepsilon_{3R}\kappa}\right)^{-1}$$

$\kappa\to 0$ 时，上式可以近似地写成

$$\kappa w\approx-\frac{\varepsilon_{2r}\kappa}{\varepsilon_{1r}P}-\frac{\varepsilon_{3R}\kappa}{\varepsilon_{1r}q}$$

由此可得截止时的厚度

$$w_c=\frac{1}{k_0\varepsilon_{1r}}\left[-\frac{\varepsilon_{3R}}{\sqrt{\varepsilon_{1r}-\varepsilon_{3R}}}-\frac{\varepsilon_{2r}}{\sqrt{\varepsilon_{1r}-\varepsilon_{2r}}}\right] \tag{4-3-7}$$

即 $0<w<w_c$ 时

$$\sqrt{\frac{\varepsilon_{2r}\varepsilon_{3R}}{\varepsilon_{2r}+\varepsilon_{3R}}}<N<\sqrt{\varepsilon_{1r}}$$

在此范围内，TM_0 模是导模。

当 $N>n_1$ 时，由 $\arctan \mathrm{i}x=\mathrm{i}\tanh^{-1}x$，本征值方程可以变为

$$\kappa' w=-\tanh^{-1}\left(\frac{\varepsilon_{1r}P}{\varepsilon_{2r}\kappa'}\right)-\tanh^{-1}\left(\frac{\varepsilon_{1r}q}{\varepsilon_{3R}\kappa'}\right)$$

这里 $\kappa'=k_0\sqrt{N^2-\varepsilon_{1r}}$。

当 $w\to\infty$ 时，$-\tanh^{-1}\left(\frac{\varepsilon_{1r}q}{\varepsilon_{3R}\kappa'}\right)\to\infty$，因此 $\frac{\varepsilon_{1r}q}{\varepsilon_{3R}\kappa'}\to-1$，所以

$$N=N_2=\sqrt{\frac{\varepsilon_{1r}\varepsilon_{3R}}{\varepsilon_{1r}+\varepsilon_{3R}}},\quad 或\quad \beta=\beta_2=\sqrt{\frac{\varepsilon_{1r}\varepsilon_{3R}}{\varepsilon_{1r}+\varepsilon_{3R}}}\cdot\frac{\omega}{c}$$

所以当 $w>w_c$ 时，TM_0 模是 SPW 模，且有 $\sqrt{\varepsilon_{1r}}<N<N_2$。

(b) $n_1<N_1$。在此情况下，TM_0 模不是导模，都是 SPW 模，这一点从上面的计算就可以看出。此时 TM_0 模的曲线如图 4-7 所示。

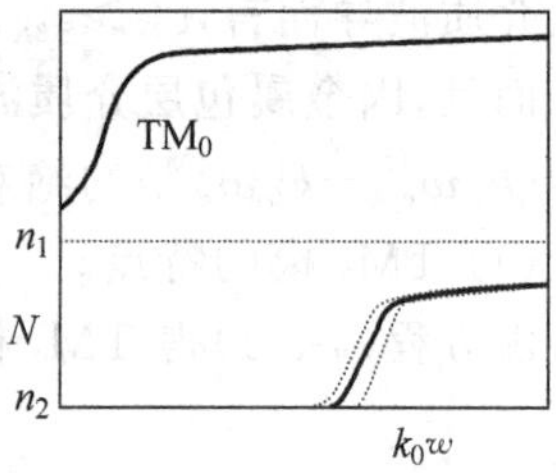

图 4-7 $n_1<N_1$ 时非对称金属包层介质波导色散曲线

4.4 对称金属包层介质波导

对称金属包层的介质波导的结构如图 4-8 所示，这种结构亦称光学电介质条状线。

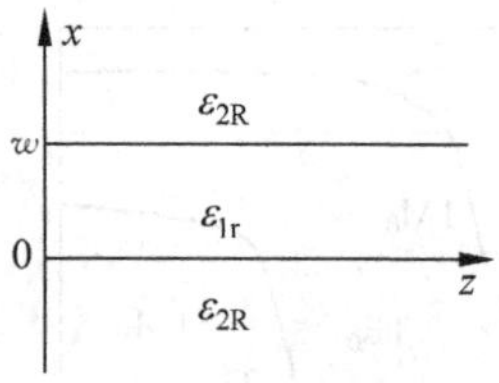

图 4-8 对称金属包层介质波导

它的本征值方程为

$$\kappa w=m\pi+2\arctan\left(c\frac{P}{\kappa}\right) \tag{4-4-1}$$

这里 $\kappa=k_0(\varepsilon_{1r}-N^2)^{1/2}$，$P=k_0(N^2-\varepsilon_{2R})^{1/2}$，对 TE 模，$c=1$，对 TM 模，$c=\varepsilon_{1r}/\varepsilon_{2R}$。

为更方便讨论模的性质，由方程(4-4-1)可分别写出 TE 模、TM 模的本征值方程

$$k_0\sqrt{\varepsilon_{1r}-N^2}\,w=m\pi+2\arctan\sqrt{\frac{N^2-\varepsilon_{2R}}{\varepsilon_{1r}-N^2}} \tag{4-4-2}$$

$$k_0\sqrt{\varepsilon_{1r}-N^2}\,w=m\pi+2\arctan\left(\frac{\varepsilon_{1r}}{\varepsilon_{2R}}\sqrt{\frac{N^2-\varepsilon_{2R}}{\varepsilon_{1r}-N^2}}\right) \tag{4-4-3}$$

从式(4-4-2)和式(4-4-3)可以看出：

(1) 导模的模折射率存在的范围是 $0<N<\sqrt{\varepsilon_{1r}}$，比全介质波导和非对称金属包层介质波导模折射率的范围都大。

(2) 同一阶次 TE 模的 N 值小于 TM 模的 N 值。

(3) 除了 TM_0 模之外，每个模都有确定的截止厚度。下面分别求出 TE 模与 TM 模截止厚度 W_c 的表达式。当导模截止时，$N=0$，由式(4-4-2)得 TE 模的截止厚度为

$$w_c^{TE}=\frac{m\pi}{k_0\sqrt{\varepsilon_{1r}}}+\frac{2}{k_0\sqrt{\varepsilon_{1r}}}\arctan\sqrt{\frac{|\varepsilon_{2R}|}{\varepsilon_{1r}}} \tag{4-4-4}$$

由式(4-4-3)并利用公式 $\arctan x=\frac{\pi}{2}-\arctan\left(\frac{1}{x}\right)$ 得 TM 模的截止厚度为

$$w_c^{TM}=\frac{(m-1)\pi}{k_0\sqrt{\varepsilon_{1r}}}+\frac{2}{k_0\sqrt{\varepsilon_{1r}}}\arctan\sqrt{\frac{|\varepsilon_{2R}|}{\varepsilon_{1r}}} \tag{4-4-5}$$

从式(4-4-4)和式(4-4-5)可见，$m-1$ 阶 TE 模的截止厚度与 m 阶 TM 模的截止厚度相等，即这两个模式的截止厚度是简并的。

(4) TM_0 模是表面模，TM_1 模一部分是导模，一部分是表面模。下面分别对 TM_0 模和 TM_1 模进行讨论。

① 对 TM_0 模，式(4-4-3)可以写成

$$k_0\sqrt{\varepsilon_{1r}-N^2}\,w=-2\arctan\left(\frac{\varepsilon_{1r}}{|\varepsilon_{2R}|}\sqrt{\frac{N^2+|\varepsilon_{2R}|}{\varepsilon_{1r}-N^2}}\right)$$

显然若 $N^2<\varepsilon_{1r}$，上式不成立，即上式不存在 $N^2<\varepsilon_{1r}$ 的解，TM_0 模的解 N^2 应大于 ε_{1r}。为了研究 $N^2>\varepsilon_{1r}$ 的情况，利用公式 $\arctan ix=i\tanh^{-1}x$ 把上式改写为

$$k_0\sqrt{N^2-\varepsilon_{1r}}\,w=2\tanh^{-1}\left(\frac{\varepsilon_{1r}}{|\varepsilon_{2R}|}\sqrt{\frac{N^2+|\varepsilon_{2R}|}{N^2-\varepsilon_{1r}}}\right)$$

即

$$k_0\sqrt{N^2-\varepsilon_{1r}}\,w=\ln\left[\left(1+\frac{\varepsilon_{1r}}{|\varepsilon_{2R}|}\sqrt{\frac{N^2+|\varepsilon_{2R}|}{N^2-\varepsilon_{1r}}}\right)\Big/\left(1-\frac{\varepsilon_{1r}}{|\varepsilon_{2R}|}\sqrt{\frac{N^2+|\varepsilon_{2R}|}{N^2-\varepsilon_{1r}}}\right)\right]$$

若 $w\to\infty$，$\frac{\varepsilon_{1r}}{|\varepsilon_{2R}|}\sqrt{\frac{N^2+|\varepsilon_{2R}|}{N^2-\varepsilon_{1r}}}\to 1$，由此得 $N=\sqrt{\frac{\varepsilon_{1r}\varepsilon_{2R}}{\varepsilon_{1r}+\varepsilon_{2R}}}$，显然，这是在金属与介质分界面处的等离子体表面波。

若 $w\to 0$ 时，$N\to\infty$。关于 TM_0 模及其他模的曲线，如图 4-9 所示。

从图 4-9 可见，TM_0 模是表面模，其 N 的范围为 $\sqrt{\frac{\varepsilon_{1r}\varepsilon_{2R}}{\varepsilon_{1r}+\varepsilon_{2R}}}<N<\infty$。

② 对 TM_1 模，式(4-4-3)可以写成

$$k_0\sqrt{\varepsilon_{1r}-N^2}\,w=\pi-2\arctan\left(\frac{\varepsilon_{1r}}{|\varepsilon_{2R}|}\sqrt{\frac{N^2+|\varepsilon_{2R}|}{\varepsilon_{1r}-N^2}}\right) \tag{4-4-6}$$

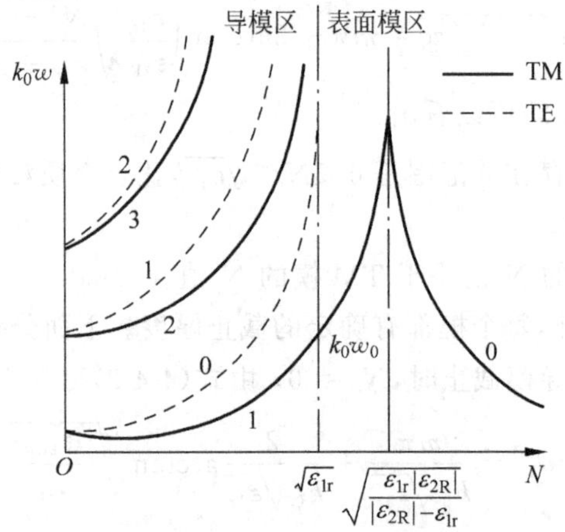

图 4-9 对称金属包层介质波导的色散曲线

当 $0<N<\sqrt{\varepsilon_{1r}}$ 时,TM_1 模是导模,它对应两个截止厚度。对应 $N=0$ 时的截止厚度为

$$w_{c0}^{TM_1}=\frac{2}{k_0\sqrt{\varepsilon_{1r}}}\arctan\sqrt{\frac{|\varepsilon_{2R}|}{\varepsilon_{1r}}}$$

对应 $N=\sqrt{\varepsilon_{1r}}$ 时的截止厚度为

$$w_c^{TM_1}=\frac{2|\varepsilon_{2R}|}{k_0\varepsilon_{1r}}\frac{1}{\sqrt{\varepsilon_{1r}+|\varepsilon_{2R}|}}$$

当 $N>\sqrt{\varepsilon_{1r}}$ 时,本征值方程(4-4-6)可以化为

$$k_0\sqrt{N^2-\varepsilon_{1r}}\,w=\ln\frac{1+\dfrac{|\varepsilon_{2R}|}{\varepsilon_{1r}}\sqrt{\dfrac{N^2-\varepsilon_{1r}}{N^2+|\varepsilon_{2R}|}}}{1-\dfrac{|\varepsilon_{2R}|}{\varepsilon_{1r}}\sqrt{\dfrac{N^2-\varepsilon_{1r}}{N^2+|\varepsilon_{2R}|}}}$$

所以从上式可以看出,若 $w\to\infty$ 时,$\frac{|\varepsilon_{2R}|}{\varepsilon_{1r}}\sqrt{\frac{N^2-\varepsilon_{1r}}{N^2+|\varepsilon_{2R}|}}\to 1$,所以 $N=\sqrt{\frac{\varepsilon_{1r}\varepsilon_{2R}}{\varepsilon_{1r}+\varepsilon_{2R}}}$。

总之,芯区厚度为 $w_{c0}^{TM_1}\sim w_c^{TM_1}$ 时,TM_1 模是导模;为 $w_c^{TM_1}\sim\infty$ 时,TM_1 模是表面模。

习题

1. 推导金属中的亥姆霍兹方程,并指出它与介质中的亥姆霍兹方程之间的区别。
2. 简述金属相对电容率的特性和等离子体表面波的特点。
3. 从非对称金属包层介质波导的本征值出发,说明为什么与全介质波导相比,金属包层介质波导中,同阶次的 TE 模和 TM 模的色散曲线相隔较远。
4. 简述非对称金属包层介质波导中 TM_0 模的特点。
5. 从对称金属包层介质波导的本征值方程出发,推导截止厚度公式(4-4-4)和式(4-4-5)。
6. 简述对称金属包层介质波导中 TM_0 模和 TM_1 模的特点。

第 5 章 矩形介质波导

CHAPTER 5

平面波导的电磁场在一个方向受限制，而在与之垂直的另一个方向上不受限制。这时，在不受限制的方向上电磁场的能量会跑到波导的外面。为了避免能量损耗，在实际的集成光路中，经常使用芯区截面是矩形的介质波导，或使用即使芯区截面不是矩形，但能量基本集中于矩形区域内的介质波导，这些波导统称为矩形介质波导，也称为条形介质波导。

图 5-1 表示几种矩形波导的横截面结构，其中芯区的折射率 n_1 较其他各区域的折射率大。这类介质波导由于结构比平面波导复杂，难以求得严格的解析解，只能采取计算机辅助的数值计算方法或某种近似方法求解。为明确基本物理概念，在下面先介绍马卡梯里(Marcatili)近似解析法，并指出其适用范围，以作为本章其余各节的基础。

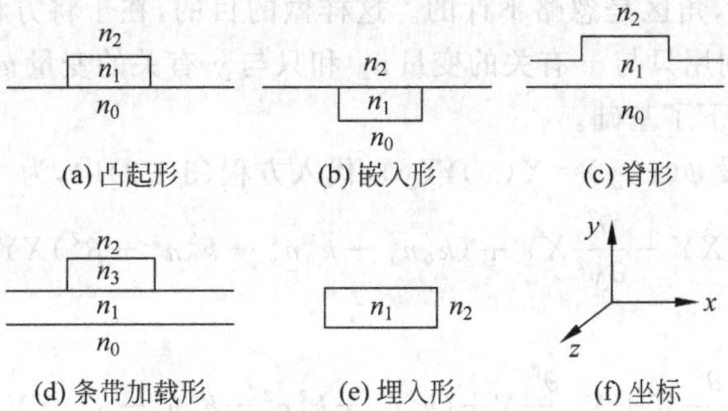

图 5-1 几种矩形波导的横截面结构

5.1 马卡梯里近似解法

5.1.1 马卡梯里近似

由图 5-1 可见，可以把凸起形、嵌入形、埋入形等几种矩形波导看成图 5-2 所示的波导模型的一种特殊情况。在这个模型中，假定各区的折射率分别为 $n_i(i=1, 2, \cdots, 9)$，n_i 为常数，芯区的宽度和厚度分别为 $2a$ 与 $2b$。

对于这一理论模型来说，模场在直角坐标系中的各个分量 ψ 满足亥姆霍兹方程：

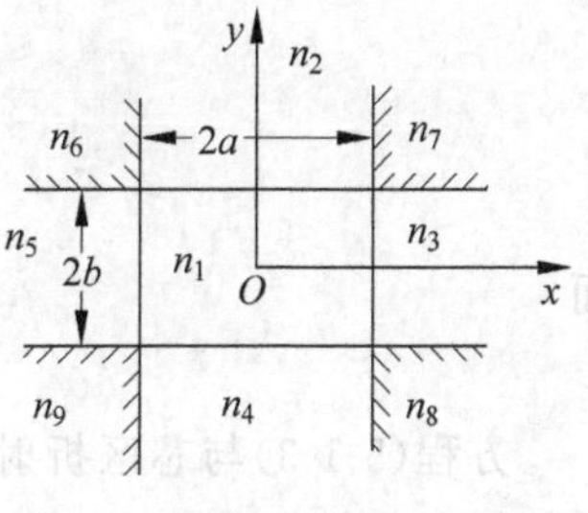

图 5-2 矩形波导的理论模型

$$\frac{\partial^2\psi}{\partial x^2}+\frac{\partial^2\psi}{\partial y^2}+(k_0^2n_i^2-\beta^2)\psi=0 \tag{5-1-1}$$

上式的精确解不但应在 9 个区域满足式(5-1-1),而且还要满足各个分界面上的边界条件。显然,这是十分困难的数学问题。

如果我们考虑的问题远离截止区域,那么,光能量高度集中在芯区,透入到 2、3、4、5 区的光能很少,而 4 个阴影的角区中光能就更少,这时可以完全不考虑角区的场分布,在这种近似下可以使问题大大简化,这种近似被称为马卡梯里的近似。

在马卡梯里的近似下,我们可以把亥姆霍兹方程(5-1-1)近似地写成如下形式:

$$\frac{\partial^2}{\partial x^2}\psi+\frac{\partial^2}{\partial y^2}\psi+(k_0^2n_x^2+k_0^2n_y^2-k_0^2n_1^2-\beta^2)\psi=0 \tag{5-1-2}$$

其中

$$n_x^2=\begin{cases}n_3^2 & x>a\\ n_1^2 & -a<x<a\\ n_5^2 & x<-a\end{cases}$$

$$n_y^2=\begin{cases}n_2^2 & y>b\\ n_1^2 & -b<y<b\\ n_4^2 & y<-b\end{cases}$$

不难看出,方程(5-1-2)与方程(5-1-1)在区域 1、2、3、4、5 是一致的,差别仅在于 4 个角区。而在马卡梯里近似下,角区是忽略不计的。这样做的目的,在于将方程(5-1-1)中的随 x 与 y 都变化的量 n_i,分别用只与 x 有关的变量 n_x 和只与 y 有关的变量 n_y 来表示,从而为进一步使用分离变量法打下了基础。

用分离变量法,设 $\psi(x,y)=X(x)Y(y)$,代入方程(5-1-2)中,为

$$\frac{\partial^2}{\partial x^2}XY+\frac{\partial^2}{\partial y^2}XY+(k_0^2n_x^2+k_0^2n_y^2-k_0^2n_1^2-\beta^2)XY=0$$

或者

$$Y\frac{\partial^2}{\partial x^2}X+X\frac{\partial^2}{\partial y^2}Y+(k_0^2n_x^2+k_0^2n_y^2-k_0^2n_1^2-\beta^2)XY=0$$

两边同除以 XY 得到

$$\left(\frac{1}{X}\frac{\partial^2X}{\partial x^2}+k_0^2n_x^2\right)+\left(\frac{1}{Y}\frac{\partial^2Y}{\partial y^2}+k_0^2n_y^2\right)=k_0^2n_1^2+\beta^2$$

因此

$$\frac{d^2X}{dx^2}+(k_0^2n_x^2-\beta_x^2)X=0 \tag{5-1-3}$$

$$\frac{d^2Y}{dy^2}+(k_0^2n_y^2-\beta_y^2)Y=0 \tag{5-1-4}$$

而

$$\beta^2=\beta_x^2+\beta_y^2-k_0^2n_1^2 \tag{5-1-5}$$

方程(5-1-3)与芯区折射率 n_1,厚度 $2a$,衬底与包层折射率各为 n_3 与 n_5 的三层平板波导的场方程是一致的,而方程(5-1-4)与芯区折射率 n_1,厚度 $2b$,衬底与包层折射率各为 n_2

与 n_4 的三层平板波导的场方程是一致的。两方程的通解分别为

$$X=\begin{cases}c_1\cos(K_x x+\delta_1) & -a<x<a\\ c_2\exp[-p_x(x-a)] & x>a\\ c_3\exp[q_x(x+a)] & x<-a\end{cases}\tag{5-1-6}$$

$$Y=\begin{cases}c_4\cos(K_y y+\delta_2) & -b<y<b\\ c_5\exp[-p_y(y-b)] & y>b\\ c_6\exp[q_y(y+b)] & y<-b\end{cases}\tag{5-1-7}$$

其中

$$K_x=(n_1^2k_0^2-\beta_x^2)^{\frac{1}{2}},\quad K_y=(n_1^2k_0^2-\beta_y^2)^{\frac{1}{2}}\tag{5-1-8}$$

$$p_x=(\beta_x^2-n_3^2k_0^2)^{\frac{1}{2}}=[k_0^2(n_1^2-n_3^2)-K_x^2]^{\frac{1}{2}}\tag{5-1-9}$$

$$p_y=(\beta_y^2-n_2^2k_0^2)^{\frac{1}{2}}=[k_0^2(n_1^2-n_2^2)-K_y^2]^{\frac{1}{2}}\tag{5-1-10}$$

$$q_x=(\beta_x^2-n_5^2k_0^2)^{\frac{1}{2}}=[k_0^2(n_1^2-n_5^2)-K_x^2]^{\frac{1}{2}}\tag{5-1-11}$$

$$q_y=(\beta_y^2-n_4^2k_0^2)^{\frac{1}{2}}=[k_0^2(n_1^2-n_4^2)-K_y^2]^{\frac{1}{2}}\tag{5-1-12}$$

与三层平板波导一样,为了在已知通解的情况下进一步求出本征值方程,还需要利用边界条件,而边界条件是由矩形波导导模的具体形式决定的,为此我们先讨论一下矩形波导中的导模,然后再讨论其他问题。

5.1.2 矩形波导中导模的场分布及其本征值方程

由麦克斯韦方程组可以推出(见附录Ⅳ),在矩形波导中主要存在两种导模,一类导模的电场矢量近似指向 x 方向,记作 E_{mn}^x 模式(注意,E_{mn}^x 是模式的记号,类似于 TM 模式等记号,而不是电场强度的记号),它的主要(占优势的)电磁场分量是 E_x 和 H_y,纵向分量 E_z 和 H_z 较小,而 E_y 更小;另一类导模的电场矢量近似指向 y 方向,记作 E_{mn}^y,它的主要电磁场分量是 E_y 和 H_x,纵向分量 E_z 和 H_z 较小,而 E_x 更小。

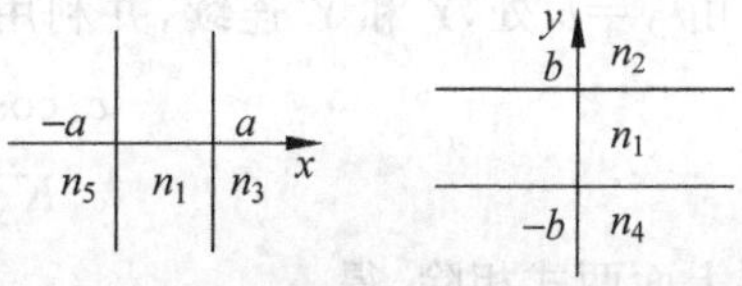

(a) x方向约束的波导　(b) y方向约束的波导

图 5-3　平板波导变换

先分析 E_{mn}^x 模。对于这种模式,ψ 可取为 E_x。由图 5-3 可见,这种模场对于图 5-3(a)所示的平板波导,近似看成 TM 模,由边界条件在 $x=\pm a$ 处 n^2E_x、E_z 连续,分别可以得到 n^2X 及 X'连续。

由 $x=a$ 处,n^2X 及 X'连续,并利用式(5-1-6)得

$$n_1^2c_1\cos(K_xa+\delta_1)=n_3^2c_2\tag{5-1-13}$$

$$c_1K_x\sin(K_xa+\delta_1)=c_2p_x\tag{5-1-14}$$

上面两式相除,得

$$\tan(K_xa+\delta_1)=\frac{n_1^2}{n_3^2}\frac{p_x}{K_x}\tag{5-1-15}$$

即

$$K_x a+\delta_1=m'\pi+\arctan\left(\frac{n_1^2}{n_3^2}\frac{p_x}{K_x}\right)\quad m'=0,1,2,\cdots \tag{5-1-16}$$

由 $x=-a$ 处，n^2X 及 X' 连续，利用式(5-1-6)得

$$n_1^2c_1\cos(K_x a-\delta_1)=n_5^2c_3 \tag{5-1-17}$$

$$c_1K_x\sin(K_x a-\delta_1)=c_3q_x \tag{5-1-18}$$

上面两式相除，得

$$\tan(K_x a-\delta_1)=\frac{n_1^2}{n_5^2}\frac{q_x}{K_x} \tag{5-1-19}$$

即

$$K_x a-\delta_1=m''\pi+\arctan\left(\frac{n_1^2}{n_5^2}\frac{q_x}{K_x}\right)\quad m''=0,1,2,\cdots \tag{5-1-20}$$

式(5-1-16)和式(5-1-20)相加，可得 x 方向的本征值方程为

$$K_x\cdot 2a=(m-1)\pi+\arctan\left(\frac{n_1^2}{n_3^2}\frac{p_x}{K_x}\right)+\arctan\left(\frac{n_1^2}{n_5^2}\frac{q_x}{K_x}\right)\quad m=1,2,3,\cdots \tag{5-1-21}$$

由式(5-1-13)和式(5-1-17)可分别得

$$c_2=c_1\frac{n_1^2}{n_3^2}\cos(K_x a+\delta_1),\quad c_3=c_1\frac{n_1^2}{n_5^2}\cos(K_x a-\delta_1)$$

把以上两式代入式(5-1-6)可把 x 方向的场分布进一步表示为

$$X=\begin{cases}c_1\cos(K_x x+\delta_1) & -a<x<a\\ c_1(n_1^2/n_3^2)\cos(K_x a+\delta_1)\exp[-p_x(x-a)] & x>a\\ c_1(n_1^2/n_5^2)\cos(K_x a-\delta_1)\exp[q_x(x+a)] & x<-a\end{cases} \tag{5-1-22}$$

对于图 5-3(b)所示的平板波导，把 E_{mn}^x 模近似看成 TE 波，由边界条件在 $y=\pm b$ 处 E_x、H_z 连续，分别可以得到 Y 和 Y' 连续。

由 $y=b$ 处，Y 和 Y' 连续，并利用式(5-1-7)得

$$c_4\cos(K_y b+\delta_2)=c_5 \tag{5-1-23}$$

$$c_4K_y\sin(K_y b+\delta_2)=c_5p_y \tag{5-1-24}$$

上面两式相除，得

$$\tan(K_y b+\delta_2)=\frac{p_y}{K_y} \tag{5-1-25}$$

即

$$K_y b+\delta_2=n'\pi+\arctan\left(\frac{p_y}{K_y}\right)\quad n'=0,1,2,\cdots \tag{5-1-26}$$

由 $y=-b$ 处，Y 和 Y' 连续，并利用式(5-1-7)得

$$c_4\cos(K_y b-\delta_2)=c_6 \tag{5-1-27}$$

$$c_4K_y\sin(K_y b-\delta_2)=c_6q_y \tag{5-1-28}$$

上面两式相除，得

$$\tan(K_y b-\delta_2)=\frac{q_y}{K_y} \tag{5-1-29}$$

即

$$K_y b-\delta_2=n''\pi+\arctan\left(\frac{q_y}{K_y}\right) \quad n''=0,1,2,\cdots \tag{5-1-30}$$

式(5-1-26)和式(5-1-30)相加，可得 y 方向的本征值方程为

$$K_y\cdot 2b=(n-1)\pi+\arctan\left(\frac{p_y}{K_y}\right)+\arctan\left(\frac{q_y}{K_y}\right) \quad n=1,2,3,\cdots \tag{5-1-31}$$

由式(5-1-23)和式(5-1-27)代入式(5-1-7)可把 y 方向的场分布进一步表示为

$$Y=\begin{cases}c_4\cos(K_y y+\delta_2) & -b<y<b\\ c_4\cos(K_y b+\delta_2)\exp[-p_y(y-b)] & y>b\\ c_4\cos(K_y b-\delta_2)\exp[q_y(y+b)] & y<-b\end{cases} \tag{5-1-32}$$

由本征值方程(5-1-21)和式(5-1-31)可以分别解得 β_x 及 β_y，于是由式(5-1-5)可以求得 β。另外通过解出的 β_x 及 β_y 还可以分别得出 $K_x, q_x, p_x, \delta_1; K_y, q_y, p_y, \delta_2$，再通过式(5-1-22)和式(5-1-32)求出 X, Y，最后得到模场分布 $E_x=\psi=XY$。

另外，利用三角函数公式 $\arctan z=\pi/2-\arctan 1/z$，本征值方程(5-1-21)和式(5-1-31)可改写为

$$K_x\cdot 2a=m\pi-\arctan\left(\frac{n_3^2}{n_1^2}\frac{K_x}{p_x}\right)-\arctan\left(\frac{n_5^2}{n_1^2}\frac{K_x}{q_x}\right) \tag{5-1-33}$$

$$K_y\cdot 2b=n\pi-\arctan\left(\frac{K_y}{p_y}\right)-\arctan\left(\frac{K_y}{q_y}\right) \tag{5-1-34}$$

下面分析 E_{mn}^y 模。对于这种模式，ψ 可取为 E_y，由图 5-3 可见，这种模场对于图 5-3(a)所示的平板波导，相当于 TE 波，其边界条件为在 $x=\pm a$ 处 X 及 X' 连续，而对于图 5-3(b)所示的平板波导，则相当于 TM 波，其边界条件为在 $y=\pm b$ 处，n^2Y 及 Y' 连续。用与分析 E_{mn}^x 模类似的方法可得 E_{mn}^y 模的本征值方程为

$$K_x\cdot 2a=(m-1)\pi+\arctan\left(\frac{p_x}{K_x}\right)+\arctan\left(\frac{q_x}{K_x}\right) \tag{5-1-35}$$

$$K_y\cdot 2b=(n-1)\pi+\arctan\left(\frac{n_1^2}{n_2^2}\frac{p_y}{K_y}\right)+\arctan\left(\frac{n_1^2}{n_4^2}\frac{q_y}{K_y}\right) \tag{5-1-36}$$

或写成

$$K_x\cdot 2a=m\pi-\arctan\left(\frac{K_x}{p_x}\right)-\arctan\left(\frac{K_x}{q_x}\right) \tag{5-1-37}$$

$$K_y\cdot 2b=n\pi-\arctan\left(\frac{n_2^2}{n_1^2}\frac{K_y}{p_y}\right)-\arctan\left(\frac{n_4^2}{n_1^2}\frac{K_y}{q_y}\right) \tag{5-1-38}$$

E_{mn}^y 模的场分布为

$$X=\begin{cases}c_1\cos(K_x x+\delta_1) & -a<x<a\\ c_1\cos(K_x a+\delta_1)\exp[-p_x(x-a)] & x>a\\ c_1\cos(K_x a-\delta_1)\exp[q_x(x+a)] & x<-a\end{cases} \tag{5-1-39}$$

$$Y=\begin{cases} c_4\cos(K_y y+\delta_2) & -b<y<b \\ c_4(n_1^2/n_2^2)\cos(K_y b+\delta_2)\exp[-p_y(y-b)] & y>b \\ c_4(n_1^2/n_4^2)\cos(K_y b-\delta_2)\exp[q_y(y+b)] & y<-b \end{cases} \tag{5-1-40}$$

我们注意到，如果$(n_1/n_i)-1\ll 1$，比较式(5-1-21)、式(5-1-31)与式(5-1-35)、式(5-1-36)，可以看出E_{mn}^x模与E_{mn}^y模的同阶数模式的传播常数及模场分布差别很小，这说明，在弱导情况下，它们是简并的。

5.1.3 传播常数和模场场分布的计算实例

为了应用前面的理论分析具体的矩形波导，下面计算芯区和包层折射率分别为$n_1=1.4549$、$n_2=1.4440$，即芯区和包层相对折射率差为$\Delta=(n_1-n_2)/n_1=0.75\%$，芯区尺寸为$6\mu m\times 6\mu m$的埋入形矩形波导$E_{mn}^x$模的传播常数和场分布，入射光的波长为1550nm。

对于E_{11}^x模，其本征值方程(5-1-8)和式(5-1-9)可以简化为

$$\sqrt{n_1^2k_0^2-\beta_x^2}\,2a=2\arctan\left(\frac{n_1^2}{n_2^2}\sqrt{\frac{\beta_x^2-n_2^2k_0^2}{n_1^2k_0^2-\beta_x^2}}\right) \tag{5-1-41}$$

$$\sqrt{n_1^2k_0^2-\beta_y^2}\,2b=2\arctan\sqrt{\frac{\beta_y^2-n_2^2k_0^2}{n_1^2k_0^2-\beta_y^2}} \tag{5-1-42}$$

通过附录Ⅴ中程序1和程序2可以估计出E_{11}^x模β_x和β_y的范围为5.88～5.895，再通过程序3即可解出$\beta_x=5.8870$，$\beta_y=5.8871$，根据式(5-1-5)可以求出$\beta=5.8764$，从而得到模折射率$N=1.4497$。在程序3中“rectangular1_x”和“rectangular1_y”是函数文件(见附录Ⅴ程序4和程序5)。

通过程序3及式(5-1-8)～式(5-1-12)，在求出β_x、β_y的基础上，还可以分别得出$K_x=0.3544$，$K_y=0.3530$，$p_x=q_x=0.6274$，$p_y=q_y=0.6282$。

把K_x、p_x及K_y、p_y的值分别代入式(5-1-16)和式(5-1-26)，并利用式中的$m'=n'=0$，可以计算出$\delta_1=\delta_2=0$。所以场分布$E_x=XY$可以写成

$$E_x=\begin{cases} c_1c_4\cos(K_x x)\cos(K_y y) & -a<x<a,-b<y<b \\ c_1c_4\cos(K_y b)\cos(K_x x)\exp[-p_y(y-b)] & -a<x<a,y>b \\ c_1c_4(n_1^2/n_2^2)\cos(K_x a)\exp[-p_x(x-a)]\cos(K_y y) & x>a,-b<y<b \\ c_1c_4\cos(K_y b)\cos(K_x x)\exp[p_y(y+b)] & -a<x<a,y<-b \\ c_1c_4(n_1^2/n_2^2)\cos(K_x a)\exp[p_x(x+a)]\cos(K_y y) & x<-a,-b<y<b \\ c_1c_4(n_1^2/n_2^2)\cos(K_x a)\cos(K_y b)\exp[p_x(x+a)]\exp[-p_y(y-b)] & x<-a,y>b \\ c_1c_4(n_1^2/n_2^2)\cos(K_x a)\cos(K_y b)\exp[-p_x(x-a)]\exp[-p_y(y-b)] & x>a,y>b \\ c_1c_4(n_1^2/n_2^2)\cos(K_x a)\cos(K_y b)\exp[-p_x(x-a)]\exp[p_y(y+b)] & x>a,y<-b \\ c_1c_4(n_1^2/n_2^2)\cos(K_x a)\cos(K_y b)\exp[p_x(x+a)]\exp[p_y(y+b)] & x<-a,y<-b \end{cases} \tag{5-1-43}$$

上式中c_1c_4的值由入射光的能量决定。最后用程序3画出E_{mn}^x模电场分量E_x的场分布，

如图 5-4 所示，这里设 $c_1c_4=1$。

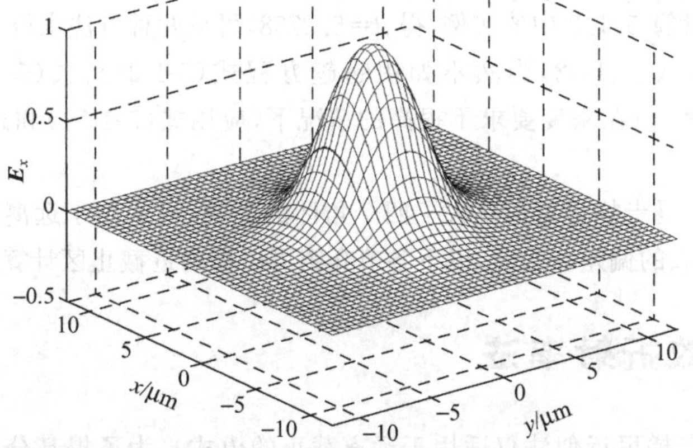

图 5-4 E_{11}^x 模电场分量 E_x 的场分布

5.1.4 求解本征值(传播常数)的近似公式

为了避免用计算机算法求解超越方程，并考虑到马卡梯里法仅适用于离截止较远的区域，也可以用下述的近似公式求解本征值。

先考虑 E_{mn}^x 模本征值的近似公式。

注意到在远离截止情况下

$$\beta_x \to n_1k_0, \quad \beta_y \to n_1k_0 \tag{5-1-44}$$

因而由式(5-1-8)～式(5-1-12)可知

$$K_x^2 \to 0, \quad p_x^2 \to k_0^2(n_1^2-n_3^2), \quad q_x^2 \to k_0^2(n_1^2-n_5^2) \tag{5-1-45}$$

$$K_y^2 \to 0, \quad p_y^2 \to k_0^2(n_1^2-n_2^2), \quad q_y^2 \to k_0^2(n_1^2-n_4^2) \tag{5-1-46}$$

于是式(5-1-33)和式(5-1-34)中 $K_x/p_x, K_x/q_x, K_y/p_y, K_y/q_y$ 均为小量，利用近似公式 $\arctan z \approx z\,(z \ll 1)$ 及式(5-1-45)、式(5-1-46)，并令

$$A_i = \frac{\lambda}{2(n_1^2-n_i^2)^{1/2}} \quad i=2,3,4,5 \tag{5-1-47}$$

即可由式(5-1-33)、式(5-1-34)得到

$$K_x \approx \frac{m\pi}{2a}\left(1+\frac{n_3^2A_3+n_5^2A_5}{n_1^2\pi\cdot 2a}\right)^{-1} \tag{5-1-48}$$

$$K_y \approx \frac{n\pi}{2b}\left(1+\frac{A_2+A_4}{\pi\cdot 2b}\right)^{-1} \tag{5-1-49}$$

再由式(5-1-5)

$$\beta^2=\beta_x^2+\beta_y^2-n_1^2k_0^2=n_1^2k_0^2-K_x^2-K_y^2 \tag{5-1-50}$$

即得矩形介质波导中传播常数 β 的近似表达式

$$\beta=\left[n_1^2k_0^2-\left(\frac{m\pi}{2a}\right)^2\left(1+\frac{n_3^2A_3+n_5^2A_5}{n_1^2\pi\cdot 2a}\right)^{-2}-\left(\frac{n\pi}{2b}\right)^2\left(1+\frac{A_2+A_4}{\pi\cdot 2b}\right)^{-2}\right]^{1/2} \tag{5-1-51}$$

同理 E^y_{mn} 模,完全相类似的计算给出 β 的近似表示式为

$$\beta=\left[n_1^2k_0^2-\left(\frac{m\pi}{2a}\right)^2\left(1+\frac{A_3+A_5}{\pi\cdot 2a}\right)^{-2}-\left(\frac{n\pi}{2b}\right)^2\left(1+\frac{n_2^2A_2+n_4^2A_4}{n_1^2\pi\cdot 2b}\right)^{-2}\right]^{1/2} \tag{5-1-52}$$

用式(5-1-51)计算 5.1.3 中的实例,得 $\beta=5.8758$,可见两种方法求得的结果还是比较接近的。用式(5-1-51)和式(5-1-52)当然不如用超越方程式(5-1-21)、式(5-1-31)及式(5-1-35)、式(5-1-36)求解精确,但在精度要求不很高的情况下,应用式(5-1-51)和式(5-1-52)是十分方便的。

最后应该指出,马卡梯里近似略去了四个角区的影响,只适用于远离截止区域的情况,在近截止区要导致较大的偏差。为此,以下各节介绍可以提高近截止区计算精度的其他方法。

5.2 有效折射率法

如前所述,马卡梯里近似法仅适用于远离截止的模式。为了提高分析的精度,本节介绍一种比较简便实用而且较马卡梯里法准确的方法,称为有效折射率法(effective index method),亦称有效电容率法(effective dielectric constant method)。有效折射率法可以分析结构更复杂的条形波导,在集成光学中应用较广。

模场各个直角分量 ψ 满足的亥姆霍兹方程式(5-1-1)可进一步写为

$$\frac{\partial^2\psi}{\partial x^2}+\frac{\partial^2\psi}{\partial y^2}+\left[k_0^2n^2(x,y)-k_0^2n_{\text{eff}}^2(x)+k_0^2n_{\text{eff}}^2(x)-\beta^2\right]\psi=0 \tag{5-2-1}$$

用分离变量法,设 $\psi(x,y)=X(x)Y(y)$,代入方程(5-2-1)中,得

$$\frac{\mathrm{d}^2Y}{\mathrm{d}y^2}+\left[k_0^2n^2(x,y)-k_0^2n_{\text{eff}}^2(x)\right]Y=0 \tag{5-2-2}$$

$$\frac{\mathrm{d}^2X}{\mathrm{d}x^2}+\left[k_0^2n_{\text{eff}}^2(x)-\beta^2\right]X=0 \tag{5-2-3}$$

可见,方程(5-2-2)与折射率在 y 方向变化的平面波导的场方程一致,$n_{\text{eff}}(x)$ 是此平面波导的有效折射率。方程(5-2-3)与折射率在 x 方向变化的平面波导的场方程一致,折射率分布为方程(5-2-2)的有效折射率 $n_{\text{eff}}(x)$。通过解方程(5-2-3),最终可得到矩形波导的传播常数 β。通常把这种矩形波导的分析方法称为有效折射率法。与马卡梯里法类似,在有效折射率法中,也把一个二维矩形波导近似地看成 y 和 x 方向上一维平面波导的组合。与马卡梯里法不同的是,这里两个平面波导并不完全独立,而是有紧密联系的。

根据有效折射率法,对于图 5-2 所示的矩形波导,可以分解成两个平面波导,分别如图 5-5(a)和(b)所示。对于 y 方向受约束的图 5-5 中平面波导(a),芯区的折射率为矩形波导芯区的折射率 n_1,衬底与包层的折射率各为 n_2 与 n_4。但对于 x 方向受约束的平面波导(b),芯区的折射率不是 n_1,而是平面波导(a)中的模折射率或有效折射率 n_{eff},波导(b)的衬底与包层的折射率各为 n_3 与 n_5,其传播常数即为矩形波导图 5-2 的传播常数。以上的结果说明在求解方程(5-2-2)时,在 $-a\leqslant x\leqslant a$ 的范围内,根据波导(a)芯区的折射率为 n_1,衬底与包层的折射率各为 n_2 与 n_4,来确定有效折射率 n_{eff}。而在 $x>a$ 和 $x<-a$ 的范围内,$n_{\text{eff}}(x)$ 分别为 n_3 与 n_5,则意味着假设角区 7 和 8 中的折射率与 3 区近似相同,角区 6 和 9 中的折射率也与 5 区的近似相同。根据以上的分析,对于图 5-2 模型对应的凸起、嵌入和埋

入型矩形波导,使用有效折射率法时角区的折射率比马卡梯里近似法更接近角区的实际折射率,因此求解精度要比马卡梯里近似法的要高。

下面具体说明如何求 E^x_{mn} 模及 E^y_{mn} 模的传播常数 β。

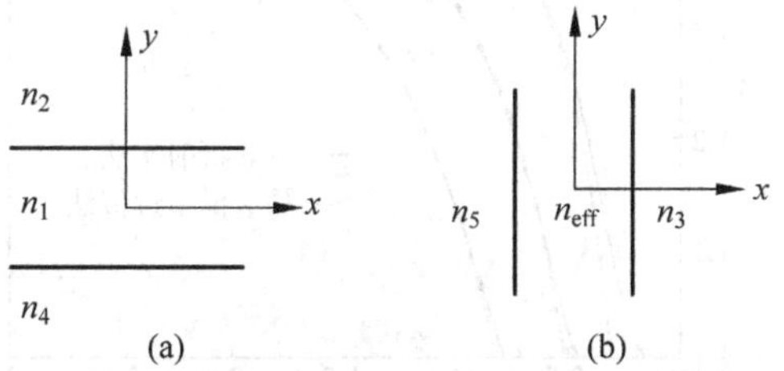

图 5-5 有效折射率法的两个等效平面波导

先讨论 E^x_{mn} 模。这种模对于图 5-5 中波导(a)是 TE 模,仿照 5.1 节的分析,可知其本征值方程为

$$K_y \cdot 2b = n\pi - \arctan\left(\frac{K_y}{p_y}\right) - \arctan\left(\frac{K_y}{q_y}\right) \tag{5-2-4}$$

其中

$$K_y = (k_0^2 n_1^2 - \beta_y^2)^{\frac{1}{2}}, \quad p_y = (\beta_y^2 - k_0^2 n_2^2)^{\frac{1}{2}}, \quad q_y = (\beta_y^2 - k_0^2 n_4^2)^{\frac{1}{2}} \tag{5-2-5}$$

通过以上两式解出图 5-5 中波导(a)中的传播常数 β_y 之后,即可求出波导(a)中的有效折射率 $n_{eff} = \beta_y / k_0$。把 n_{eff} 作为图 5-5 中波导(b)芯区的折射率,考虑到 E^x_{mn} 模对于波导(b)是 TM 模,因此其本征值方程为

$$K_x \cdot 2a = m\pi - \arctan\left(\frac{n_3^2}{n_{eff}^2} \cdot \frac{K_x}{p_x}\right) - \arctan\left(\frac{n_5^2}{n_{eff}^2} \cdot \frac{K_x}{q_x}\right) \tag{5-2-6}$$

其中

$$K_x = (k_0^2 n_{eff}^2 - \beta^2)^{\frac{1}{2}}, \quad p_x = (\beta^2 - k_0^2 n_3^2)^{\frac{1}{2}}, \quad p_x = (\beta^2 - k_0^2 n_5^2)^{\frac{1}{2}} \tag{5-2-7}$$

通过以上两个方程解出波导(b)中的传播常数 β 即为矩形波导的传常数。

对于 E^y_{mn} 模,可作完全类似的计算与分析。由图 5-5 可以看出,这种模相当于平面波导(a)中的 TM 波和平面波导(b)中的 TE 波,因此两个平面波导中的本征值方程分别为

$$K_y \cdot 2b = n\pi - \arctan\left(\frac{n_2^2}{n_1^2} \cdot \frac{K_y}{p_y}\right) - \arctan\left(\frac{n_4^2}{n_1^2} \cdot \frac{K_y}{q_y}\right) \tag{5-2-8}$$

$$K_x \cdot 2a = m\pi - \arctan\left(\frac{K_x}{p_x}\right) - \arctan\left(\frac{K_x}{q_x}\right) \tag{5-2-9}$$

其中,$K_x, K_y, p_x, p_y, q_x, q_y$ 仍由式(5-2-5)和式(5-2-7)给出。分别求解以上两个本征值方程即可求出矩形波导的传播常数 β。

作为实例,可以分别用有效折射率法和马卡梯里近似法计算以下矩形波导的传播常数。取矩形波导各区的折射率为:$n_1=1.5$, $n_2=n_3=n_4=n_5=1$,入射光的波长为 1550nm。计算横截面的宽高比 $a/b=1$ 的情况下,矩形波导三个低阶 E^y_{mn} 模的模折射率 N 随波导宽度 a 的变化曲线,得到的结果如图 5-6 所示。

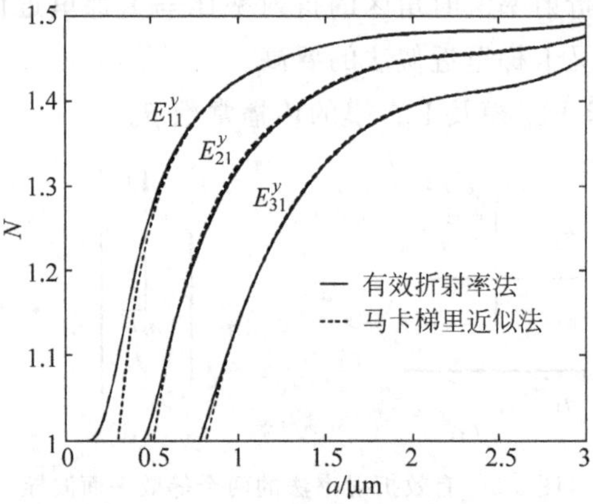

图 5-6 矩形波导的有效折射率 N 随波导宽度 a 的变化曲线

从图 5-6 可以看出：在远离截止区，两种方法的结果都符合得很好；在近截止区，两种方法的结果相差较大，用有效折射率法得到的计算结果比马卡梯里近似法得到的计算结果大一些。进一步与精确的数值计算结果比较可以证明：有效折射率法要比马卡梯里法精确一些。

下面用有效折射率法来分析脊型和条带加载型波导。

对于如图 5-7 所示的脊型波导，根据方程(5-2-2)，在 $x<-a/2$ 的范围内，y 方向受约束的波导如图 5-8(a)所示，此波导芯区的折射率为 n_1，厚度为 b_2，衬底与包层的折射率各为 n_0 与 n_2，得到的有效折射率为 n_{eff2}。在 $-a/2\leqslant x\leqslant a/2$ 的范围内，y 方向受约束的波导如图 5-8(b)所示，此波导芯区的折射率为 n_1，厚度为 b_1+b_2，衬底与包层的折射率各为 n_0 与 n_2，得到的有效折射率为 n_{eff1}。在 $x>a/2$ 的范围内，y 方向受约束的波导如图 5-8(c)所示，此波导的结构和有效折射率与图 5-8(a)中的波导相同。根据方程(5-2-3)，对 x 方向受约束的波导如图 5-8(d)所示，此波导芯区的折射率为 n_{eff1}，厚度为 a，衬底与包层折射率均为 n_{eff2}，波导图 5-8(d)的传播常数即为脊型波导的传播常数。

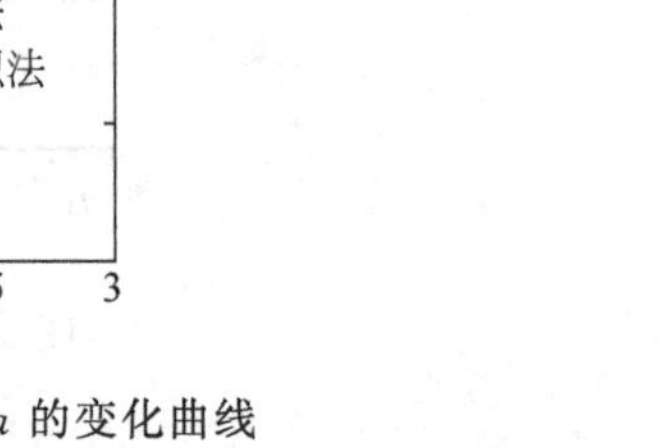

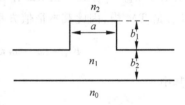

图 5-7 脊型波导

图 5-9 中的条带加载型波导有效折射率的分析方法，同脊型波导类似，等效波导如图 5-10 所示，不再赘述。

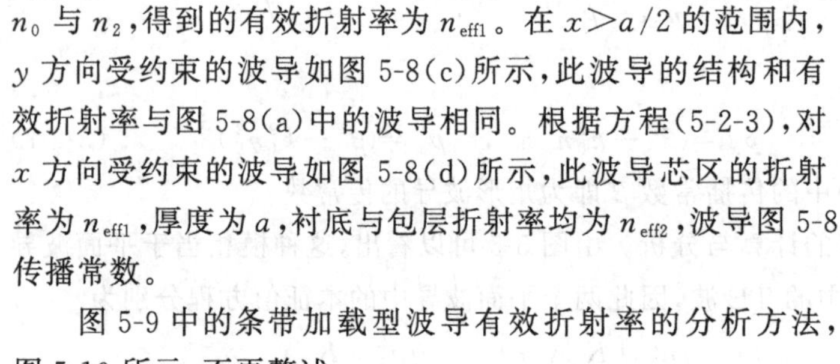

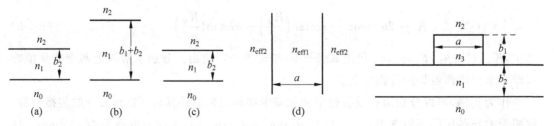

图 5-8 有效折射率法分析脊型波导时的等效平面波导

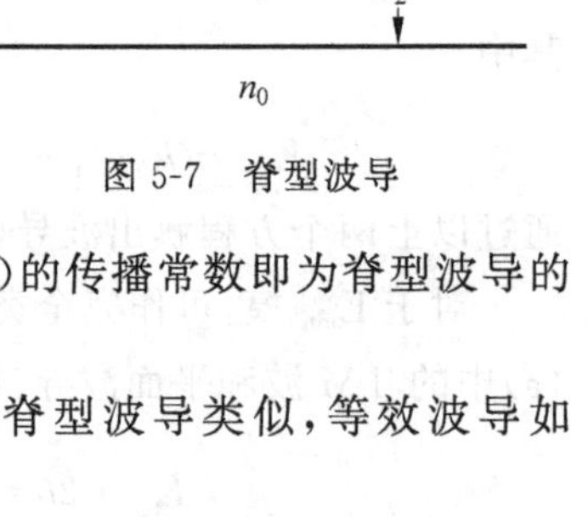

图 5-9 条带加载型波导

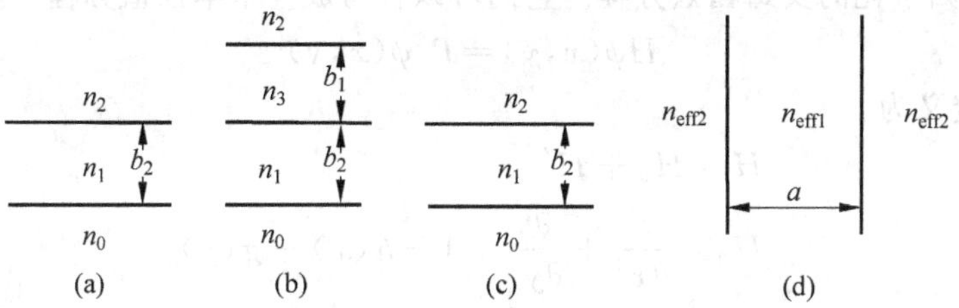

图 5-10 有效折射率法分析条带加载型波导时的等效平面波导

5.3 微扰法

马卡梯里法和有效折射率法虽然解决了矩形波导的求解问题,但在近截止的区域不能得到与精确数值解相符的结果。为了提高解的精确度,人们提出了许多求解的近似方法,其中一种比较简单而又有效的近似方法就是微扰法。

为简便起见,我们以埋入型矩形波导为例进行分析,所用方法易于推广到其他较复杂的矩形波导的分析。

考虑一个如图 5-11 所示的埋入型矩形波导,波导边长各为 $2a$、$2b$,芯区折射率为 n_1,包层折射率为 $n_2(n_1>n_2)$。

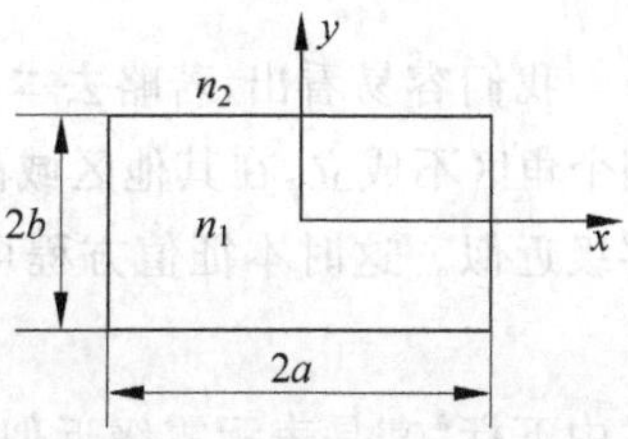

图 5-11 埋入型矩形波导结构

对模场的任意一个分量 ψ,亥姆霍兹方程可写为

$$\frac{\partial^2 \psi}{\partial x^2}+\frac{\partial^2 \psi}{\partial y^2}+[k_0^2 n^2(x,y)-\beta^2]\psi=0 \tag{5-3-1}$$

其中

$$n(x,y)=\begin{cases} n_1, & |x|<a \text{ 且 } |y|<b \\ n_2, & |x|>a \text{ 或 } |y|>b \end{cases} \tag{5-3-2}$$

为简化计算,并使所导出的有关公式有通用性,引入归一化宽度 V_1、归一化高度 V_2 及归一化传播常数 P^2 如下:

$$V_1=ak_0(n_1^2-n_2^2)^{1/2}, \quad V_2=bk_0(n_1^2-n_2^2)^{1/2} \tag{5-3-3}$$

$$P^2=\frac{\beta^2-n_2^2k_0^2}{(n_1^2-n_2^2)k_0^2}=\frac{N^2-n_2^2}{n_1^2-n_2^2} \tag{5-3-4}$$

其中 β 为传播常数,$N=\beta/k_0$ 为模折射率,导模存在的范围是 $n_2<N<n_1$,亦即 $n_2k_0<\beta<n_1k_0$,因而 $0<P^2<1$。

将坐标尺度扩大到原来的 $k_0(n_1^2-n_2^2)^{1/2}$ 倍,则在新坐标系中,矩形芯区的宽度与高度各为 $2V_1$ 与 $2V_2$,而模式的场方程(5-3-1)化为:

$$\begin{cases} \dfrac{\partial^2 \psi}{\partial x^2}+\dfrac{\partial^2 \psi}{\partial y^2}+(1-P^2)\psi=0 & |x|<V_1 \text{ 且 } |y|<V_2 \\ \dfrac{\partial^2 \psi}{\partial x^2}+\dfrac{\partial^2 \psi}{\partial y^2}-P^2\psi=0 & |x|>V_1 \text{ 或 } |y|>V_2 \end{cases} \tag{5-3-5}$$

方程(5-3-5)是归一化的亥姆霍兹方程。它们可以合写成一个本征值方程

$$H\psi(x,y)=P^2\psi(x,y) \tag{5-3-6}$$

其中算符 H 定义为：

$$H=H_0+H' \tag{5-3-7}$$

$$H_0=\frac{\partial^2}{\partial x^2}+\frac{\partial^2}{\partial y^2}+1-h(x)-g(y) \tag{5-3-8}$$

$$H'=h(x)\cdot g(y) \tag{5-3-9}$$

这里 $h(x)$ 和 $g(y)$ 均为阶跃函数

$$h(x)=\begin{cases}0 & |x|<V_1\\ 1 & |x|>V_1\end{cases} \tag{5-3-10}$$

$$g(y)=\begin{cases}0 & |y|<V_2\\ 1 & |y|>V_2\end{cases} \tag{5-3-11}$$

我们容易看出，若略去本征值方程(5-3-6)中算符 H 的交叉项 $H'=h(x)g(y)$ 时，方程在四个角区不成立，在其他区域都成立，这正是马卡梯里近似，可以认为是本征值方程(5-3-6)的零级近似。这时本征值方程可以写为

$$H_0\psi_0(x,y)=P_0^2\psi_0(x,y) \tag{5-3-12}$$

式中下标"0"是表示零级近似，$\psi_0(x,y)$ 为零级本征函数，P_0^2 为零级近似的本征值。零级近似的本征值方程(5-3-12)可以用分离变量法求解。设

$$\psi_0(x,y)=X_0(x)Y_0(y) \tag{5-3-13}$$

代入

$$\left[\frac{\partial^2}{\partial x^2}+\frac{\partial^2}{\partial y^2}+1-h(x)-g(y)\right]\psi_0=P_0^2\psi_0 \tag{5-3-14}$$

中可以看出，$X_0(x)$ 及 $Y_0(y)$ 分别满足常微分方程：

$$X_0''+[1-h(x)-P_1^2]X_0=0 \tag{5-3-15}$$

$$Y_0''+[1-g(y)-P_2^2]Y_0=0 \tag{5-3-16}$$

这里

$$P_0^2=P_1^2+P_2^2-1=1-\alpha_1^2-\alpha_2^2 \tag{5-3-17}$$

其中

$$\alpha_1^2=1-P_1^2,\quad \alpha_2^2=1-P_2^2$$

本征值方程(5-3-15)可以写为

$$\begin{cases}X_0''(x)+(1-P_1^2)X_0(x)=0 & |x|<V_1\\ X_0''(x)-P_1^2X_0(x)=0 & |x|>V_1\end{cases} \tag{5-3-18}$$

而本征值方程(5-3-16)则可写为

$$\begin{cases}Y_0''(y)+(1-P_2^2)Y_0(y)=0 & |y|<V_1\\ Y_0''(y)-P_2^2Y_0(y)=0 & |y|>V_2\end{cases} \tag{5-3-19}$$

方程(5-3-18)和方程(5-3-19)的通解可以写成

$$X_0(x)=\begin{cases}A_1\cos(\alpha_1 x+\delta_1) & |x|<V_1\\ B_1 e^{-P_1(x-V_1)} & x>V_1\\ C_1 e^{P_1(x+V_1)} & x<-V_1\end{cases}\tag{5-3-20}$$

$$Y_0(y)=\begin{cases}A_2\cos(\alpha_2 y+\delta_2) & |y|<V_2\\ B_2 e^{-P_2(y-V_2)} & y>V_2\\ C_2 e^{P_2(y+V_2)} & y<-V_2\end{cases}\tag{5-3-21}$$

利用矩形介质波导的边界条件：

(1) E_{mn}^x 模：n^2X_0, X_0' 在 $|x|=V_1$ 处连续，Y_0, Y_0' 在 $|y|=V_2$ 处连续。

(2) E_{mn}^y 模：X_0, X_0' 在 $|x|=V_1$ 处连续，n^2Y_0, Y_0' 在 $|y|=V_2$ 处连续。

可以得 E_{mn}^x 模的本征值方程为

$$\alpha_1 V_1=\frac{m-1}{2}\pi+\arctan\left(\frac{n_1^2}{n_2^2}\frac{P_1}{\alpha_1}\right)\quad m=1,2,3,\cdots\tag{5-3-22}$$

$$\alpha_2 V_2=\frac{n-1}{2}\pi+\arctan\left(\frac{P_2}{\alpha_2}\right)\quad n=1,2,3,\cdots\tag{5-3-23}$$

E_{mn}^y 模的本征值方程为

$$\alpha_1 V_1=\frac{m-1}{2}\pi+\arctan\left(\frac{P_1}{\alpha_1}\right)\quad m=1,2,3,\cdots\tag{5-3-24}$$

$$\alpha_2 V_2=\frac{n-1}{2}\pi+\arctan\left(\frac{n_1^2}{n_2^2}\frac{P_2}{\alpha_2}\right)\quad n=1,2,3,\cdots\tag{5-3-25}$$

式(5-3-22)与式(5-3-24)，式(5-3-23)与式(5-3-25)可以分别合写为

$$\alpha_1 V_1=\frac{m-1}{2}\pi+\arctan\left(C_1\frac{P_1}{\alpha_1}\right)\quad m=1,2,3,\cdots\tag{5-3-26}$$

$$\alpha_2 V_2=\frac{n-1}{2}\pi+\arctan\left[\frac{1}{C_1}\left(\frac{n_1}{n_2}\right)^2\frac{P_2}{\alpha_2}\right]\quad n=1,2,3,\cdots\tag{5-3-27}$$

其中

$$C_1=\begin{cases}(n_1/n_2)^2 & E_{mn}^x\text{ 模}\\ 1 & E_{mn}^y\text{ 模}\end{cases}$$

这样，由方程(5-3-26)、方程(5-3-27)分别解出 P_1 和 P_2，就可以求得归一化传播常数的零级近似值 P_0 及相应的场函数 $\psi_0(x,y)$。

由本征值方程 $H\psi=P^2\psi$ 得

$$P^2=\frac{\iint_{-\infty}^{+\infty}\psi H\psi\,\mathrm{d}x\,\mathrm{d}y}{\iint_{-\infty}^{+\infty}\psi^2\,\mathrm{d}x\,\mathrm{d}y}\tag{5-3-28}$$

由微扰理论，将 $\psi_0(x,y)$ 代入式(5-3-28)右边，得归一化传播常数的一级近似表达式为

$$P^2=P_0^2+\frac{\iint_{-\infty}^{+\infty}\psi_0 H'\psi_0\,\mathrm{d}x\,\mathrm{d}y}{\iint_{-\infty}^{+\infty}\psi_0^2\,\mathrm{d}x\,\mathrm{d}y}\tag{5-3-29}$$

上式右边第二项就是 P^2 的一级修正项。注意,上式是个普遍公式,不限于矩形波导。

对于埋入型矩形波导,由 $H'=h(x)g(y)$,我们有

$$P^2=P_0^2+\frac{\iint_{-\infty}^{+\infty}h(x)g(y)\psi_0^2\mathrm{d}x\mathrm{d}y}{\iint_{-\infty}^{+\infty}\psi_0^2\mathrm{d}x\mathrm{d}y} \tag{5-3-30}$$

上式右边第一项是马卡梯里近似解,第二项(一级修正项)恰好等于 ψ_0^2 在角区上的积分值与 ψ_0^2 在全平面上的积分值之比,亦即角区内场能与总场能之比,它取正值。这说明,马卡梯里法给出的 P^2 值总是小于精确值,在远离截止区,角区的场可忽略不计,故马卡梯里解能与精确解吻合,但离截止越近,角区场能与总场能之比越大,因而一级微扰给出的修正值也越大。

利用场函数表达式(5-3-20)和式(5-3-21)及本征值方程 (5-3-26)和方程(5-3-27),对式(5-3-30)右边第二项进行运算,可以得到归一化传播常数的一级近似表示式为

$$P^2=1-\alpha_1^2-\alpha_2^2+\left[\frac{C_1^2\alpha_1^2}{(C_1^2P_1^2+\alpha_1^2)V_1P_1+C_1P_1^2+C_1^2\alpha_1^2}\right]\times$$
$$\left[\frac{\frac{1}{C_1^2}\left(\frac{n_1}{n_2}\right)^4\alpha_2^2}{\left(\frac{1}{C_1^2}\left(\frac{n_1}{n_2}\right)^4P_2^2+\alpha_2^2\right)V_2P_2+\frac{1}{C_1}\left(\frac{n_1}{n_2}\right)^2P_2^2+\frac{1}{C_1^2}\left(\frac{n_1}{n_2}\right)^4\alpha_2^2}\right] \tag{5-3-31}$$

这样,就得到了用微扰法求传播常数的计算公式。对于其他各种矩形介质波导,可以仿此进行分析与计算。

在弱导($n_1/n_2\approx1$)情况下,C_1 及 n_1/n_2 均近似地等于 1,式(5-3-31)可简化为

$$P^2=(1-\alpha_1^2-\alpha_2^2)+\frac{\alpha_1^2\alpha_2^2}{(V_1P_1+1)(V_2P_2+1)} \tag{5-3-32}$$

这说明在弱导情况下,E_{mn}^x 模与 E_{mn}^y 模是简并的。

5.4 变分法

由归一化的亥姆霍兹方程(5-3-6)出发,可以把归一化传播常数表示为

$$P^2=\frac{\iint_{-\infty}^{+\infty}\psi H\psi\mathrm{d}x\mathrm{d}y}{\iint_{-\infty}^{+\infty}\psi^2\mathrm{d}x\mathrm{d}y} \tag{5-4-1}$$

利用传播常数的变分原理,选取恰当的尝试函数 $\psi_t(x,y)$代替式(5-4-1)中的 ψ,当 P^2 取极值时,P^2 的值即为本征值的近似值,相应的尝试函数为本征函数的近似解。

下面分析埋入型矩形波导弱导情况下的基模解,我们选取的尝试函数为马卡梯里近似解的形式。对于基模,式(5-3-20)和式(5-3-21)中的 $\delta_1=\delta_2=0$,$B_1=C_1=A_1\cos(a_1V_1)$,$B_2=C_2=A_2\cos(a_2V_2)$。为方便起见,设 $A_1=A_2=1$,则尝试函数 $\psi_t(x,y)$为

$$\psi_t(x,y)=X_t(x)Y_t(y) \tag{5-4-2}$$

式中

$$X_t(x)=\begin{cases}\cos(\alpha_1 x) & |x|\leqslant V_1\\ \cos(\alpha_1 V_1)\cdot\exp[-P_1(|x|-V_1)] & |x|>V_1\end{cases} \tag{5-4-3}$$

$$Y_t(y)=\begin{cases}\cos(\alpha_2 y) & |y|\leqslant V_2\\ \cos(\alpha_2 V_2)\cdot\exp[-P_2(|y|-V_2)] & |y|>V_2\end{cases} \tag{5-4-4}$$

其中

$$P_1=\alpha_1\tan(\alpha_1 V_1),P_2=\alpha_2\tan(\alpha_2 V_2) \tag{5-4-5}$$

α_1、α_2 是两个参变量。容易证明，上述尝试函数满足边界条件，且所假定的场型接近实际，即这样选取的尝试函数是恰当的。

将尝试函数(5-4-2)代入变分表示式(5-4-1)，分区域积分后，得

$$P^2=P^{*2}[(1-\alpha_1^2-\alpha_2^2)A_1A_2+(P_1^2-\alpha_1^2)A_1B_1+(P_1^2-\alpha_2^2)A_2B_1+(P_1^2-P_2^2)B_1B_2] \tag{5-4-6}$$

其中

$$P^{*2}=\frac{4P_1P_2}{(V_1P_1+1)(V_2P_2+1)}$$

$$A_1=\int_0^{V_1}X_t^2(x)\mathrm{d}x=\frac{1}{2}V_1+\frac{1}{4\alpha_1}\sin(2\alpha_1 V_1)$$

$$A_2=\int_0^{V_2}Y_t^2(x)\mathrm{d}y=\frac{1}{2}V_2+\frac{1}{4\alpha_2}\sin(2\alpha_2 V_2)$$

$$B_1=\int_{V_1}^{\infty}X_t^2(x)\mathrm{d}x=\frac{1}{2q_1}\cos^2(\alpha_1 V_1)$$

$$B_2=\int_{V_2}^{\infty}Y_t^2(y)\mathrm{d}y=\frac{1}{2q_2}\cos^2(\alpha_2 V_2)$$

求出 P^2 为极值时的 α_1、α_2 值(即求联立方程组 $\partial P^2/\partial\alpha_1=0,\partial P^2/\partial\alpha_2=0$ 的实根)，然后代入式(5-4-3)、式(5-4-4)和式(5-4-6)即可求相应于给定高宽比 $b/a(=V_2/V_1)$ 时对给定的 V_1 值的场分布及归一化传播常数。计算结果表明，变分法的精确度较其他近似法在近截止区有显著提高，很接近于数值精确解。变分法也容易推广到一般的矩形介质波导，其缺点在于计算工作量较其他近似法大。

习题

1. 马卡梯里近似指什么？它适用于哪种情况？
2. 试推导 E_{mn}^y 模的场分布及本征值方程。
3. 求远离截止区时 E_{mn}^y 模近似值的表达式。
4. 简述有效折射率法求矩形波导传播常数的步骤。
5. 简述用微扰法求矩形波导传播常数的步骤。
6. 简述用变分法求矩形波导传播常数的步骤。

第6章 圆光波导

CHAPTER 6

圆光波导指具有圆形截面的光纤。鉴于光纤在现代科学技术发展中所起的重要作用，首先简单介绍一下关于光纤的发展历史。

1960年美国科学家梅曼发明了世界上第一台红宝石激光器之后，如何利用激光器发出的激光成为非常热门的研究课题。因为激光的频率高、单色性好、方向性强、亮度高、抗干扰性好，所以在通信中它可以作为理想的载波。然而以什么物质作为传输的媒质一直在困扰着人们。20世纪60年代初期对光通信的研究大多是利用大气传输光波。经过实践人们很快发现，大气传输光波受气候的影响十分严重。雾、雨、雪会使通信中断，风会引起信号的漂移和抖动，会使通信的质量恶化。除此之外，大气传输光波还要求收、发两端可见……显然用大气作为长距离通信的传输媒质是行不通的。可是用一般的物质传输光波，光波的衰减又非常大，怎么办呢？1966年，在英国标准电信研究所工作的英籍华人高锟分析了玻璃产生衰减的原因，从理论上预言，如果能消除玻璃中的各种杂质，就有可能制成低损耗（衰减为20dB/km，当时最好玻璃的衰减为1000dB/km）的光纤。在这个理论的指导下，1970年，美国康宁公司经过大量的研究和实验，首先制造出了衰减为20dB/km的光纤，使光纤远距离传输光波成为可能。随后，各国的科学家不断努力，使光纤的衰减越来越小，到20世纪70年代末，在1.55μm波段的光纤损耗已降到了0.2dB/km，同时随着其他光通信器件的不断发展，终于在20世纪80年代中期，远距离光纤通信从实验阶段走向了实用阶段。

1. 光纤的基本结构

光纤基本上由折射率高的纤芯和折射率较低的包层构成。为了增加机械强度并保护纤芯和包层不受外力和环境的影响，在包层的外面又加了涂敷层与塑料外套，如图6-1所示。

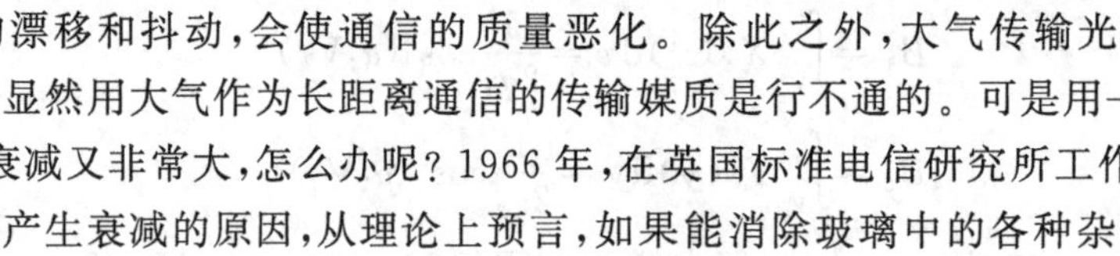

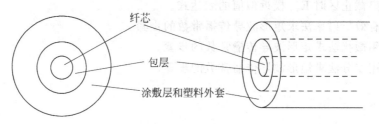

图6-1 光纤结构

2. 光纤的分类

光纤的分类有许多种，常用的分类方法有按组成光纤介质的折射率分布来分类、按传输模式的数量来分类、按制作的材料来分类等。

按照组成光纤介质的折射率分布可以把光纤分成：(a)阶跃光纤；(b)渐变折射率光纤；(c)W型光纤(纤芯折射率可以是均匀的，也可以是渐变的，主要是包层折射率又出现阶跃变化，它的特点是可以进一步减小色散，增大通信容量)。这些光纤的折射率分布如图6-2所示。

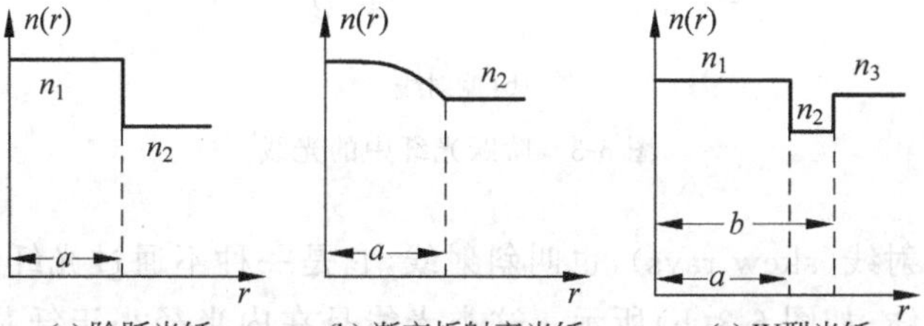

(a) 阶跃光纤 (b) 渐变折射率光纤 (c) W型光纤

图6-2 各种光纤的折射率分布图

按照传输模式的数量可以把光纤分成：①单模光纤：对于给定的工作波长只能传输一个模式；②多模光纤：可以传输若干个模式。

按照制作的材料可以把光纤分成：①石英光纤；②多组分玻璃光纤；③塑料光纤；④液芯光纤；⑤红外光纤等。

3. 光纤的基本参数

单模光纤纤芯直径为2～10μm，包层直径为125μm，纤芯-包层的折射率差值$\Delta=(n_1-n_2)/n_1=0.0005\sim0.01$；多模光纤纤芯直径为50～200μm，包层的直径为125～400μm，纤芯-包层的折射率差值Δ为0.01～0.02。为了规范(光纤的尺寸)，国际电报电话咨询委员会建议：单模光纤与多模光纤的包层直径均为125μm，多模光纤的纤芯直径为50μm，单模光纤的纤芯直径为8～10μm。

6.1 阶跃光纤的射线分析法

阶跃光纤是最基本，也是使用量最大的光纤。在本章中，主要分析这种类型的光纤。为了建立一些简单的模型和概念，本节首先讨论阶跃光纤的射线分析法。

用射线的方法分析光纤时，要求光纤的尺寸要比入射光的波长λ大得多。对于单模光纤，其芯径与λ在同一量级上，所以不能采用此方法分析。因此本节的分析仅适用于阶跃光纤中的多模情况。

6.1.1 光纤中的光线种类

在阶跃光纤中有两种光线，一种叫作子午光线(meridional rays)，它是在一个通过光纤轴线的平面(称为子午面)内以锯齿形的轨迹行进的光线，且在一个周期内与光纤的中心轴线相交两次，如图6-3(a)所示。

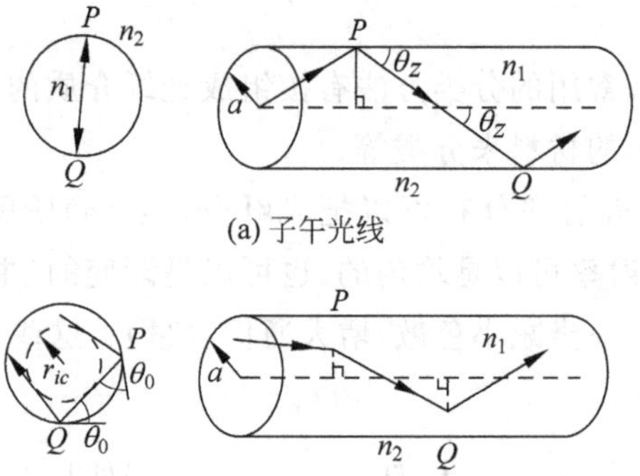

(a) 子午光线

(b) 偏射线

图 6-3　阶跃光纤中的光线

另一种叫作偏射线(skew rays),也叫斜射线,它是一种不通过光纤的中心轴线而且不在一个平面内的光线,如图 6-3(b)所示。这类光线是在内半径小于纤芯半径、外半径等于纤芯半径的两个圆柱面中间绕中心轴线成折线前进的光线,小于光纤半径的圆柱面常称为焦散面(caustic surface)。偏射线的分析比较复杂,本节只讨论子午光线及其相关的概念。

6.1.2　数值孔径

这里用子午光线在光纤中的传播来定义光纤的数值孔径(numerical aperture)。图 6-4 为在光纤中传播的一条子午光线。

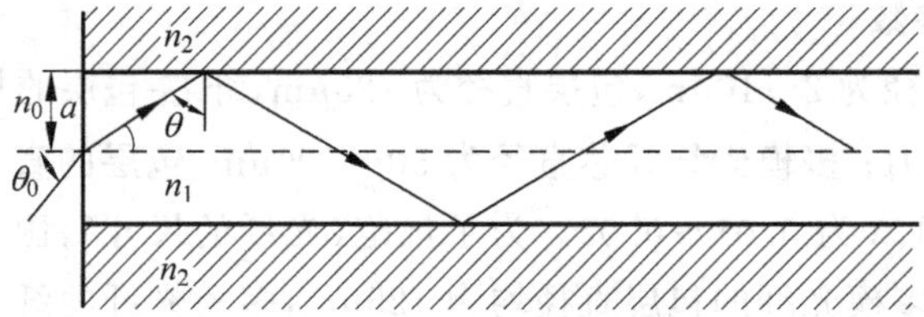

图 6-4　光纤端面上光线的入射与折射

入射光线从折射率为 n_0 的介质(一般是空气,$n_0=1$)射入光纤端面,入射角为 θ_0。光线在光纤端面的折射角为 $90°-\theta$,θ 是光线在光纤芯层与包层界面的入射角。若想让进入光纤的光线能在光纤中传播,根据全反射条件,θ 应大于临界角 $\theta_c=\arcsin(n_2/n_1)$,故应有

$$\sin\theta > n_2/n_1 \tag{6-1-1}$$

另一方面,在光纤端面的入射角 θ_0 应满足斯奈耳(Snell)定律

$$n_0\sin\theta_0 = n_1\sin(90°-\theta) \tag{6-1-2}$$

即

$$\sin\theta_0=\frac{n_1}{n_0}\cos\theta=\frac{n_1}{n_0}\sqrt{1-\sin^2\theta}$$

因此由式(6-1-1)得到

$$\sin\theta_0 < \frac{\sqrt{n_1^2-n_2^2}}{n_0} \tag{6-1-3}$$

上式说明只有满足这一条件的入射光线,才能在光纤中传播。

在通常情况下，$n_0=1$，把入射角 θ_0 的最大值记作 $(\theta_0)_{\max}$，则

$$\sin(\theta_0)_{\max}=\sqrt{n_1^2-n_2^2} \tag{6-1-4}$$

这样，如果入射到光纤端面的光线入射角小于 $(\theta_0)_{\max}$，则这条光线将进入光纤后可以继续传播。于是，我们把 $\sin(\theta_0)_{\max}$ 定义为光纤的数值孔径(numerical aperture)，记作 N. A.，即

$$\text{N. A.}=\sqrt{n_1^2-n_2^2} \tag{6-1-5}$$

从上面的讨论可以看出，光纤的数值孔径在一定程度上表示光线是否容易被耦合进入光纤的性质，即光纤接收光线能力的大小。n_1 与 n_2 的差别越大，数值孔径也越大，光纤接收光线的能力就越强，光纤与光源之间的耦合效率就越高。但 n_1 与 n_2 过大，会产生严重的多模色散，多模光纤的数值孔径一般为 0.2 左右，单模光纤的数值孔径一般为 0.1 左右。

6.1.3 子午光线的色散和时延差

在数值孔径之内以不同角度入射到光纤端面上的光线，在光纤中以不同的 θ 角传输，显然它们在光纤中所走的路径不同，因而到达光纤的出射端所用的时间也不同。如果这些光线载有相同的脉冲信号，由于到达终点的时间不同，叠加后的脉冲将比初始脉冲宽，信号将会失真，这种不同光线传输脉冲信号花费的时间不同的现象称为色散。由于不同的入射角度的光线代表了不同的模式，因此这种色散称为多模色散。

如图 6-5 所示，入射角 θ 不同，光线沿光纤轴线方向的速度也不同。设光纤芯子中的光速为 v，则光线沿光纤轴线(取为 z 轴)方向的速度分量为 $v_z=v\sin\theta$。显然，$\theta=90°$时，v_z 最大；当 θ 为临界角时，即 $\sin\theta=n_2/n_1$ 时，v_z 最小。若用 $(v_z)_{\max}$ 和 $(v_z)_{\min}$ 分别表示 v_z 的最大值和最小值，并设 L 为传播距离，则光线传播所用的最短时间 $t_{\min}$ 和最长时间 $t_{\max}$ 各为

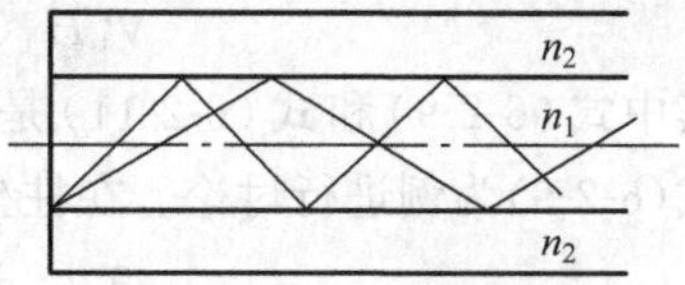

图 6-5 不同的入射角度的光线

$$t_{\min}=\frac{L}{(v_z)_{\max}}=\frac{L}{v}=\frac{Ln_1}{c},\quad t_{\max}=\frac{L}{(v_z)_{\min}}=\frac{L}{v\cdot\left(\dfrac{n_2}{n_1}\right)}=\frac{Ln_1^2}{cn_2}$$

其中 c 为真空中的光速。若把 $t_{\max}-t_{\min}$ 定义为时延差，并用 τ 表示，则

$$\tau=t_{\max}-t_{\min}=\frac{Ln_1}{c}\left(\frac{n_1-n_2}{n_2}\right)\approx t_{\min}\cdot\Delta \tag{6-1-6}$$

其中 Δ 为折射率差的相对值，即 $\Delta=(n_1-n_2)/n_1$。在推导上式时考虑到了光纤中 n_1 与 n_2 相差很小，故可近似地认为 $\Delta=(n_1-n_2)/n_1\approx(n_1-n_2)/n_2$。

由式(6-1-6)可见，时延差 τ 与 Δ 成正比。在阶跃光纤中，时延差越小，色散也越小，可传输的频带宽度就越宽。为此，阶跃光纤的 Δ 都做得很小，称弱导光纤。实际使用中，常采用单模光纤从根本上消除多模色散。

6.2 二层阶跃光纤矢量模的分析方法

6.2.1 矢量模的分析方法

光纤是一个圆柱形的结构，所以在分析光纤内的电磁场时，使用柱坐标系是比较方便

的。在柱坐标系下，正规光纤中的电磁场可以写为

$$\boldsymbol{E}(r,\varphi,z,t)=\boldsymbol{E}(r,\varphi)\mathrm{e}^{\mathrm{i}(\beta z-\omega t)} \tag{6-2-1}$$

$$\boldsymbol{H}(r,\varphi,z,t)=\boldsymbol{H}(r,\varphi)\mathrm{e}^{\mathrm{i}(\beta z-\omega t)} \tag{6-2-2}$$

其中模式场$\boldsymbol{E}(r,\varphi)$、$\boldsymbol{H}(r,\varphi)$为

$$\boldsymbol{E}(r,\varphi)=\boldsymbol{E}_r(r,\varphi)+\boldsymbol{E}_\varphi(r,\varphi)+\boldsymbol{E}_z(r,\varphi) \tag{6-2-3}$$

$$\boldsymbol{H}(r,\varphi)=\boldsymbol{H}_r(r,\varphi)+\boldsymbol{H}_\varphi(r,\varphi)+\boldsymbol{H}_z(r,\varphi) \tag{6-2-4}$$

模式场$\boldsymbol{E}(r,\varphi)$、$\boldsymbol{H}(r,\varphi)$的横向分量为

$$\boldsymbol{E}_\mathrm{t}(r,\varphi)=\boldsymbol{E}_r(r,\varphi)+\boldsymbol{E}_\varphi(r,\varphi) \tag{6-2-5}$$

$$\boldsymbol{H}_\mathrm{t}(r,\varphi)=\boldsymbol{H}_r(r,\varphi)+\boldsymbol{H}_\varphi(r,\varphi) \tag{6-2-6}$$

由亥姆霍兹方程(2-1-22)和方程(2-1-23)，得到阶跃光纤中模式场$\boldsymbol{E}(r,\varphi)$、$\boldsymbol{H}(r,\varphi)$满足

$$\nabla_\mathrm{t}^2 E(r,\varphi)+(k_0^2n^2-\beta^2)E(r,\varphi)=0 \tag{6-2-7}$$

$$\nabla_\mathrm{t}^2 H(r,\varphi)+(k_0^2n^2-\beta^2)H(r,\varphi)=0 \tag{6-2-8}$$

把$\boldsymbol{E}(r,\varphi)$、$\boldsymbol{H}(r,\varphi)$分解成横向分量与纵向分量之和，上两式可以写成

$$\nabla_\mathrm{t}^2 E_z(r,\varphi)+(k_0^2n^2-\beta^2)E_z(r,\varphi)=0 \tag{6-2-9}$$

$$\nabla_\mathrm{t}^2 E_\mathrm{t}(r,\varphi)+(k_0^2n^2-\beta^2)E_\mathrm{t}(r,\varphi)=0 \tag{6-2-10}$$

$$\nabla_\mathrm{t}^2 H_z(r,\varphi)+(k_0^2n^2-\beta^2)H_z(r,\varphi)=0 \tag{6-2-11}$$

$$\nabla_\mathrm{t}^2 H_\mathrm{t}(r,\varphi)+(k_0^2n^2-\beta^2)H_\mathrm{t}(r,\varphi)=0 \tag{6-2-12}$$

其中式(6-2-9)和式(6-2-11)是标量方程。下面讨论这两个方程的解。为方便起见，以式(6-2-9)为例进行讨论。在柱坐标系下式(6-2-9)可以写成

$$\frac{1}{r}\frac{\partial}{\partial r}\left(r\frac{\partial E_z}{\partial r}\right)+\frac{1}{r^2}\frac{\partial^2 E_z}{\partial\varphi^2}+(k_0^2n^2-\beta^2)E_z=0 \tag{6-2-13}$$

把$E_z(r,\varphi)$进行分离变量，即设

$$E_z(r,\varphi)=E_z(r)\cdot\Phi(\varphi) \tag{6-2-14}$$

把式(6-2-14)代入式(6-2-13)得

$$\frac{\mathrm{d}^2\Phi(\varphi)}{\mathrm{d}\varphi^2}+\lambda\Phi(\varphi)=0 \tag{6-2-15}$$

$$\frac{\mathrm{d}^2E_z(r)}{\mathrm{d}r^2}+\frac{1}{r}\frac{\mathrm{d}E_z(r)}{\mathrm{d}r}+\left(k_0^2n^2-\beta^2-\frac{\lambda}{r^2}\right)E_z(r)=0 \tag{6-2-16}$$

其中λ是常量。

考虑到自然边界条件$\Phi(\varphi+2\pi)=\Phi(\varphi)$，式(6-2-15)的解为

$$\Phi(\varphi)=\mathrm{e}^{\pm\mathrm{i}\sqrt{\lambda}\varphi}=\begin{cases}\mathrm{e}^{\mathrm{i}m\varphi}\\ \mathrm{e}^{-\mathrm{i}m\varphi}\end{cases} \tag{6-2-17}$$

这里$m=0,1,2,\cdots$在以下推导中，为了方便，我们取$\Phi(\varphi)=\mathrm{e}^{\mathrm{i}m\varphi}$。

考虑到$\lambda=m^2$，式(6-2-16)可写成

$$\frac{\mathrm{d}^2E_z(r)}{\mathrm{d}r^2}+\frac{1}{r}\frac{\mathrm{d}E_z(r)}{\mathrm{d}r}+\left(k_0^2n^2-\beta^2-\frac{m^2}{r^2}\right)E_z(r)=0 \tag{6-2-18}$$

此方程是一个m阶的贝赛尔方程，或m阶虚宗量的贝赛尔方程，关于它解的讨论见后面的内容。这样模式场的分量$E_z(r,\varphi)$就可写成

$$E_z(r,\varphi)=E_z(r)e^{im\varphi} \tag{6-2-19}$$

同理

$$H_z(r,\varphi)=H_z(r)e^{im\varphi} \tag{6-2-20}$$

其中 $H_z(r)$所满足的方程与 $E_z(r)$一样，即只要把式(6-2-18)中的 $E_z(r)$换成 $H_z(r)$就是 $H_z(r)$所满足的方程。由模式场的横向分量与纵向分量的关系式(2-1-36)和式(2-1-37)，得

$$\boldsymbol{E}_t(r,\varphi)=\frac{i}{\omega^2\mu_0\varepsilon-\beta^2}\left[-\omega\mu_0\frac{\partial H_z(r,\varphi)}{\partial r}\hat{\varphi}+\omega\mu_0\frac{1}{r}\frac{\partial H_z(r,\varphi)}{\partial\varphi}\hat{r}+\beta\frac{\partial E_z(r,\varphi)}{\partial r}\hat{r}+\frac{\beta}{r}\frac{\partial E_z(r,\varphi)}{\partial\varphi}\hat{\varphi}\right] \tag{6-2-21}$$

$$\boldsymbol{H}_t(r,\varphi)=\frac{i}{\omega^2\mu_0\varepsilon-\beta^2}\left[\omega\varepsilon\frac{\partial E_z(r,\varphi)}{\partial r}\hat{\varphi}-\omega\varepsilon\frac{1}{r}\frac{\partial E_z(r,\varphi)}{\partial\varphi}\hat{r}+\beta\frac{\partial H_z(r,\varphi)}{\partial r}\hat{r}+\frac{\beta}{r}\frac{\partial H_z(r,\varphi)}{\partial\varphi}\hat{\varphi}\right] \tag{6-2-22}$$

把 $\boldsymbol{E}_t(r,\varphi)=E_r(r,\varphi)\hat{r}+E_\varphi(r,\varphi)\hat{\varphi}$，$\boldsymbol{H}_t(r,\varphi)=H_r(r,\varphi)\hat{r}+H_\varphi(r,\varphi)\hat{\varphi}$ 代入式(6-2-21)和式(6-2-22)得

$$E_r(r,\varphi)=\frac{i}{\omega^2\mu_0\varepsilon-\beta^2}\left[\beta\frac{\partial E_z(r,\varphi)}{\partial r}+\frac{\omega\mu_0}{r}\frac{\partial H_z(r,\varphi)}{\partial\varphi}\right] \tag{6-2-23}$$

$$E_\varphi(r,\varphi)=\frac{i}{\omega^2\mu_0\varepsilon-\beta^2}\left[\frac{\beta}{r}\frac{\partial E_z(r,\varphi)}{\partial\varphi}-\omega\mu_0\frac{\partial H_z(r,\varphi)}{\partial r}\right] \tag{6-2-24}$$

$$H_r(r,\varphi)=\frac{i}{\omega^2\mu_0\varepsilon-\beta^2}\left[-\omega\varepsilon\frac{1}{r}\frac{\partial E_z(r,\varphi)}{\partial\varphi}+\beta\frac{\partial H_z(r,\varphi)}{\partial r}\right] \tag{6-2-25}$$

$$H_\varphi(r,\varphi)=\frac{i}{\omega^2\mu_0\varepsilon-\beta^2}\left[\omega\varepsilon\frac{\partial E_z(r,\varphi)}{\partial r}+\frac{\beta}{r}\frac{\partial H_z(r,\varphi)}{\partial\varphi}\right] \tag{6-2-26}$$

把式(6-2-19)和式(6-2-20)代入式(6-2-23)～式(6-2-26)，即可得到

$$\begin{aligned}E_r(r,\varphi)&=E_r(r)e^{im\varphi}\\E_\varphi(r,\varphi)&=E_\varphi(r)e^{im\varphi}\\H_r(r,\varphi)&=H_r(r)e^{im\varphi}\\H_\varphi(r,\varphi)&=H_\varphi(r)e^{im\varphi}\end{aligned} \tag{6-2-27}$$

其中

$$E_r(r)=\frac{i}{\omega^2\mu_0\varepsilon-\beta^2}\left[\beta\frac{dE_z(r)}{dr}+\frac{im\omega\mu_0H_z(r)}{r}\right] \tag{6-2-28}$$

$$E_\varphi(r)=\frac{i}{\omega^2\mu_0\varepsilon-\beta^2}\left[\frac{im\beta}{r}E_z(r)-\omega\mu_0\frac{dH_z(r)}{dr}\right] \tag{6-2-29}$$

$$H_r(r)=\frac{i}{\omega^2\mu_0\varepsilon-\beta^2}\left[-\frac{im\omega\varepsilon}{r}E_z(r)+\beta\frac{dH_z(r)}{dr}\right] \tag{6-2-30}$$

$$H_\varphi(r)=\frac{i}{\omega^2\mu_0\varepsilon-\beta^2}\left[\omega\varepsilon\frac{dE_z(r)}{dr}+\frac{im\beta}{r}H_z(r)\right] \tag{6-2-31}$$

这样通过求解方程(6-2-18)解出 $E_z(r)$ 与 $H_z(r)$，再把它们代入式(6-2-28)～式(6-2-31)就可以得到模式场的所有分量。在一般情况下，模式场的六个分量 $E_r, E_\varphi, E_z, H_r, H_\varphi, H_z$ 都存在，所以称这种模式为矢量模，相应的分析方法为矢量模的分析方法，使用此方法可以得到二层阶跃光纤场分布严格的解析解。此方法的思路是：首先解出模式场的纵场 $E_z(r), H_z(r)$，然后根据模式场的横向分量与纵向分量之间的关系再求出模式场的其他分量，最后由边界条件得到特征方程。

6.2.2 矢量模模式场各分量的解

由于 $E_z(r)$ 和 $H_z(r)$ 都满足方程(6-2-18)，为方便起见，用 $R(r)$ 代替 $E_z(r)$ 和 $H_z(r)$，这样 $R(r)$ 所满足的方程为

$$\frac{\mathrm{d}^2R(r)}{\mathrm{d}r^2}+\frac{1}{r}\frac{\mathrm{d}R(r)}{\mathrm{d}r}+\left(k_0^2n^2-\beta^2-\frac{m^2}{r^2}\right)R(r)=0 \tag{6-2-32}$$

在芯区内，$k_0^2n^2-\beta^2=k_0^2n_1^2-\beta^2>0$，令 $k_0^2n_1^2-\beta^2=\mu$，$x=\sqrt{\mu}r$，方程(6-2-32)可以变成

$$x^2\frac{\mathrm{d}^2R}{\mathrm{d}x^2}+x\frac{\mathrm{d}R}{\mathrm{d}x}+(x^2-m^2)R=0 \tag{6-2-33}$$

此方程为 m 阶的贝赛尔方程，其通解为

$$R=C_1\mathrm{J}_m(x)+C_2\mathrm{N}_m(x)=C_1\mathrm{J}_m\left(\sqrt{k_0^2n_1^2-\beta^2}\,r\right)+C_2\mathrm{N}_m\left(\sqrt{k_0^2n_1^2-\beta^2}\,r\right) \tag{6-2-34}$$

其中，C_1, C_2 为任意常数，$\mathrm{J}_m(x)$，$\mathrm{N}_m(x)$ 分别为贝赛尔函数和诺伊曼函数。

在包层内，$k_0^2n^2-\beta^2=k_0^2n_2^2-\beta^2<0$，令 $k_0^2n_2^2-\beta^2=-\nu^2$，$x=\nu r$，方程(6-2-32)可以变成

$$x^2\frac{\mathrm{d}^2R}{\mathrm{d}x^2}+x\frac{\mathrm{d}R}{\mathrm{d}x}-(x^2+m^2)R=0 \tag{6-2-35}$$

此方程为虚宗量的贝赛尔方程，其解为

$$R=C_1\mathrm{I}_m(x)+C_2\mathrm{K}_m(x)=C_1\mathrm{I}_m\left(\sqrt{\beta^2-k_0^2n_2^2}\,r\right)+C_2\mathrm{K}_m\left(\sqrt{\beta^2-k_0^2n_2^2}\,r\right) \tag{6-2-36}$$

其中，C_1, C_2 为任意常数，$\mathrm{I}_m(x)$，$\mathrm{K}_m(x)$ 分别为虚宗量的贝赛尔函数和虚宗量的汉克尔函数。

关于函数 $\mathrm{J}_m(x)$，$\mathrm{N}_m(x)$，$\mathrm{I}_m(x)$，$\mathrm{K}_m(x)$ 随 x 的变化如图 6-6 所示。

由于 $r\to0$，$r\to\infty$ 时，$E_z(r)$ 和 $H_z(r)$ 不能变得无穷大，所以根据图 6-6 中 $\mathrm{N}_m(x)$ 与 $\mathrm{I}_m(x)$ 的变化趋势，这两项无物理意义，应略去。这样，$E_z(r)$ 和 $H_z(r)$ 可分别写为

$$E_z(r)=\begin{cases}C_1\mathrm{J}_m\left(\sqrt{n_1^2k_0^2-\beta^2}\,r\right) & 0<r<a\\ C_2\mathrm{K}_m\left(\sqrt{\beta^2-n_2^2k_0^2}\,r\right) & r>a\end{cases} \tag{6-2-37}$$

$$H_z(r)=\begin{cases}C_3\mathrm{J}_m\left(\sqrt{n_1^2k_0^2-\beta^2}\,r\right) & 0<r<a\\ C_4\mathrm{K}_m\left(\sqrt{\beta^2-n_2^2k_0^2}\,r\right) & r>a\end{cases} \tag{6-2-38}$$

令

$$\begin{aligned}U^2&=(k_0^2n_1^2-\beta^2)a^2\\ W^2&=(\beta^2-k_0^2n_2^2)a^2\\ V^2&=k_0^2(n_1^2-n_2^2)a^2\end{aligned} \tag{6-2-39}$$

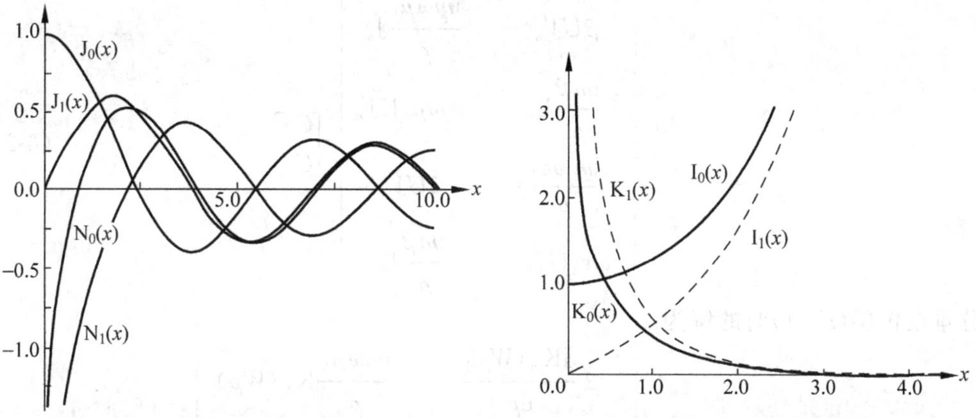

(a) 贝塞耳函数和诺伊曼函数　　(b) 虚宗量的贝塞耳函数和虚宗量的汉克尔函数

图 6-6　$J_m(x)$，$N_m(x)$，$I_m(x)$和 $K_m(x)$随 x 的变化曲线

易见

$$U^2+W^2=V^2 \tag{6-2-40}$$

且式(6-2-37)和式(6-2-38)可进一步写为

$$E_z(r)=\begin{cases} C_1 J_m\left(\dfrac{U}{a}r\right) & 0<r<a \\ C_2 K_m\left(\dfrac{W}{a}r\right) & r>a \end{cases} \tag{6-2-41}$$

$$H_z(r)=\begin{cases} C_3 J_m\left(\dfrac{U}{a}r\right) & 0<r<a \\ C_4 K_m\left(\dfrac{W}{a}r\right) & r>a \end{cases} \tag{6-2-42}$$

进一步令 $\rho=r/a$，上两式可以写成

$$E_z(\rho)=\begin{cases} C_1 J_m(U\rho) & 0<\rho<1 \\ C_2 K_m(W\rho) & \rho>1 \end{cases} \tag{6-2-43}$$

$$H_z(\rho)=\begin{cases} C_3 J_m(U\rho) & 0<\rho<1 \\ C_4 K_m(W\rho) & \rho>1 \end{cases} \tag{6-2-44}$$

把以上两式代入式(6-2-28)～式(6-2-31)可得矢量模各分量在芯区($0<\rho<1$)的解为

$$\begin{bmatrix} E_r(\rho) \\ E_\varphi(\rho) \\ H_r(\rho) \\ H_\varphi(\rho) \end{bmatrix}=\frac{\mathrm{i}a}{U^2}\begin{bmatrix} \beta\dfrac{\mathrm{d}J_m(U\rho)}{\mathrm{d}\rho} & \dfrac{\mathrm{i}m\omega\mu_0}{\rho}J_m(U\rho) \\ \dfrac{\mathrm{i}m\beta}{\rho}J_m(U\rho) & -\omega\mu_0\dfrac{\mathrm{d}J_m(U\rho)}{\mathrm{d}\rho} \\ -\dfrac{\mathrm{i}m\omega\varepsilon_1}{\rho}J_m(U\rho) & \beta\dfrac{\mathrm{d}J_m(U\rho)}{\mathrm{d}\rho} \\ \omega\varepsilon_1\dfrac{\mathrm{d}J_m(U\rho)}{\mathrm{d}\rho} & \dfrac{\mathrm{i}m\beta}{\rho}J_m(U\rho) \end{bmatrix}\begin{bmatrix} C_1 \\ C_3 \end{bmatrix}$$

$$=\frac{\mathrm{i}a}{U^2}\begin{bmatrix}\beta U\mathrm{J}_m' & \frac{\mathrm{i}m\omega\mu_0}{\rho}\mathrm{J}_m\\ \frac{\mathrm{i}m\beta}{\rho}\mathrm{J}_m & -\omega\mu_0 U\mathrm{J}_m'\\ -\frac{\mathrm{i}m\omega\varepsilon_1}{\rho}\mathrm{J}_m & \beta U\mathrm{J}_m'\\ \omega\varepsilon_1 U\mathrm{J}_m' & \frac{\mathrm{i}m\beta}{\rho}\mathrm{J}_m\end{bmatrix}\begin{bmatrix}C_1\\ C_3\end{bmatrix} \tag{6-2-45}$$

各分量在包层($\rho>1$)时的解为

$$\begin{bmatrix}E_r(\rho)\\ E_\varphi(\rho)\\ H_r(\rho)\\ H_\varphi(\rho)\end{bmatrix}=\frac{-\mathrm{i}a}{W^2}\begin{bmatrix}\beta\frac{\mathrm{dK}_m(W\rho)}{\mathrm{d}\rho} & \frac{\mathrm{i}m\omega\mu_0}{\rho}\mathrm{K}_m(W\rho)\\ \frac{\mathrm{i}m\beta}{\rho}\mathrm{K}_m(W\rho) & -\omega\mu_0\frac{\mathrm{dK}_m(W\rho)}{\mathrm{d}\rho}\\ -\frac{\mathrm{i}m\omega\varepsilon_2}{\rho}\mathrm{K}_m(W\rho) & \beta\frac{\mathrm{dK}_m(W\rho)}{\mathrm{d}\rho}\\ \omega\varepsilon_2\frac{\mathrm{dK}_m(W\rho)}{\mathrm{d}\rho} & \frac{\mathrm{i}m\beta}{\rho}\mathrm{K}_m(W\rho)\end{bmatrix}\begin{bmatrix}C_2\\ C_4\end{bmatrix}$$

$$=\frac{\mathrm{i}a}{W^2}\begin{bmatrix}-\beta W\mathrm{K}_m' & -\mathrm{i}\frac{m\omega\mu_0}{\rho}\mathrm{K}_m\\ -\frac{\mathrm{i}m\beta}{\rho}\mathrm{K}_m & \omega\mu_0 W\mathrm{K}_m'\\ \mathrm{i}\frac{m\omega\varepsilon_2}{\rho}\mathrm{K}_m & -\beta W\mathrm{K}_m'\\ -\omega\varepsilon_2 W\mathrm{K}_m' & -\frac{\mathrm{i}m\beta}{\rho}\mathrm{K}_m\end{bmatrix}\begin{bmatrix}C_2\\ C_4\end{bmatrix} \tag{6-2-46}$$

6.2.3 特征方程

下面推导传播常数 β 应满足的方程——特征方程。

由边界条件 $\rho=1$ 时,$E_\varphi(\rho)$连续,利用式(6-2-45)和式(6-2-46)得

$$\frac{1}{U^2}[C_1(\mathrm{i}m\beta)\mathrm{J}_m(U)-C_3\omega\mu_0 U\mathrm{J}_m'(U)]=-\frac{1}{W^2}[C_2(\mathrm{i}m\beta)\mathrm{K}_m(W)-C_4\omega\mu_0 W\mathrm{K}_m'(W)] \tag{6-2-47}$$

再由 $\rho=1$ 时,$E_z(\rho)$,$H_z(\rho)$连续,利用式(6-2-43)和式(6-2-44)得

$$C_1\mathrm{J}_m(U)=C_2\mathrm{K}_m(W) \tag{6-2-48}$$

$$C_3\mathrm{J}_m(U)=C_4\mathrm{K}_m(W) \tag{6-2-49}$$

利用以上两式,式(6-2-47)可以进一步写为

$$\mathrm{i}m\,\beta C_1\left(\frac{1}{U^2}+\frac{1}{W^2}\right)-C_3\omega\mu_0\left[\frac{1}{U}\frac{\mathrm{J}_m'(U)}{\mathrm{J}_m(U)}+\frac{1}{W}\frac{\mathrm{K}_m'(W)}{\mathrm{K}_m(W)}\right]=0$$

$$\frac{C_3}{C_1}=\frac{\mathrm{i}m\beta}{\omega\mu_0}\left(\frac{1}{U^2}+\frac{1}{W^2}\right)\left[\frac{1}{U}\frac{\mathrm{J}_m'(U)}{\mathrm{J}_m(U)}+\frac{1}{W}\frac{\mathrm{K}_m'(W)}{\mathrm{K}_m(W)}\right]^{-1} \tag{6-2-50}$$

同理当 $\rho=1$ 时,$H_\varphi(\rho)$连续,并应用式(6-2-45)和式(6-2-46)得

$$\frac{1}{U^2}[C_1\omega\varepsilon_1 U\mathrm{J}'_m(U)+C_3(\mathrm{i}m\beta)\mathrm{J}_m(U)]=-\frac{1}{W^2}[C_2\omega\varepsilon_2 W\mathrm{K}'_m(W)+C_4(\mathrm{i}m\beta)\mathrm{K}_m(W)] \tag{6-2-51}$$

利用式(6-2-48)和式(6-2-49)两式,上式可写为

$$\mathrm{i}m\,\beta C_3\left(\frac{1}{U^2}+\frac{1}{W^2}\right)+C_1\omega\left[\frac{\varepsilon_1}{U}\frac{\mathrm{J}'_m(U)}{\mathrm{J}_m(U)}+\frac{\varepsilon_2}{W}\frac{\mathrm{K}'_m(W)}{\mathrm{K}_m(W)}\right]=0$$

$$\frac{C_3}{C_1}=\frac{\mathrm{i}\omega}{m\beta}\left(\frac{1}{U^2}+\frac{1}{W^2}\right)^{-1}\left[\frac{\varepsilon_1}{U}\frac{\mathrm{J}'_m(U)}{\mathrm{J}_m(U)}+\frac{\varepsilon_2}{W}\frac{\mathrm{K}'_m(W)}{\mathrm{K}_m(W)}\right] \tag{6-2-52}$$

式(6-2-50)和式(6-2-52)联立得

$$m^2\beta^2\left(\frac{1}{U^2}+\frac{1}{W^2}\right)^2=k_0^2\left[\frac{1}{U}\frac{\mathrm{J}'_m(U)}{\mathrm{J}_m(U)}+\frac{1}{W}\frac{\mathrm{K}'_m(W)}{\mathrm{K}_m(W)}\right]\left[\frac{n_1^2}{U}\frac{\mathrm{J}'_m(U)}{\mathrm{J}_m(U)}+\frac{n_2^2}{W}\frac{\mathrm{K}'_m(W)}{\mathrm{K}_m(W)}\right] \tag{6-2-53}$$

或

$$m^2\left(\frac{1}{U^2}+\frac{1}{W^2}\right)\left(\frac{n_1^2}{U^2}+\frac{n_2^2}{W^2}\right)=\left[\frac{1}{U}\frac{\mathrm{J}'_m(U)}{\mathrm{J}_m(U)}+\frac{1}{W}\frac{\mathrm{K}'_m(W)}{\mathrm{K}_m(W)}\right]\left[\frac{n_1^2}{U}\frac{\mathrm{J}'_m(U)}{\mathrm{J}_m(U)}+\frac{n_2^2}{W}\frac{\mathrm{K}'_m(W)}{\mathrm{K}_m(W)}\right] \tag{6-2-54}$$

以上两式就是阶跃光纤矢量模的特征方程或本征值方程。若给定光纤的参数 n_1,n_2,a,以及入射光的频率,利用以上两个方程就可以求出不同模式传播常数 β 的值。

应该指出的是:在前面的推导中,我们选择了模场随方位角的变化为 $\mathrm{e}^{\mathrm{i}m\varphi}$,其中 $m=0,1,2,\cdots$。实际上,我们也可以取 $\mathrm{e}^{-\mathrm{i}m\varphi}$,这时贝赛尔函数 J_m 和虚宗量的汉克尔函数 K_m 中的 m 不变,因为在方程(6-2-18)中 m 是以 m^2 的形式出现的,除此之外,其他表示场分布的式子中的 m 都应该反号。在特征方程中,因 m 也是以 m^2 的形式出现的,因此 m 的变号也不会影响特征值 β,即随方位角变化为 $\mathrm{e}^{\mathrm{i}m\varphi}$ 的模式场和 $\mathrm{e}^{-\mathrm{i}m\varphi}$ 的模式场的特征值是二重简并的。若将 $\mathrm{e}^{\mathrm{i}m\varphi}$ 和 $\mathrm{e}^{-\mathrm{i}m\varphi}$ 的两种简并模相加,从式(6-2-19)可知,合成模式场的 E_z 分量随方位角变化为 $\cos m\varphi$,另外根据式(6-2-50)或式(6-2-52)得到的 C_3/C_1,再利用式(6-2-41)、式(6-2-42)和式(6-2-20),可知合成模式场的 H_z 分量随方位角变化为 $\sin m\varphi$,合成模式场的其他场分量也可以通过相应的公式求出,这里不再赘述。若将 $\mathrm{e}^{\mathrm{i}m\varphi}$ 和 $\mathrm{e}^{-\mathrm{i}m\varphi}$ 的两种简并模相减,同理可以得到合成模式场的 E_z 和 H_z 分量随方位角变化分别为 $\sin m\varphi$ 和 $\cos m\varphi$。在画模式场的场分布时,使用 $\sin m\varphi$ 和 $\cos m\varphi$ 比 $\mathrm{e}^{\mathrm{i}m\varphi}$ 和 $\mathrm{e}^{-\mathrm{i}m\varphi}$ 更容易被人理解,因此通常用正弦和余弦的场表达式来讨论场分布。

6.2.4 对特征方程的讨论

1. 光纤中存在的模式

当 $m=0$ 时,特征方程可以写为

$$\frac{1}{U}\frac{\mathrm{J}'_0(U)}{\mathrm{J}_0(U)}+\frac{1}{W}\frac{\mathrm{K}'_0(W)}{\mathrm{K}_0(W)}=0 \tag{6-2-55}$$

和

$$\frac{n_1^2}{U}\frac{\mathrm{J}'_0(U)}{\mathrm{J}_0(U)}+\frac{n_2^2}{W}\frac{\mathrm{K}'_0(W)}{\mathrm{K}_0(W)}=0 \tag{6-2-56}$$

可以证明：式(6-2-55)对应的场只有分量 E_φ，H_r 和 H_z，显然，这是一个电场只有横向分量的模式，所以称式(6-2-55)为 TE 模的特征方程。式(6-2-56)对应的场只有分量 H_φ，E_r 和 E_z，显然，这是一个磁场只有横向分量的模式，所以称式(6-2-56)为 TM 模的特征方程。

若 $m\neq 0$，为方便起见，令

$$\frac{J'_m(U)}{UJ_m(U)}=\Im,\quad \frac{K'_m(W)}{WK_m(W)}=\Re$$

则式(6-2-54)可以进一步写为

$$m^2\left(\frac{1}{U^2}+\frac{1}{W^2}\right)\left(\frac{n_1^2}{U^2}+\frac{n_2^2}{W^2}\right)=[\Im+\Re]\,[n_1^2\Im+n_2^2\Re]$$

所以

$$\Im=-\frac{1}{2}\left(1+\frac{n_2^2}{n_1^2}\right)\Re\pm\frac{1}{2}\left\{\left(1+\frac{n_2^2}{n_1^2}\right)^2\Re^2-4\left[\frac{n_2^2}{n_1^2}\Re^2-m^2\left(\frac{1}{U^2}+\frac{n_2^2}{n_1^2}\frac{1}{W^2}\right)\left(\frac{1}{U^2}+\frac{1}{W^2}\right)\right]\right\}^{\frac{1}{2}}\tag{6-2-57}$$

在上式中，取"+"号对应的模式称为 EH 模，取"−"号对应的模式称为 HE 模。

在弱导情况下，$n_1^2\approx n_2^2$ 则式(6-2-57)可以写为

$$\Im=-\Re\pm m\left(\frac{1}{U^2}+\frac{1}{W^2}\right)\tag{6-2-58}$$

综上所述，光纤中存在 TE 模，TM 模($m=0$)和 EH 模，HE 模($m\neq 0$)这四种模。

2. 截止条件

这里截止的概念与平面波导的截止概念一样，即截止时 $\beta\to n_2k_0$，所以 $W\to 0$，$U\to V$。

(1) 对 TE 模，利用递推公式

$$J'_m=\frac{m}{U}J_m-J_{m+1}\tag{6-2-59}$$

$$K'_m=\frac{m}{W}K_m-K_{m+1}\tag{6-2-60}$$

得

$$J'_0(U)=-J_1(U),\quad K'_0(W)=-K_1(W)\tag{6-2-61}$$

把上式代入式(6-2-55)得 TE 模的特征方程可另写为

$$\frac{1}{U}\frac{J_1(U)}{J_0(U)}+\frac{1}{W}\frac{K_1(W)}{K_0(W)}=0\tag{6-2-62}$$

当 $W\to 0$ 时，$K_0\to -\ln(W/2)$，$K_1\to 1/W$，这样上式可化为 $UJ_0(U)/J_1(U)\to 0$，即

$$J_0(U)=0\tag{6-2-63}$$

此式即为 TE 模的截止条件或截止方程。上式中的 U 应为 $U=2.4048, 5.5201\cdots$ 它们分别是 TE_{01}，TE_{02}，…的截止条件。其中角标的第一个值"0"代表 m 值，第二个值 1，2，…，代表 J_0 的第一，第二，…个零点，实际上反映了不同的模式。

同理，对 TM 模，截止条件亦为式(6-2-63)，这说明在截止区附近 TE 模、TM 模具有相同或接近的特征值，所以说它是简并的。实际上在弱导条件下，TE 模与 TM 模具有完全相

同的特征方程。

(2) $m>1$ 时的 HE 模

在弱导近似下,HE 模的特征方程可以写为

$$\mathfrak{J}=-\mathfrak{R}-m\left(\frac{1}{U^2}+\frac{1}{W^2}\right) \tag{6-2-64}$$

利用递推关系

$$J'_m=-\frac{m}{U}J_m+J_{m-1} \tag{6-2-65}$$

$$K'_m=-\frac{m}{W}K_m-K_{m-1} \tag{6-2-66}$$

HE 模的特征方程式(6-2-64)可以化为

$$\frac{J_{m-1}(U)}{UJ_m(U)}=\frac{K_{m-1}(W)}{WK_m(W)} \tag{6-2-67}$$

注意上式不论对 $m=1$ 或 $m>1$ 都是适用的。

若 $m>1$,由 $W\to 0$ 时,$K_m\to\frac{1}{2}\Gamma(m)\left(\frac{2}{W}\right)^m$,式(6-2-67)可以变为

$$\frac{J_{m-1}(U)}{J_m(U)}=\frac{U}{2(m-1)} \tag{6-2-68}$$

利用上面的公式可以得出 HE_{mn} 截止时的 U 值,即 HE_{2n},HE_{3n},…的 U 值。

(3) $m=1$ 时的 HE 模

若 $m=1$,由 $W\to 0$ 时,$K_0\to -\ln(W/2)$,$K_1\to 1/W$,这时式(6-2-67)可以变成

$$\frac{J_0(U)}{UJ_1(U)}\to\infty$$

即

$$J_1(U)=0 \tag{6-2-69}$$

上式的解为 $U_1=0$,$U_2=3.8317$,$U_3=7.0156$,…

这里 $U_1=0$,意味着存在一个不截止的混合模式 HE_{11} 模,它是第一个不容易截止的模式,称它为二层均匀圆光波导的基模。考虑到第二个不容易截止的波型 TE_{01} 模,TM_{01} 模的截止时的 U 为 2.4048,且在截止时 $U=V$,可知当 $V<2.4048$ 时,二层均匀圆光波导只有单模传输。

因

$$V=\sqrt{k_0^2(n_1^2-n_2^2)}\,a,\quad 2\Delta=\frac{n_1^2-n_2^2}{n_2^2}$$

所以单模传输条件可以写为

$$\frac{2\pi}{\lambda}n_2a\sqrt{2\Delta}<2.4048 \tag{6-2-70}$$

通过此式可以根据输入光的波长 λ,适当地调节 n_2,a,2Δ,使光纤只传输基模。

(4) EH 模

由式(6-2-59)和式(6-2-60),式(6-2-58)(取“+”号)可以写为

$$\frac{J_{m+1}(U)}{UJ_m(U)}=-\frac{K_{m+1}(W)}{WK_m(W)} \tag{6-2-71}$$

所以 $W\to 0$ 时,式(6-2-71)可写成

$$J_m(U)=0 \quad (U\neq 0) \tag{6-2-72}$$

此方程即为 EH 模的截止条件。

3. 远离截止的条件

当入射光的频率很高时,$k_0\to\infty, V\to\infty, W\to\infty$,这种情况就是远离截止的情况。下面讨论各种模式远离截止的条件。

(1) $m=0$ TE 模与 TM 模

对于 TE 模,其特征方程为式(6-2-62)。当 $W\to\infty$ 时,因 $K_m\to\sqrt{\frac{\pi}{2W}}e^{-W}$,所以由式(6-2-62)可得

$$J_1(U)=0 \quad (U\neq 0) \tag{6-2-73}$$

上式就是 TE 模远离截止的条件。同理,对 TM 模,其远离截止条件也为上式。

从前面的讨论我们知道,TE 模和 TM 模的截止条件为 $J_0(U)=0$,所以 TE 模和 TM 模的 U 值在 $J_0(U)=0$ 和 $J_1(U)=0(U\neq 0)$ 的根之间变化。例如对 TE_{01} 模、TM_{01} 模,截止时 U 的值为 $J_0(U)=0$ 的第一个根 2.4048,远离截止时的 U 值为 $J_1(U)=0(U\neq 0)$ 的第一个根 3.8317,所以 TE_{01} 模、TM_{01} 模的 U 值在 2.4048~3.8317 之间变化。

(2) $m\neq 0$ HE 模与 EH 模

由 HE 模的特征方程(6-2-67)、EH 模的特征方程(6-2-71)及 $W\to\infty$ 时,$K_m(W)\to\sqrt{\frac{\pi}{2W}}e^{-W}$ 可以得到 HE 模和 EH 模远离截止时的方程分别为

$$J_{m-1}(U)=0 \quad (U\neq 0) \tag{6-2-74}$$

$$J_{m+1}(U)=0 \quad (U\neq 0) \tag{6-2-75}$$

通过以上讨论,已得到了矢量模各种模式在弱导条件下的特征方程,截止条件及其远离截止的条件。为了便于查找,把讨论的结果总结如下。

各模式的特征方程为

$$\frac{J_1(U)}{UJ_0(U)}+\frac{K_1(W)}{WK_0(W)}=0 \qquad \text{(TE 模、TM 模)}$$

$$\frac{J_{m-1}(U)}{UJ_m(U)}-\frac{K_{m-1}(W)}{WK_m(W)}=0 \qquad \text{(HE 模)}$$

$$\frac{J_{m+1}(U)}{UJ_m(U)}+\frac{K_{m+1}(W)}{WK_m(W)}=0 \qquad \text{(EH 模)}$$

各模式截止及远离截止的方程分别为

$$J_0(U)=0,\quad J_1(U)=0 \quad (U\neq 0) \qquad \text{(TE 模、TM 模)}$$

$$J_1(U)=0,\quad J_0(U)=0 \qquad \text{(HE 模}, m=1)$$

$$\frac{J_{m-1}(U)}{J_m(U)}=\frac{U}{2(m-1)},\quad J_{m-1}(U)=0 \quad U\neq 0 \qquad \text{(HE 模}, m\neq 1)$$

$$J_m(U)=0 \quad (U\neq 0),\quad J_{m+1}(U)=0 \quad U\neq 0 \qquad \text{(EH 模)}$$

从各模式的截止及其远离截止的方程可以求出各模式 U 的取值范围,如图 6-7 所示。另外从特征方程还可以求出 N 与 V 的关系,如图 6-8 所示。

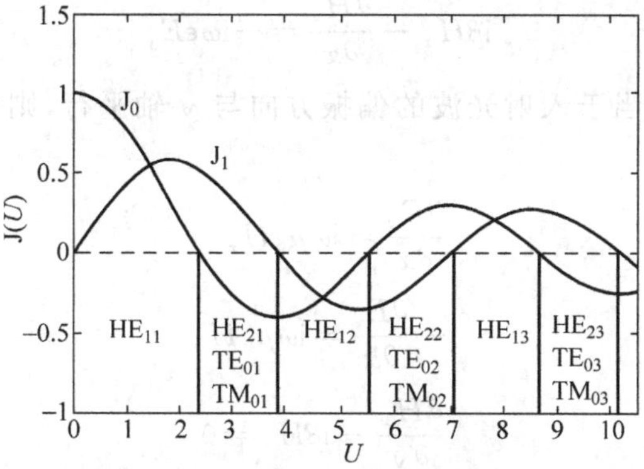

图 6-7 各模式参量 U 的范围

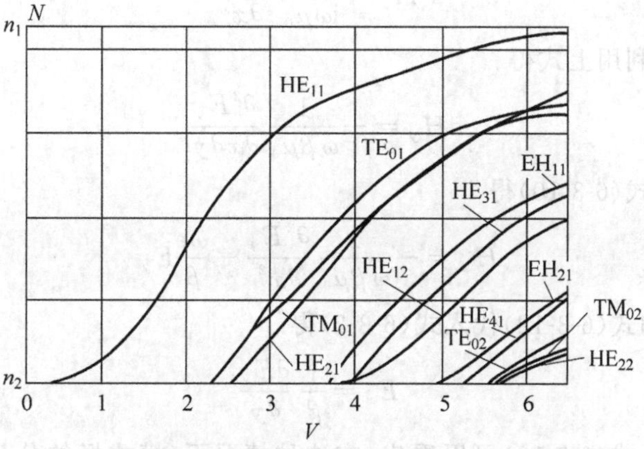

图 6-8 各种模式的色散曲线和归一化截止频率

6.3 二层阶跃光纤标量模的分析方法

6.3.1 标量模的分析方法

在分析光纤内的电磁场时，也可以使用直角坐标系。在直角坐标系下，光纤中模式场的六个分量为 $E_x, E_y, E_z, H_x, H_y, H_z$。由模式场纵向分量与横向分量之间的关系式(2-1-31)～式(2-1-34)，这六个分量之间的关系可以写为

$$\frac{\partial E_y}{\partial x}-\frac{\partial E_x}{\partial y}=\mathrm{i}\omega\mu_0 H_z \tag{6-3-1}$$

$$\frac{\partial H_y}{\partial x}-\frac{\partial H_x}{\partial y}=-\mathrm{i}\omega\varepsilon E_z \tag{6-3-2}$$

$$\frac{\partial E_z}{\partial y}-\mathrm{i}\beta E_y=\mathrm{i}\omega\mu_0 H_x \tag{6-3-3}$$

$$\mathrm{i}\beta E_x-\frac{\partial E_z}{\partial x}=\mathrm{i}\omega\mu_0 H_y \tag{6-3-4}$$

$$\frac{\partial H_z}{\partial y}-\mathrm{i}\beta H_y=-\mathrm{i}\omega\varepsilon E_x \tag{6-3-5}$$

$$\mathrm{i}\beta H_x - \frac{\partial H_z}{\partial x} = -\mathrm{i}\omega\varepsilon E_y \tag{6-3-6}$$

若 $E_x=0$，此时相当于入射光波的偏振方向与 y 轴平行，则式(6-3-1)、式(6-3-4)和式(6-3-5)可以变成

$$\frac{\partial E_y}{\partial x} = \mathrm{i}\omega\mu_0 H_z \tag{6-3-7}$$

$$-\frac{\partial E_z}{\partial x} = \mathrm{i}\omega\mu_0 H_y \tag{6-3-8}$$

$$\frac{\partial H_z}{\partial y} - \mathrm{i}\beta H_y = 0 \tag{6-3-9}$$

由式(6-3-7)得

$$H_z = \frac{1}{\mathrm{i}\omega\mu_0}\frac{\partial E_y}{\partial x} \tag{6-3-10}$$

由式(6-3-9)并利用上式得

$$H_y = -\frac{1}{\omega\beta\mu_0}\frac{\partial^2 E_y}{\partial x\partial y} \tag{6-3-11}$$

由式(6-3-6)和式(6-3-10)得

$$H_x = -\frac{1}{\omega\beta\mu_0}\frac{\partial^2 E_y}{\partial x^2} - \frac{\omega\varepsilon}{\beta}E_y \tag{6-3-12}$$

把式(6-3-11)和式(6-3-12)代入式(6-3-2)得

$$E_z = \frac{\mathrm{i}}{\beta}\frac{\partial E_y}{\partial y} \tag{6-3-13}$$

从式(6-3-10)～式(6-3-13)可以看出，在这种情况下，模式场的分量为$\{0,E_y,E_z,H_x,H_y,H_z\}$，若求出 E_y，其他 4 个分量可以通过这些式子求出。那么 E_y 满足什么方程呢？把式(6-3-12)和式(6-3-13)代入式(6-3-3)可以得到 E_y 所满足的方程为

$$\frac{\partial^2 E_y}{\partial x^2} + \frac{\partial^2 E_y}{\partial y^2} + (k_0^2 n^2 - \beta^2)E_y = 0 \tag{6-3-14}$$

上式正是亥姆霍兹方程。我们称 $E_x=0$ 的情况为$\{0,E_y,E_z,H_x,H_y,H_z\}$模式。同理对 $E_y=0$ 的情况，对应的模式为$\{E_x,0,E_z,H_x,H_y,H_z\}$。一般的模式场中既存在 E_x 又存在 E_y，所以它是模式$\{0,E_y,E_z,H_x,H_y,H_z\}$和$\{E_x,0,E_z,H_x,H_y,H_z\}$的线性组合。

考虑到实际的光纤主要是弱导光纤，场分量二阶以上的变化率可以忽略不计，这时由式(6-3-10)～式(6-3-13)，$\{0,E_y,E_z,H_x,H_y,H_z\}$模式中的场分量可进一步写为

$$H_z = \frac{1}{\mathrm{i}\omega\mu_0}\frac{\partial E_y}{\partial x} \tag{6-3-15}$$

$$H_y = 0 \tag{6-3-16}$$

$$H_x = -\frac{\omega\varepsilon}{\beta}E_y \tag{6-3-17}$$

$$E_z = \frac{\mathrm{i}}{\beta}\frac{\partial E_y}{\partial y} \tag{6-3-18}$$

这样模式$\{0,E_y,E_z,H_x,H_y,H_z\}$就可以简化为$\{0,E_y,E_z,H_x,0,H_z\}$。同理，

$\{E_x,0,E_z,H_x,H_y,H_z\}$也可以简化为$\{E_x,0,E_z,0,H_y,H_z\}$。可见，在弱导近似后的模式$\{0,E_y,E_z,H_x,0,H_z\}$和$\{E_x,0,E_z,0,H_y,H_z\}$中，模式场的横向电场和横向磁场都只有一个分量(是一个标量)，因此我们称这两种模为标量模，或线偏振模(linear polarization mode)，相应的分析方法称为标量(近似)法。此方法的具体思路是：对于$\{0,E_y,E_z,H_x,0,H_z\}$模，首先通过式(6-3-14)求解出E_y，再由式(6-3-15)、式(6-3-17)和式(6-3-18)求出H_z,H_x,E_z，最后由边界条件得到特征方程。对于$\{E_x,0,E_z,0,H_y,H_z\}$模的分析可以通过类似的方法得到。在后面的分析中，我们都是以$\{0,E_y,E_z,H_x,0,H_z\}$为例进行分析的。

6.3.2 标量模的场分布

下面我们首先通过式(6-3-14)求解E_y。考虑到边界为圆柱形，我们采用极坐标为自变量。由于$E_y(x,y)=E_y(r,\varphi)=E_y(r)\mathrm{e}^{\mathrm{i}m\varphi}$，式(6-3-14)可以变为

$$\frac{\partial^2 E_y(r)}{\partial r^2}+\frac{1}{r}\frac{\partial E_y(r)}{\partial r}+\left(k_0^2 n^2-\beta^2-\frac{m^2}{r^2}\right)E_y(r)=0 \tag{6-3-19}$$

显然此方程与上节$E_z(r)$所服从的方程一样，因此其解的形式也一样，即

$$E_y(\rho)=\begin{cases}C_1\mathrm{J}_m(U\rho) & 0<\rho<1\\ C_2\mathrm{K}_m(W\rho) & \rho>1\end{cases} \tag{6-3-20}$$

$$E_y(\rho,\varphi)=\begin{cases}C_1\mathrm{J}_m(U\rho)\mathrm{e}^{\mathrm{i}m\varphi} & 0<\rho<1\\ C_2\mathrm{K}_m(W\rho)\mathrm{e}^{\mathrm{i}m\varphi} & \rho>1\end{cases} \tag{6-3-21}$$

这里$\rho=r/a$，C_1，C_2是不为零的常数。

由式(6-3-18)可得

$$\begin{aligned}E_z(x,y)&=E_z(r,\varphi)=\frac{\mathrm{i}}{\beta}\frac{\partial E_y(r,\varphi)}{\partial y}\\&=\frac{\mathrm{i}}{\beta}\left[\frac{\partial E_y(r,\varphi)}{\partial r}\frac{\partial r}{\partial y}+\frac{\partial E_y(r,\varphi)}{\partial \varphi}\frac{\partial \varphi}{\partial y}\right]\\&=\frac{\mathrm{i}}{\beta}\left[\sin\varphi\frac{\partial E_y(r,\varphi)}{\partial r}+\frac{\cos\varphi}{r}\frac{\partial E_y(r,\varphi)}{\partial \varphi}\right]\\&=\begin{cases}\dfrac{\mathrm{i}}{\beta}\left[\sin\varphi\dfrac{U}{a}\mathrm{J}_m'(U\rho)+\mathrm{i}m\dfrac{\cos\varphi}{a\rho}\mathrm{J}_m(U\rho)\right]\mathrm{e}^{\mathrm{i}m\varphi}C_1 & 0<\rho<1\\ \dfrac{\mathrm{i}}{\beta}\left[\sin\varphi\dfrac{W}{a}\mathrm{K}_m'(W\rho)+\mathrm{i}m\dfrac{\cos\varphi}{a\rho}\mathrm{K}_m(W\rho)\right]\mathrm{e}^{\mathrm{i}m\varphi}C_2 & \rho>1\end{cases}\end{aligned} \tag{6-3-22}$$

同理由式(6-3-15)和式(6-3-17)可以得出

$$H_z(x,y)=H_z(r,\varphi)=\begin{cases}-\dfrac{\mathrm{i}}{\omega\mu_0}\left[\cos\varphi\dfrac{U}{a}\mathrm{J}_m'(U\rho)-\mathrm{i}m\dfrac{\sin\varphi}{a\rho}\mathrm{J}_m(U\rho)\right]\mathrm{e}^{\mathrm{i}m\varphi}\cdot C_1 & 0<\rho<1\\ -\dfrac{\mathrm{i}}{\omega\mu_0}\left[\cos\varphi\dfrac{W}{a}\mathrm{K}_m'(W\rho)-\mathrm{i}m\dfrac{\sin\varphi}{a\rho}\mathrm{K}_m(W\rho)\right]\mathrm{e}^{\mathrm{i}m\varphi}\cdot C_2 & \rho>1\end{cases} \tag{6-3-23}$$

$$H_x(x,y)=H_x(r,\varphi)=\begin{cases}-\dfrac{\omega\varepsilon_1}{\beta}C_1\mathrm{J}_m(U\rho)\mathrm{e}^{\mathrm{i}m\varphi} & 0<\rho<1\\ -\dfrac{\omega\varepsilon_2}{\beta}C_2\mathrm{K}_m(W\rho)\mathrm{e}^{\mathrm{i}m\varphi} & \rho>1\end{cases} \tag{6-3-24}$$

通过以上各式就可以求出$\{0,E_y,E_z,H_x,0,H_z\}$各分量的场分布。

6.3.3 特征方程

下面利用已求出的场分布和边界条件求特征方程。

由边界条件$\rho=1$时,E_y,E_z连续,利用式(6-3-20)和式(6-3-22)得

$$C_1\mathrm{J}_m(U)=C_2\mathrm{K}_m(W)$$

$$C_1\left[\sin\varphi\,\frac{U}{a}\mathrm{J}'_m(U)+\mathrm{i}\,\frac{m\cos\varphi}{a}\mathrm{J}_m(U)\right]=C_2\left[\sin\varphi\,\frac{W}{a}\mathrm{K}'_m(W)+\mathrm{i}\,\frac{m\cos\varphi}{a}\mathrm{K}_m(W)\right]$$

两式相除得

$$\frac{U\mathrm{J}'_m(U)}{\mathrm{J}_m(U)}=\frac{W\mathrm{K}'_m(W)}{\mathrm{K}_m(W)} \tag{6-3-25}$$

利用式(6-2-59)和式(6-2-60),上式又可写为

$$\frac{U\mathrm{J}_{m+1}(U)}{\mathrm{J}_m(U)}-\frac{W\mathrm{K}_{m+1}(W)}{\mathrm{K}_m(W)}=0 \tag{6-3-26}$$

利用式(6-2-65)和式(6-2-66),式(6-3-25)又可写为

$$\frac{U\mathrm{J}_{m-1}(U)}{\mathrm{J}_m(U)}+\frac{W\mathrm{K}_{m-1}(W)}{\mathrm{K}_m(W)}=0 \tag{6-3-27}$$

以上两式是常见的标量模的特征方程。两个方程虽然形式不同,但实际上是相同的,至于使用哪一个,完全由问题的方便来决定。

6.3.4 截止条件

(1) $m\neq0$

利用式(6-3-27),并采用与讨论矢量模截止条件类似的方法可以得$m\neq0$时LP模的截止条件为

$$\mathrm{J}_{m-1}(U)=0\quad U\neq0 \tag{6-3-28}$$

(2) $m=0$

同理利用式(6-3-26)可以得$m=0$时LP模的截止条件为

$$\mathrm{J}_1(U)=0 \tag{6-3-29}$$

因此线偏振模LP_{mn}截止时的U值分别为

LP_{01}:$U=0$, LP_{02}:$U=3.8317$, LP_{03}:$U=7.0156$,

LP_{11}:$U=2.4048$, LP_{12}:$U=5.5201$, LP_{21}:$U=3.8317$,

LP_{22}:$U=7.0156$,…

6.3.5 远离截止的条件

利用式(6-3-26)和式(6-3-27)都可以得LP模远离截止的条件为

$$\mathrm{J}_m(U)=0\quad U\neq0 \tag{6-3-30}$$

因此线偏振模远离截止时的 U 值分别为

$$LP_{01}:U=2.4048,\quad LP_{02}:U=5.5201,$$

$$LP_{11}:U=3.8317,\quad LP_{12}:U=7.0156,\cdots$$

所以 LP_{01} 的 U 值为 0～2.4048(显然它是线偏振模的基模),LP_{02} 的 U 值为 3.8317～5.5201,LP_{11} 的 U 值为 2.4048～3.8317,…这样,LP 模 U 的取值范围如图 6-9 所示。若给定值 V,利用特征方程还可解出不同模式的 U 值。V—U 的关系曲线如图 6-10 所示。

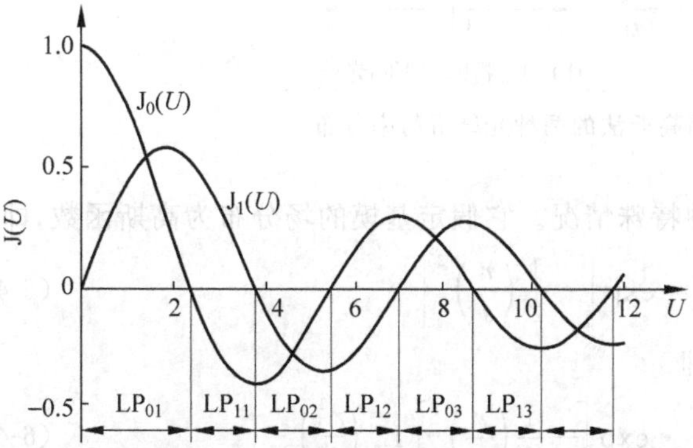

图 6-9　LP 模 U 的取值范围

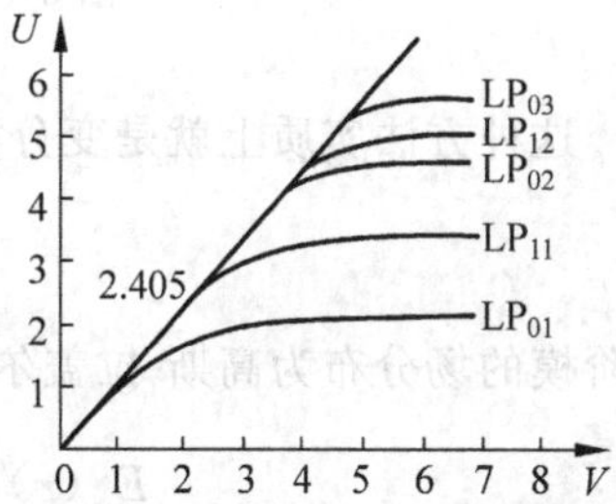

图 6-10　LP 模 V—U 的关系曲线

6.3.6　矢量模与标量之间的关系

下面通过比较矢量模与标量模的特征方程,找出两者之间的关系。由式(6-3-27),可以得出 $LP_{m+1,n}$ 的特征方程为

$$\frac{UJ_m(U)}{J_{m+1}(U)}+\frac{WK_m(W)}{K_{m+1}(W)}=0$$

即

$$\frac{J_{m+1}(U)}{UJ_m(U)}+\frac{K_{m+1}(W)}{WK_m(W)}=0$$

显然此式就是 EH_{mn} 模的特征方程,对于 $m=0$,此式就是 TE_{0n} 模和 TM_{0n} 模的特征方程。

同理,由式(6-3-26)可以得出 $LP_{m-1,n}$ 模的特征方程为

$$\frac{J_{m-1}(U)}{UJ_m(U)}-\frac{K_{m-1}(W)}{WK_m(W)}=0$$

显然此式就是 HE_{mn} 模的特征方程。

若两个模式的特征方程相同,则解出的传播常数也相同,那么它们在光纤中的传播速度就相同。这样在精确分析中本来可以区分出来的某些矢量模,在弱导近似下,就简并成了一种模式——LP 模。具体地说就是 TE_{0n},TM_{0n},HE_{2n} 模简并成了 LP_{1n} 模,HE_{1n} 模是 LP_{0n} 模,$HE_{m+1,n}$ 与 $EH_{m-1,n}$ 模简并成了 LP_{mn} 模,这就是矢量模与标量模的关系。

6.4　渐变折射率光纤的分析——高斯近似法

对于渐变折射率光纤,求场分布的解析解是相当困难的,而且大多数情况是没有解析解的,为此人们就寻找各种近似的分析方法,高斯近似法就是其中的一种。

高斯近似法一般适用于模式场集中在芯区最内层的情况，许多种折射率分布都可以用此种分析方法，但对于光纤中心折射率显著地下陷，例如，图 6-11 所示的环形光纤和中心折射率下陷光纤，高斯近似并不适用。

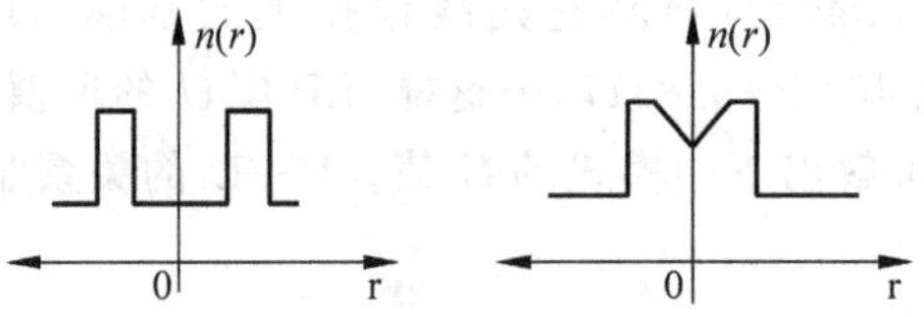

(a) 环形光纤　　(b) 中心折射率下陷光纤

图 6-11　不宜用高斯法的两种光纤折射率分布

这种方法实质上就是变分法的一种特殊情况。它假定基模的场分布为高斯函数，即

$$E_y(r)=\exp\left[-\frac{1}{2}\left(\frac{r}{s}\right)^2\right] \tag{6-4-1}$$

高阶模的场分布为高斯-拉盖尔函数，即

$$E_y(r)=\left(\frac{r}{s}\right)^m\cdot\exp\left[-\frac{1}{2}\left(\frac{r}{s}\right)^2\right]\mathrm{L}_n^m\left(\frac{r^2}{s^2}\right) \tag{6-4-2}$$

以上两式中的 s 在变分法中属于参量，在光纤中这是一个很重要的物理量，它代表光能在纤芯的集中程度，称为模斑尺寸。当 $r=s$ 时，光强下降为中心处的 $1/e$。

在弱导近似下 E_y 的微分方程为

$$\frac{\mathrm{d}^2E_y(r)}{\mathrm{d}r^2}+\frac{1}{r}\frac{\mathrm{d}E_y(r)}{\mathrm{d}r}+\left[k_0^2n^2(r)-\beta^2-\frac{m^2}{r^2}\right]E_y(r)=0 \tag{6-4-3}$$

利用关系式

$$\frac{\mathrm{d}^2E_y(r)}{\mathrm{d}r^2}+\frac{1}{r}\frac{\mathrm{d}E_y(r)}{\mathrm{d}r}=\frac{1}{r}\frac{\mathrm{d}}{\mathrm{d}r}\left(r\frac{\mathrm{d}E_y(r)}{\mathrm{d}r}\right)$$

对式(6-4-3)左右两边乘 $rE_y(r)$ 即得

$$E_y\frac{\mathrm{d}}{\mathrm{d}r}\left(r\frac{\mathrm{d}E_y(r)}{\mathrm{d}r}\right)+\left[k_0^2n^2(r)-\beta^2-\frac{m^2}{r^2}\right]rE_y^2(r)=0$$

在 0～∞之间积分，左边第一项的积分为

$$\int_0^\infty E_y(r)\frac{\mathrm{d}}{\mathrm{d}r}\left(r\frac{\mathrm{d}E_y(r)}{\mathrm{d}r}\right)\mathrm{d}r=\int_0^\infty E_y(r)\mathrm{d}\left(r\frac{\mathrm{d}E_y(r)}{\mathrm{d}r}\right)=-\int_0^\infty r\left(\frac{\mathrm{d}E_y(r)}{\mathrm{d}r}\right)^2\mathrm{d}r$$

于是就得到

$$-\int_0^\infty r\left(\frac{\mathrm{d}E_y}{\mathrm{d}r}\right)^2\mathrm{d}r+\int_0^\infty\left[k_0^2n^2(r)-\beta^2-\frac{m^2}{r^2}\right]E_y^2r\mathrm{d}r=0$$

由此就得到

$$\beta^2=\frac{\displaystyle\int_0^\infty\left[k_0^2n^2(r)-\frac{m^2}{r^2}\right]rE_y^2(r)\mathrm{d}r-\int_0^\infty r\left(\frac{\mathrm{d}E_y(r)}{\mathrm{d}r}\right)^2\mathrm{d}r}{\displaystyle\int_0^\infty rE_y^2(r)\mathrm{d}r} \tag{6-4-4}$$

把式(6-4-1)或式(6-4-2)代入式(6-4-4)，再求出当 β^2 取极值时的 s 值，就可确定模斑尺寸 s，从而可以得到场分布和传播常数 β 的近似值。

作为实例，下面求高斯型折射率分布的光纤基模的场分布及传播常数 β。设某一光纤折射率分布为高斯型，即

$$n^2(r)=n_a^2\left[1+2\Delta f\left(\frac{r^2}{a^2}\right)\right] \tag{6-4-5}$$

其中 $f\left(\frac{r^2}{a^2}\right)=\exp\left[-\frac{r^2}{a^2}\right]$，$2\Delta=\frac{n_0^2-n_a^2}{n_a^2}$，令

$$E_y(r)=\exp\left[-\frac{1}{2}\left(\frac{r}{s}\right)^2\right] \tag{6-4-6}$$

把上式代入式(6-4-4)中，可得

$$\int_0^\infty rE_y^2(r)\mathrm{d}r=\frac{s^2}{2},\quad \int_0^\infty r\left(\frac{\mathrm{d}E(r)}{\mathrm{d}r}\right)^2\mathrm{d}r=\frac{1}{2},$$

$$\int_0^\infty\left[k_0^2n^2(r)-\frac{m^2}{r^2}\right]rE_y^2(r)\mathrm{d}r=k_0^2n_a^2\frac{s^2}{2}+k_0^2n_a^2\Delta\frac{1}{1/a^2+1/s^2}$$

所以

$$\beta^2=k_0^2n_a^2+\frac{V^2}{a^2+s^2}-\frac{1}{s^2} \tag{6-4-7}$$

其中 $V=k_0a\sqrt{n_0^2-n_a^2}$。利用极值条件：$\mathrm{d}\beta^2/\mathrm{d}s=0$ 可求得

$$s=\frac{a}{\sqrt{V-1}} \tag{6-4-8}$$

把 s 值代入式(6-4-7)中，就得到所求的传播常数 β

$$\beta=\sqrt{k_0^2n_0^2+\frac{1-2V}{a^2}} \tag{6-4-9}$$

6.5 光纤的传输特性——色散

我们知道光纤的主要目的是传输信号，而信号多以脉冲的形式存在，所以研究光纤的传输特性时，主要研究光脉冲在光纤中的传输特性，如脉冲的形状如何变化，其频谱又如何变化等。

6.5.1 基本传输方程

若在光纤中传输一脉冲信号，此脉冲信号加在一个频率为 ω_0 载波上，则光纤中的电场可以写为 $\boldsymbol{E}=A(z,t)\boldsymbol{E}(x,y)\mathrm{e}^{\mathrm{i}(\beta_0z-\omega_0t)}$，其中 $A(z,t)$ 为脉冲的复振幅，$\boldsymbol{E}(x,y)$ 为模式场，β_0 是频率 ω_0 对应的传播常数，那么此信号在无损耗的光纤中传输且略去非线性效应时，复振幅 $A(z,t)$ 随 z,t 的变化可以写成如下的方程(见附录Ⅵ)

$$\frac{\partial A}{\partial z}+\beta_1\frac{\partial A}{\partial t}+\frac{\mathrm{i}}{2}\beta_2\frac{\partial^2A}{\partial t^2}=0 \tag{6-5-1}$$

此方程叫作脉冲信号的基本传输方程，这里 $\beta_1=\partial\beta/\partial\omega|_{\omega=\omega_0}$，$\beta_2=\partial^2\beta/\partial\omega^2|_{\omega=\omega_0}$。

对式(6-5-1)中的 $A(z,t)$ 进行傅里叶变换，即令

$$A(z,t)=\frac{1}{2\pi}\int_{-\infty}^{\infty}\widetilde{A}(z,\omega)\mathrm{e}^{-\mathrm{i}\omega t}\mathrm{d}\omega$$

则式(6-5-1)可写为

$$\frac{1}{2\pi}\int_{-\infty}^{\infty}\frac{\partial\widetilde{A}}{\partial z}(z,\omega)\mathrm{e}^{-\mathrm{i}\omega t}\mathrm{d}\omega+\frac{1}{2\pi}\int_{-\infty}^{\infty}\beta_1\widetilde{A}(z,\omega)\mathrm{e}^{-\mathrm{i}\omega t}(-\mathrm{i}\omega)\mathrm{d}\omega+$$

$$\frac{1}{2\pi}\int_{-\infty}^{\infty}\frac{\mathrm{i}}{2}\beta_2(-\omega^2)\widetilde{A}(z,\omega)\mathrm{e}^{-\mathrm{i}\omega t}\mathrm{d}\omega=0$$

上式可进一步写为

$$\frac{\partial\widetilde{A}}{\partial z}-\mathrm{i}\omega\beta_1\widetilde{A}-\frac{\mathrm{i}}{2}\omega^2\beta_2\widetilde{A}=0$$

所以可以解出

$$\widetilde{A}=C\mathrm{e}^{\mathrm{i}\left(\omega\beta_1+\frac{1}{2}\omega^2\beta_2\right)z}$$

这里 C 是待定常数。

由初始条件 $z=0,\widetilde{A}=\widetilde{A}(0,\omega)$，有 $C=\widetilde{A}(0,\omega)$，那么

$$\widetilde{A}(z,\omega)=\widetilde{A}(0,\omega)\mathrm{e}^{\mathrm{i}\left(\omega\beta_1+\frac{1}{2}\omega^2\beta_2\right)z}$$

所以基本传输方程(6-5-1)的解为

$$A(z,t)=\frac{1}{2\pi}\int_{-\infty}^{\infty}\widetilde{A}(0,\omega)\mathrm{e}^{\mathrm{i}\left[\left(\omega\beta_1+\frac{1}{2}\omega^2\beta_2\right)z-\omega t\right]}\mathrm{d}\omega \tag{6-5-2}$$

这里 $\widetilde{A}(0,\omega)=\int_{-\infty}^{\infty}A(0,t)\mathrm{e}^{\mathrm{i}\omega t}\mathrm{d}t$ 是入射光场在 $z=0$ 处的傅里叶变换。由此可见，若已知光纤的初始入射信号，通过此式可以求出信号传输到光纤不同地点的变化情况。

6.5.2 群时延

在方程(6-5-2)中若略去 β_2，则有

$$A(z,t)=\frac{1}{2\pi}\int_{-\infty}^{\infty}\widetilde{A}(0,\omega)\mathrm{e}^{\mathrm{i}\omega(\beta_1z-t)}\mathrm{d}\omega=\frac{1}{2\pi}\int_{-\infty}^{\infty}\int_{-\infty}^{\infty}A(0,t')\mathrm{e}^{\mathrm{i}\omega t'}\cdot\mathrm{e}^{\mathrm{i}\omega(\beta_1z-t)}\mathrm{d}\omega\mathrm{d}t'$$

$$=\frac{1}{2\pi}\int_{-\infty}^{\infty}\int_{-\infty}^{\infty}A(0,t')\mathrm{e}^{\mathrm{i}\omega(t'+\beta_1z-t)}\mathrm{d}\omega\mathrm{d}t'$$

又 $\delta(t'+\beta_1z-t)=\frac{1}{2\pi}\int_{-\infty}^{\infty}\mathrm{e}^{\mathrm{i}\omega(t'+\beta_1z-t)}\mathrm{d}\omega$ ，所以

$$A(z,t)=\int_{-\infty}^{\infty}A(0,t')\delta(t'+\beta_1z-t)\mathrm{d}t'=A(0,t-\beta_1z) \tag{6-5-3}$$

即：在 z 处，t 时刻的信号是 $z=0$ 处 $t-\beta_1z$ 时刻的信号。换句话说，在一级近似下，输出的脉冲信号是输入脉冲信号在时间上的延迟，且这种延迟与输入脉冲的形状无关，如图 6-12 所示。

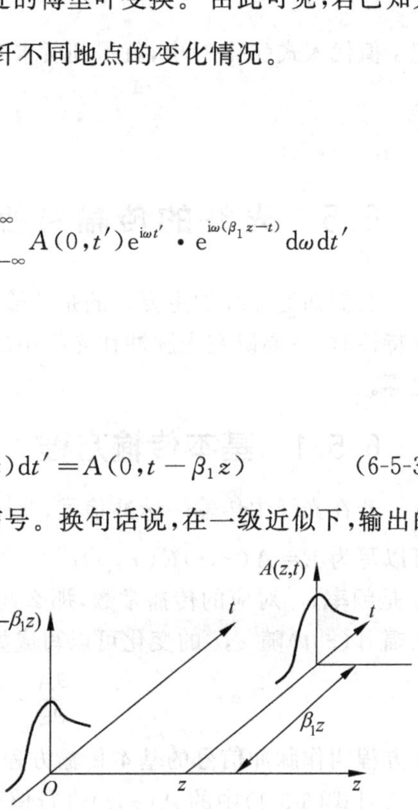

图 6-12 一级近似下脉冲信号的演变

显然单位长度上的延迟为 β_1，故称 β_1 为单位长度上的群时延，通常用 τ 表示。脉冲的传输速度为 $1/\beta_1$，这个速度就是群速度 v_g。

总之，当只存在 β_1 时，脉冲信号会保持原有的形状以群速度 v_g 在光纤中传输。

6.5.3 脉冲展宽

现在不忽略 β_2，并在延时系(即令 $T=t-\beta_1 z$)中，研究脉冲的变化。$z=0, t-\beta_1 z$ 时刻的波形本应以群速度 v_g 在 t 时刻传到 z 处，现移到了 z, T 的位置，如图 6-13 所示。

在延时系中，便于比较脉冲形状在传输过程中的相对变化。如果不考虑 β_2 则波形不变，即 $A(z,T)=A(0,T)$。若考虑 β_2，此时式(6-5-2)可以写成

$$A(z,T)=\frac{1}{2\pi}\int_{-\infty}^{\infty}\widetilde{A}(0,\omega)\mathrm{e}^{\mathrm{i}\left[\frac{1}{2}\omega^2\beta_2 z-\omega T\right]}\mathrm{d}\omega \tag{6-5-4}$$

$$\widetilde{A}(0,\omega)=\int_{-\infty}^{\infty}A(0,T)\mathrm{e}^{\mathrm{i}\omega T}\mathrm{d}T \tag{6-5-5}$$

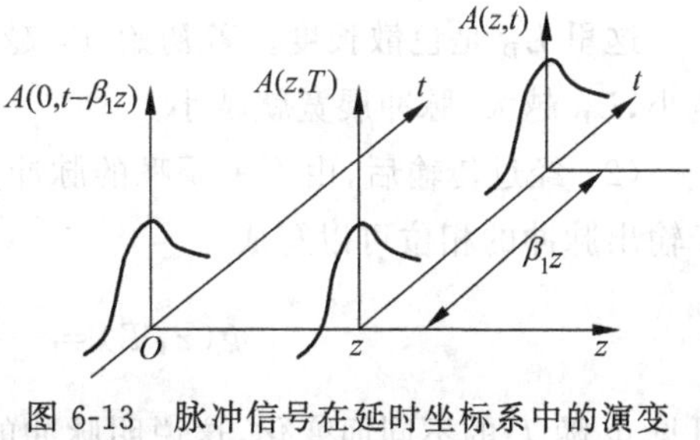

图 6-13 脉冲信号在延时坐标系中的演变

下面举例来进行分析。考虑入射场为高斯脉冲的情况，即

$$A(0,T)=\mathrm{e}^{-\frac{T^2}{2T_0^2}}$$

这里 T_0 是脉冲的半宽度，定义为光强下降到 e^{-1} 处的 T 值。由式(6-5-5)，有

$$\widetilde{A}(0,\omega)=\int_{-\infty}^{\infty}A(0,T)\mathrm{e}^{\mathrm{i}\omega T}\mathrm{d}T=\int_{-\infty}^{\infty}\mathrm{e}^{-\frac{T^2}{2T_0^2}+\mathrm{i}\omega T}\mathrm{d}T=\int_{-\infty}^{\infty}\mathrm{e}^{-\left(\frac{T}{\sqrt{2}T_0}-\frac{\mathrm{i}\omega T_0}{\sqrt{2}}\right)^2}\mathrm{d}T\cdot\mathrm{e}^{-\frac{\omega^2T_0^2}{2}}$$

$$=2\int_{-\infty}^{\infty}\mathrm{e}^{-\left(\frac{T}{\sqrt{2}T_0}-\frac{\mathrm{i}\omega T_0}{\sqrt{2}}\right)^2}\mathrm{d}\left(\frac{T}{\sqrt{2}T_0}-\frac{\mathrm{i}\omega T_0}{\sqrt{2}}\right)\sqrt{2}T_0\mathrm{e}^{-\frac{\omega^2T_0^2}{2}}$$

利用 $\int_0^{\infty}\mathrm{e}^{-\alpha x^2}\mathrm{d}x=\frac{1}{2}\sqrt{\frac{\pi}{\alpha}}$，上式为 $\widetilde{A}(0,\omega)=\sqrt{2\pi}T_0\mathrm{e}^{-\frac{\omega^2T_0^2}{2}}$ (高斯脉冲的傅里叶变换仍然是高斯脉冲)，所以

$$A(z,t)=\frac{1}{2\pi}\int_{-\infty}^{\infty}\sqrt{2\pi}T_0\mathrm{e}^{-\frac{\omega^2T_0^2}{2}}\cdot\mathrm{e}^{\mathrm{i}\left[\frac{1}{2}\omega^2\beta_2 z-\omega T\right]}\mathrm{d}\omega$$

$$=\frac{1}{2\pi}\sqrt{2\pi}T_0\mathrm{e}^{-\frac{T^2}{2(T_0^2-\mathrm{i}\beta_2 z)}}\int_{-\infty}^{\infty}\mathrm{e}^{-\left[\omega\sqrt{\frac{T_0^2}{2}-\frac{\mathrm{i}}{2}\beta_2 z}+\frac{\mathrm{i}T}{\sqrt{2}\sqrt{T_0^2-\mathrm{i}\beta_2 z}}\right]^2}\mathrm{d}\sqrt{\frac{T_0^2}{2}-\frac{\mathrm{i}}{2}\beta_2 z}\cdot\omega\cdot\left(\sqrt{\frac{T_0^2}{2}-\frac{\mathrm{i}}{2}\beta_2 z}\right)^{-1}$$

$$=\frac{T_0}{\sqrt{T_0^2-\mathrm{i}\beta_2 z}}\mathrm{e}^{-\frac{T^2}{2(T_0^2-\mathrm{i}\beta_2 z)}}$$

其中

$$\frac{T_0}{\sqrt{T_0^2-\mathrm{i}\beta_2 z}}=\frac{1}{\sqrt[4]{1+(\beta_2 z/T_0^2)^2}}\mathrm{e}^{\mathrm{i}\varphi/2}=\frac{1}{\sqrt[4]{1+(z/L_{\mathrm{D}})^2}}\mathrm{e}^{\mathrm{i}\varphi/2}$$

这里 $\varphi=\arctan\left(\frac{\beta_2 z}{T_0^2}\right)$，$L_{\mathrm{D}}=\frac{T_0^2}{|\beta_2|}$，而

$$-\frac{T^2}{2(T_0^2-\mathrm{i}\beta_2 z)}=-\frac{T^2(T_0^2+\mathrm{i}\beta_2 z)}{2(T_0^4+\beta_2^2z^2)}=\frac{-T^2}{2T_0^2[1+(z/L_{\mathrm{D}})^2]}-\frac{\mathrm{i}\,\mathrm{sgn}(\beta_2)z/L_{\mathrm{D}}}{2[1+(z/L_{\mathrm{D}})^2]}\frac{T^2}{T_0^2}$$

所以

$$A(z,T)=\frac{1}{\sqrt[4]{1+(z/L_{\mathrm{D}})^2}}\exp\left\{-\frac{T^2}{2T_0^2[1+(z/L_{\mathrm{D}})^2]}\right\}\exp\left\{-\mathrm{i}\left[\frac{\mathrm{sgn}(\beta_2)(z/L_D)(T^2/T_0^2)}{2[1+(z/L_{\mathrm{D}})^2]}-\frac{\varphi}{2}\right]\right\}$$

由上式可见随 z 的增加：

(1) 高斯脉冲经过传输后还是一个高斯脉冲，只是半宽度变为 $T_0[1+(z/L_D)^2]^{1/2}$，即半宽度增大，中心的振幅为$\dfrac{1}{\sqrt[4]{1+(z/L_D)^2}}$，可见，中心振幅变小。

这里 L_D 是色散长度。若初始 T_0 越小，脉冲越尖，则 L_D 越小，脉冲展宽就越大；若 β_2 越小，L_D 越大，脉冲展宽就越小。

(2) 经过传输后，由不带啁啾的脉冲变成了带啁啾的脉冲，啁啾指频率随时间变化。由于输出脉冲的相位可以写成

$$\Phi(z,T)=-\frac{\operatorname{sgn}(\beta_2)z/L_D}{1+(z/L_D)^2}\frac{T^2}{2T_0^2}+\frac{\varphi}{2}$$

可见 Φ 随 T 的不同而变化，这说明脉冲的不同部位对其中心相位有不同的偏离。从而使其频率对中心也有偏离。那么频率的偏移为

$$\delta\omega=-\frac{\partial\Phi}{\partial T}=\frac{\operatorname{sgn}(\beta_2)z/L_D}{1+(z/L_D)^2}\frac{T}{T_0^2}$$

此式说明脉冲频率的变化是线性的，称为线性频率啁啾。$\delta\omega$ 的符号取决于 β_2 的符号。在正常色散区($\beta_2>0$)，脉冲前沿($T<0$)的 $\delta\omega$ 为负，频率比中心频率低，而后沿($T>0$)，$\delta\omega$ 为正，频率比中心频率高；对反常色散($\beta_2<0$)的情况则正好相反。

用式(6-5-4)还可以求出其他脉冲输入，如啁啾高斯脉冲、超高斯脉冲，双曲正割脉冲等脉冲的展宽及频率变化情况，这里就不再一一讨论了。

6.5.4 色散

从上小节的分析可见：当 β_2 或 β 的其他高阶导数不为零时，脉冲信号会发生展宽的现象，这种展宽是由于群速度随光的频率变化而产生的，故称为群速度色散(Group Velocity Dispersion)。为了定量地描述色散，我们定义色散系数 $D=\mathrm{d}\tau/\mathrm{d}\lambda=\mathrm{d}\beta_1/\mathrm{d}\lambda$ 来描述色散的大小，色散系数的单位为 $\mathrm{ps\cdot km^{-1}\cdot nm^{-1}}$。$D$ 与 β_2 的关系为

$$D=\frac{\mathrm{d}\beta_1}{\mathrm{d}\omega}\frac{\mathrm{d}\omega}{\mathrm{d}\lambda}=\frac{\mathrm{d}(c\cdot 2\pi/\lambda)}{\mathrm{d}\lambda}\beta_2=-\frac{2\pi c}{\lambda^2}\beta_2 \tag{6-5-6}$$

在正常色散区 $\beta_2>0$，$D<0$，在反常色散区 $\beta_2<0$，$D>0$。

6.5.5 二层阶跃光纤的色散

前面讲了一般情况下光纤的传输特性和色散，作为一个具体的例子，下面讨论二层阶跃光纤的传输特性和色散。

1. 归一化传播常数

定义：$b=\dfrac{N^2-n_2^2}{n_1^2-n_2^2}$为归一化传播常数(即为平面波导和矩形波导中 P^2)，由 $2\Delta=\dfrac{n_1^2-n_2^2}{n_2^2}$得

$$\beta^2=k_0^2(n_2^2+2n_2^2\Delta b)$$

即

$$\beta = k_0 n_2 (1+2\Delta b)^{\frac{1}{2}}$$

在弱导情况下 $2\Delta \ll 1$，所以上式可以进一步地化简为

$$\beta \approx k_0 n_2 (1+\Delta b) \tag{6-5-7}$$

其中，b 还可以进一步地表示为

$$b = \frac{W^2}{V^2} = 1 - \frac{U^2}{V^2} \tag{6-5-8}$$

2. 群时延

由群时延的定义有

$$\tau = \beta_1 = \frac{\mathrm{d}\beta}{\mathrm{d}\omega} = \frac{1}{\mathrm{c}} \frac{\mathrm{d}\beta}{\mathrm{d}k_0} \tag{6-5-9}$$

把式(6-5-7)代入上式有

$$\tau = \frac{1}{\mathrm{c}}\left[\frac{\mathrm{d}(k_0 n_2)}{\mathrm{d}k_0}(1+\Delta b) + k_0 n_2 \Delta \frac{\mathrm{d}b}{\mathrm{d}k_0}\right] \tag{6-5-10}$$

这里略去了 Δ 随 k_0 的变化。在式(6-5-10)中

$$\frac{\mathrm{d}b}{\mathrm{d}k_0} = \frac{\mathrm{d}b}{\mathrm{d}V}\frac{\mathrm{d}V}{\mathrm{d}k_0} = \frac{\mathrm{d}k_0 (n_1^2 - n_2^2)^{1/2} a}{\mathrm{d}k_0}\frac{\mathrm{d}b}{\mathrm{d}V}$$

略去 $n_1^2 - n_2^2$ 随 k_0 变化，即有$\frac{\mathrm{d}b}{\mathrm{d}k_0} \approx \frac{V}{k_0}\frac{\mathrm{d}b}{\mathrm{d}V}$，若把 $N_2 = \frac{\mathrm{d}(k_0 n_2)}{\mathrm{d}k_0}$定义为包层材料的群折射率，再利用 $N_2 \approx n_2$，式(6-5-10)可以写为

$$\tau = \frac{N_2}{\mathrm{c}}\left(1 + \Delta \frac{\mathrm{d}(bV)}{\mathrm{d}V}\right) \tag{6-5-11}$$

通过此式可计算二层阶跃光纤的群时延。

3. 色散

由式(6-5-11)可得，二层阶跃光纤的色散为

$$D = \frac{\mathrm{d}\tau}{\mathrm{d}\lambda} = \frac{1}{\mathrm{c}}\left(\frac{\mathrm{d}N_2}{\mathrm{d}\lambda}\right)\left[1 + \Delta\frac{\mathrm{d}(bV)}{\mathrm{d}V}\right] + \frac{N_2}{\mathrm{c}}\Delta\left[\frac{\mathrm{d}^2(bV)}{\mathrm{d}V^2}\right]\frac{\mathrm{d}V}{\mathrm{d}\lambda} + \frac{N_2}{\mathrm{c}}\frac{\mathrm{d}(bV)}{\mathrm{d}V}\frac{\mathrm{d}\Delta}{\mathrm{d}\lambda} = D_{\mathrm{m}} + D_{\mathrm{w}} + D_{\mathrm{y}} \tag{6-5-12}$$

式中：$D_{\mathrm{m}} = \frac{1}{c}\left(\frac{\mathrm{d}N_2}{\mathrm{d}\lambda}\right)\left[1+\Delta\frac{\mathrm{d}(bV)}{\mathrm{d}V}\right]$——材料色散，$D_{\mathrm{w}} = \frac{N_2}{c}\Delta\left[\frac{\mathrm{d}^2(bV)}{\mathrm{d}V^2}\right]\frac{\mathrm{d}V}{\mathrm{d}\lambda}$——波导色散，$D_{\mathrm{y}} = \frac{N_2}{c}\frac{\mathrm{d}(bV)}{\mathrm{d}V}\frac{\mathrm{d}\Delta}{\mathrm{d}\lambda}$——剖面色散。

(1) 材料色散 D_{m}

材料色散是由于群折射率随波长的变化而引起的色散，另外还与波导的结构有关。

由

$$\frac{\mathrm{d}N_2}{\mathrm{d}\lambda} = \frac{\mathrm{d}}{\mathrm{d}\lambda}\left[\frac{\mathrm{d}(n_2 k_0)}{\mathrm{d}k_0}\right] = c\frac{\mathrm{d}}{\mathrm{d}\lambda}\left[\frac{\mathrm{d}(n_2 k_0)}{\mathrm{d}\omega}\right] = c\frac{\mathrm{d}}{\mathrm{d}\lambda}\left[\frac{\mathrm{d}n_2}{\mathrm{d}\omega}k_0 + \frac{n_2}{c}\right] = -\lambda\frac{\mathrm{d}^2 n_2}{\mathrm{d}\lambda^2}$$

有

$$D_{\mathrm{m}} = -\frac{\lambda}{c}\frac{\mathrm{d}^2 n_2}{\mathrm{d}\lambda^2}\left[1 + \Delta\frac{\mathrm{d}(bV)}{\mathrm{d}V}\right]$$

若 $\Delta\to 0$，则

$$D_m \approx -\frac{\lambda}{c}\frac{d^2 n_2}{d\lambda^2} \tag{6-5-13}$$

n^2 与 λ 的关系可以由 Sellimeier 公式求得，此公式为

$$n^2 - 1 = \sum_{j=1}^{N}\frac{\lambda^2 B_j}{\lambda^2 - \lambda_j^2} \tag{6-5-14}$$

公式中的 λ_j 是材料中一系列谐波的波长，N 是谐波的个数(在计算时，一般不用取到 N，只取 3 个即可)，B_j 是相应的系数，对纯石英材料 SiO_2，λ_j^2 和 B_j 的值为

$$\lambda_1^2 = 0.004679\mu m^2 \quad B_1 = 0.6962$$

$$\lambda_2^2 = 0.01351\mu m^2 \quad B_2 = 0.4079$$

$$\lambda_3^2 = 97.934\mu m^2 \quad B_3 = 0.8975$$

根据式(6-5-14)可以求得，在 $\lambda = 1.274\mu m$ 时，$D_m = 0$，此波长称为零色散波长，但考虑 Δ、$d(bV)/dV$ 时，零色散波长一般在 1.30μm；当 $\lambda < 1.3\mu m$ 时，$D_m < 0$，这时光纤工作在正常色散区；当 $\lambda > 1.3\mu m$ 时，$D_m > 0$，光纤工作在反常色散区，如图 6-14 所示。

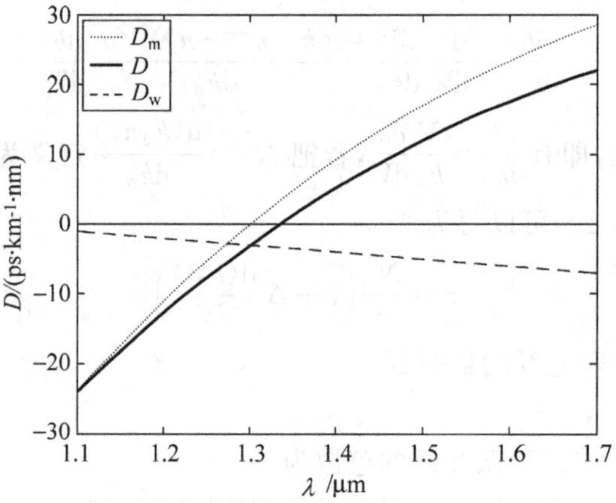

图 6-14 光纤的色散

(2) 波导色散 D_w

若 $D_m = 0$ 时，色散主要是波导色散 D_w，它是波导结构引起的色散。这项的存在说明即使材料不发生色散，由于波导的横向折射率发生变化也会引起色散。可以计算出在单模范围内波导色散始终为负值，即 $D_w < 0$。为此选 $D_m > 0$ 的情况让其与 D_w 相抵消。于是通过改变波导结构可以使 $\lambda = 1.55\mu m$ 处实现上述目的，从而制成色散位移光纤(Dispersion Shift Fiber，DSF)。

(3) 剖面色散 D_y

剖面色散是由于相对折射率差 Δ 随波长的变化而引起的色散，它通常比较小可以忽略，但在追求零色散光纤时，此项必须考虑进去。

除了以上讲的三种色散外，还存在下面两种色散。

(4) 偏振模色散

由于实际的圆光波导不可能是正圆，总有些畸变，从而导致两个偏振模的传输常数差而

引导起的色散。

(5) 多模色散

光纤进行多模传输时,不同模式群速度不同而引起的色散。

6.6 光纤的损耗

限制光纤通信传输距离和传输速率的主要原因除了色散之外还有光纤的损耗。特别是在光纤发展的早期,限制光纤通信发展的原因主要是光纤的损耗。虽然后来光纤的最小损耗在 1.55μm 处已降到了 0.2dB/km 以下,但如果我们使用不当,会大大增加光纤的损耗,因此了解什么原因会引起的光纤损耗是非常必要的。

光纤的损耗通常定义为

$$\alpha = \frac{10}{L}\lg \frac{P_{\text{in}}}{P_{\text{out}}} \tag{6-6-1}$$

这里 L 是光纤的长度,P_{in} 和 P_{out} 分别是入射光和出射光的光功率,光纤损耗 α 的单位为分贝(dB)。

光纤的损耗大体可分两类,即材料损耗和波导损耗。材料损耗是指光透过宏观均匀材料的损耗,包括吸收损耗、散射损耗等,波导损耗是指由于波导结构变化所引起的光辐射损耗,比如弯曲损耗等。

6.6.1 吸收损耗

材料吸收所产生的损耗一般是光纤中最主要的损耗,吸收损耗机理尽管各种各样,但都与量子跃迁有关。材料吸收主要包括本征吸收和杂质吸收两种。

本征吸收是指纯介质材料的吸收。石英光纤的本征吸收主要出现在紫外区(其中心波长约为 0.16μm)和红外区(波长为 8～12μm),显然,光纤通信所采用的波长应该避开这两个吸收峰。目前,光纤通信所采用的波长范围是在近红外区域(0.8～1.6μm),大致在 1.2～1.6μm 的区域损耗最低,目前世界上最好的光纤,在波长 $\lambda=1.55\mu m$ 处损耗已达到 0.15dB/km 左右,接近于最低的本征吸收。

杂质吸收是指光学材料中存在杂质离子所引起的吸收损耗,其中 Cu、Fe、Ni、Cr、Co 和 V 等过渡金属离子的吸收最为严重,由于制造技术的改进,通过降低这类杂质的含量已把这种损耗降到最低限度。另一种极重要的杂质离子是 OH 根离子,近来,消除 OH 的方法已有显著成效,在 1.2～1.6μm 形成了很宽的低损耗带。

6.6.2 散射损耗

散射损耗有两种,一种为线性散射,即折射率微观不均匀引起的散射而产生的损耗;另一种为非线性散射,即受激布里渊(Brillouin)和受激拉曼(Raman)散射引起的损耗。非线性散射并非总有,只有当光功率超过阈值时才会产生。为了避免折射率不均匀产生的损耗要设法降低制作中产生的缺陷,包括材料中折射率分布的不均匀、芯区—包层界面的不理想和光纤中的气泡、条纹、结石等。但当折射率不均匀的尺度小于光波波长(这种不均匀性是无法避免的)时,总会存在瑞利(Rayleigh)散射,瑞利散射的主要特点是它引起的损耗与波长的 4 次方成反比。瑞利散射和本征吸收产生的损耗构成了光纤材料的本征损耗，它们表示在完善条件下材料损耗的下限。

6.6.3 弯曲损耗

弯曲损耗有两种：一种是宏观弯曲损耗，另一种是微弯损耗。宏观弯曲是光纤铺设和使用时产生的弯曲，弯曲的曲率半径越小，宏观弯曲损耗越大。微弯是指弯曲曲率半径与光纤的芯径尺寸相当时的一种畸变。它主要是在套塑、成缆或环境温度变化时产生的一种随机畸变。光纤弯曲时，在光纤中传输的基模会转换为高阶模或辐射模而损耗光功率。

习题

1. 简述光纤的基本参数。
2. 简述数值孔径的定义和物理意义。
3. 简述用矢量法求二层阶跃光纤场分布及特征方程的步骤。
4. 试推导 TM 模的截止方程及远离截止时的方程，说出一些典型模式的 U 值范围。
5. 简述用标量法求二层阶跃光纤场分布及特征方程的步骤。
6. 二层阶跃光纤的 $n_2=1.5$，$\Delta=0.005$，当波长分别是 $0.85\mu m$、$1.3\mu m$ 和 $1.55\mu m$ 时，要保证单模传输 a 应小于多少？
7. 线偏振模与矢量模之间有什么关系？
8. 计算二层阶跃光纤的模斑尺寸、场分布和传播常数的表达式。
9. 只存在 β_1 时，脉冲信号在光纤中如何传输？若考虑 β_2，脉冲信号在光纤中传输时会有何变化？
10. 单模光纤中存在哪几种色散？说明产生的原因。
11. 光纤的损耗有哪几种？

第 7 章 光波导的横向耦合

CHAPTER 7

光波导的横向耦合指当两个介质波导靠得很近时，由于消逝场的作用，会发生两个波导之间的能量交换，即一个波导中的光能转移到另一个波导中的现象。两个参与耦合的光波导可以是同类型的，也可以是不同类型的。当两个波导是同种类型且波导中存在模式时，两个波导中模式的能量交换是相互的，这种耦合称为光波导的横向模耦合。当这两个光波导的结构差异很大时，能量的交换往往并不对等，通常是一个波导的光向另一个波导耦合，这种一束光的能量从一个波导移入另一光波导的现象称为光束耦合。本章中光波导的横向模耦合以平板波导为例来叙述，光束耦合以棱镜耦合为例来叙述。除此之外，还存在一个波导不同模式之间的耦合（也称为光波导的纵向耦合），关于光波导的纵向耦合将在第 8 章来讨论。

7.1 光波导的横向模耦合

7.1.1 模耦合方程

如图 7-1 所示为两个平行、彼此十分靠近的平板波导。其折射率的分布如下：波导 1 及波导 2 芯区的折射率分别为 n_1 及 n_2，其他区域的折射率为 n_3。

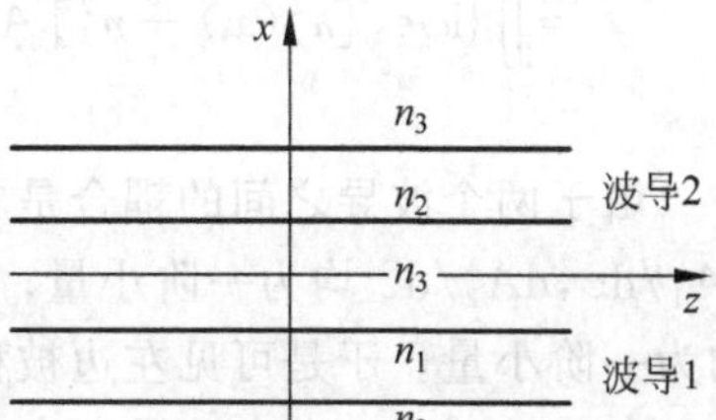

图 7-1 两个波导组成的结构

为了方便，设

$$n_1^2(x)=\begin{cases} n_1^2 & x\text{ 在波导 1 的芯区内} \\ n_3^2 & x\text{ 在波导 1 的芯区外} \end{cases}$$

$$n_2^2(x)=\begin{cases} n_2^2 & x\text{ 在波导 2 的芯区内} \\ n_3^2 & x\text{ 在波导 2 的芯区外} \end{cases} \tag{7-1-1}$$

那么整个空间折射率平方分布可由下式表示：

$$n^2(x)=[n_1^2(x)-n_3^2]+[n_2^2(x)-n_3^2]+n_3^2 \tag{7-1-2}$$

设两个波导各自独立时的场分布为

$$\boldsymbol{E}_m(x,y,z,t)=\boldsymbol{E}_m(x,y,z)\mathrm{e}^{-\mathrm{i}\omega t}=\boldsymbol{E}_{m0}(x,y)\mathrm{e}^{\mathrm{i}(\beta_m z-\omega t)} \tag{7-1-3}$$

$$\boldsymbol{H}_m(x,y,z,t)=\boldsymbol{H}_m(x,y,z)\mathrm{e}^{-\mathrm{i}\omega t}=\boldsymbol{H}_{m0}(x,y)\mathrm{e}^{\mathrm{i}(\beta_m z-\omega t)} \tag{7-1-4}$$

其中 $m=1,2$，分别代表波导 1 和波导 2。

当两个波导邻近时,按照微扰理论的思路,可以把耦合波导的总场近似地表示为两个波导互不干扰时的非微扰场的线性叠加。考虑到两个波导相互影响,必须考虑场分布沿纵向(取为 z 方向)发生变化,因此,可以把耦合波导的总场分布写成如下形式

$$\boldsymbol{E}(x,y,z)=A_1(z)\boldsymbol{E}_1(x,y,z)+A_2(z)\boldsymbol{E}_2(x,y,z) \tag{7-1-5}$$

$$\boldsymbol{H}(x,y,z)=A_1(z)\boldsymbol{H}_1(x,y,z)+A_2(z)\boldsymbol{H}_2(x,y,z) \tag{7-1-6}$$

耦合波导的总场 $\boldsymbol{E}(x,y,z)$ 和 $\boldsymbol{H}(x,y,z)$ 应满足麦克斯韦方程

$$\nabla\times\boldsymbol{H}=-\mathrm{i}\omega\varepsilon_0 n^2\boldsymbol{E} \tag{7-1-7}$$

$$\nabla\times\boldsymbol{E}=\mathrm{i}\omega\mu_0\boldsymbol{H} \tag{7-1-8}$$

将式(7-1-5)及式(7-1-6)代入麦克斯韦方程(7-1-7)、方程(7-1-8)中,并考虑到两个波导各自独立时的场 $\boldsymbol{E}_1(x,y,z)$、$\boldsymbol{H}_1(x,y,z)$ 及 $\boldsymbol{E}_2(x,y,z)$、$\boldsymbol{H}_2(x,y,z)$ 也都满足麦克斯韦方程(7-1-7)、方程(7-1-8),就得到如下的两个方程

$$\frac{\mathrm{d}A_1}{\mathrm{d}z}(\hat{\boldsymbol{z}}\times\boldsymbol{H}_1)+\mathrm{i}\omega\varepsilon_0[n_2^2(x)-n_3^2]A_1\boldsymbol{E}_1+\frac{\mathrm{d}A_2}{\mathrm{d}z}(\hat{\boldsymbol{z}}\times\boldsymbol{H}_2)+\mathrm{i}\omega\varepsilon_0[n_1^2(x)-n_3^2]A_2\boldsymbol{E}_2=0 \tag{7-1-9}$$

$$\frac{\mathrm{d}A_1}{\mathrm{d}z}(\hat{\boldsymbol{z}}\times\boldsymbol{E}_1)+\frac{\mathrm{d}A_2}{\mathrm{d}z}(\hat{\boldsymbol{z}}\times\boldsymbol{E}_2)=0 \tag{7-1-10}$$

用 $\boldsymbol{E}_1^*$ 点乘式(7-1-9),用 $\boldsymbol{H}_1^*$ 点乘式(7-1-10),可分别得

$$\begin{aligned}&\frac{\mathrm{d}A_1}{\mathrm{d}z}\hat{\boldsymbol{z}}\cdot(\boldsymbol{H}_1\times\boldsymbol{E}_1^*)+\mathrm{i}\omega\varepsilon_0[n_2^2(x)-n_3^2]A_1\boldsymbol{E}_1\cdot\boldsymbol{E}_1^*+\\&\frac{\mathrm{d}A_2}{\mathrm{d}z}\hat{\boldsymbol{z}}\cdot(\boldsymbol{H}_2\times\boldsymbol{E}_1^*)+\mathrm{i}\omega\varepsilon_0[n_1^2(x)-n_3^2]A_2\boldsymbol{E}_2\cdot\boldsymbol{E}_1^*=0\end{aligned} \tag{7-1-11}$$

$$\frac{\mathrm{d}A_1}{\mathrm{d}z}\hat{\boldsymbol{z}}\cdot(\boldsymbol{E}_1\times\boldsymbol{H}_1^*)+\frac{\mathrm{d}A_2}{\mathrm{d}z}\hat{\boldsymbol{z}}\cdot(\boldsymbol{E}_2\times\boldsymbol{H}_1^*)=0 \tag{7-1-12}$$

将以上两式相减,再把所得的方程在 Oxy 平面上积分,就得到

$$\begin{aligned}&\iint\left\{\frac{\mathrm{d}A_1}{\mathrm{d}z}[\boldsymbol{E}_1^*\times\boldsymbol{H}_1+\boldsymbol{E}_1\times\boldsymbol{H}_1^*]+\frac{\mathrm{d}A_2}{\mathrm{d}z}[\boldsymbol{E}_1^*\times\boldsymbol{H}_2+\boldsymbol{E}_2\times\boldsymbol{H}_1^*]\right\}\cdot\hat{\boldsymbol{z}}\,\mathrm{d}x\,\mathrm{d}y\\&=\iint\{\mathrm{i}\omega\varepsilon_0[n_2^2(x)-n_3^2]A_1\boldsymbol{E}_1^*\cdot\boldsymbol{E}_1+\mathrm{i}\omega\varepsilon_0[n_1^2(x)-n_3^2]A_2\boldsymbol{E}_1^*\cdot\boldsymbol{E}_2\}\,\mathrm{d}x\,\mathrm{d}y\end{aligned} \tag{7-1-13}$$

由于两个波导之间的耦合是弱耦合,所以 $A_1(z)$、$A_2(z)$ 是缓变的,这样在式(7-1-13)中 $\mathrm{d}A_1/\mathrm{d}z$,$\mathrm{d}A_2/\mathrm{d}z$ 均为一阶小量;又因两波导之间的场重叠很小,故知 $\boldsymbol{E}_1^*\times\boldsymbol{H}_2$ 及 $\boldsymbol{E}_2\times\boldsymbol{H}_1^*$ 均为一阶小量。于是可见左边被积函数的第二项为二阶小量,可以略去。其次,在波导 2 以外 $n_2^2(x)-n_3^2=0$,而在波导 2 内部 $\boldsymbol{E}_1^*\cdot\boldsymbol{E}_1$ 为二阶小量,于是式(7-1-13)右边被积函数的第一项亦为二阶小量,可以略去。于是就得到

$$\frac{\mathrm{d}A_1}{\mathrm{d}z}=K_{12}A_2\mathrm{e}^{-\mathrm{i}(\beta_1-\beta_2)z} \tag{7-1-14}$$

式中

$$K_{12}=\mathrm{i}\omega\varepsilon_0\cdot\frac{\iint_{-\infty}^{\infty}[n_1^2(x)-n_3^2]\boldsymbol{E}_{10}^*(x,y)\cdot\boldsymbol{E}_{20}(x,y)\,\mathrm{d}x\,\mathrm{d}y}{\iint_{-\infty}^{\infty}[\boldsymbol{E}_{10}^*(x,y)\times\boldsymbol{H}_{10}(x,y)+\boldsymbol{E}_{10}(x,y)\times\boldsymbol{H}_{10}^*(x,y)]\cdot\hat{\boldsymbol{z}}\,\mathrm{d}x\,\mathrm{d}y} \tag{7-1-15}$$

同理，用 $\boldsymbol{E}_2^*$ 点乘式(7-1-9)，用 $\boldsymbol{H}_2^*$ 点乘式(7-1-10)，仿此，可得

$$\frac{\mathrm{d}A_2}{\mathrm{d}z}=K_{21}A_1\mathrm{e}^{\mathrm{i}(\beta_1-\beta_2)z} \tag{7-1-16}$$

式中

$$K_{21}=\mathrm{i}\omega\varepsilon_0\cdot\frac{\iint_{-\infty}^{\infty}[n_2^2(x)-n_3^2]\boldsymbol{E}_{10}(x,y)\cdot\boldsymbol{E}_{20}^*(x,y)\mathrm{d}x\mathrm{d}y}{\iint_{-\infty}^{\infty}[\boldsymbol{E}_{20}^*(x,y)\times\boldsymbol{H}_{20}(x,y)+\boldsymbol{E}_{20}(x,y)\times\boldsymbol{H}_{20}^*(x,y)]\cdot\hat{\boldsymbol{z}}\mathrm{d}x\mathrm{d}y} \tag{7-1-17}$$

以上式中的 K_{12} 和 K_{21} 称为两波导间的耦合系数，它们是与 z 无关的参量，式(7-1-14)和式(7-1-16)称为模耦合方程。应该指出，在推导模耦合方程时，采用了一阶微扰处理，因而它们只是在弱耦合情况下才适用的近似结果。此外，这里只考虑了两个模式之间的耦合，这也是一个近似。不过，下面的分析可以说明，只有传播常数相近或完全相同的模式之间才会有显著的能量交换，因而只考虑两个模式之间耦合的耦合模方程，不失为一种较好的近似。

为了说明只有传播常数相等或接近相等的模式之间才能发生有效的耦合，可设在 $z=0$ 时，$A_2(0)=0$，即设在 $z=0$ 处波导 2 中没有电磁场，再利用式(7-1-16)来求 $z=L$ 处波导 2 中的电磁场。由式(7-1-16)可得

$$A_2(L)=K_{21}\int_0^L A_1(z)\cdot\mathrm{e}^{\mathrm{i}(\beta_1-\beta_2)z}\mathrm{d}z$$

这就是经过一段传输距离 L 后，波导 2 中电磁场的幅度。从上式可以看出，如果 β_1 和 β_2 不相等或者相差不是很小，则因子 $\mathrm{e}^{\mathrm{i}(\beta_1-\beta_2)z}=\cos(\beta_1-\beta_2)z+\mathrm{i}\sin(\beta_1-\beta_2)z$ 的变化周期(在光频下)是非常小的，比实际的传输距离 L 小得多。这样，上式右边的积分值实际上等于 0，两波导之间不能进行功率交换，但当 $\beta_1=\beta_2$ 或 $\beta_1-\beta_2$ 非常小时，右边的积分值就可能达到一定的数值，即两个导模之间的功率可以相互耦合。

应该说明的是，虽然上面耦合模方程和耦合系数的推导是以平面波导为例得到的，但上面的结果也适用于其他的波导。

7.1.2 模耦合方程的解

下面首先考虑，波导 1 与波导 2 是相同或相近的波导，且两个导模都沿着同一方向传播时，K_{12} 与 K_{21} 之间的关系。

设两个波导中的电磁场分别为

$$A_1(z)\boldsymbol{E}_1,\quad A_1(z)\boldsymbol{H}_1;\quad A_2(z)\boldsymbol{E}_2,\quad A_2(z)\boldsymbol{H}_2$$

第一个波导中沿 z 方向的功率为

$$\begin{aligned}P_1&=\frac{1}{2}\mathrm{Re}\iint[A_1(z)\boldsymbol{E}_1\times A_1^*(z)\boldsymbol{H}_1^*]\cdot\hat{\boldsymbol{z}}\mathrm{d}s\\&=|A_1(z)|^2\frac{1}{2}\iint[\boldsymbol{E}_1\times\boldsymbol{H}_1^*]\cdot\hat{\boldsymbol{z}}\mathrm{d}s\end{aligned} \tag{7-1-18}$$

第二个波导中沿 z 方向的功率为

$$P_2=\frac{1}{2}\mathrm{Re}\iint[A_2(z)\boldsymbol{E}_2\times A_2^*(z)\boldsymbol{H}_2^*]\cdot\hat{\boldsymbol{z}}\mathrm{d}s$$

$$=|A_2(z)|^2\frac{1}{2}\iint[\boldsymbol{E}_2\times\boldsymbol{H}_2^*]\cdot\hat{\boldsymbol{z}}\mathrm{d}s \tag{7-1-19}$$

由于只有 β_1 与 β_2 相同或相近的模间才能有效地耦合，而这种情况下两个波导中的电磁场也相同或相近，所以

$$\frac{1}{2}\iint[\boldsymbol{E}_1\times\boldsymbol{H}_1^*]\cdot\hat{\boldsymbol{z}}\mathrm{d}s=\frac{1}{2}\iint[\boldsymbol{E}_2\times\boldsymbol{H}_2^*]\cdot\hat{\boldsymbol{z}}\mathrm{d}s \tag{7-1-20}$$

考虑到功率守恒，即能量只在两个波导之间交换，总的功率不变，有

$$\frac{\mathrm{d}(P_1+P_2)}{\mathrm{d}z}=0$$

利用式(7-1-18)～式(7-1-20)得

$$\frac{\mathrm{d}}{\mathrm{d}z}(|A_1|^2+|A_2|^2)=0$$

利用耦合方程，上式中

$$\frac{\mathrm{d}}{\mathrm{d}z}|A_1|^2=A_1^*\frac{\mathrm{d}A_1}{\mathrm{d}z}+A_1\frac{\mathrm{d}A_1^*}{\mathrm{d}z}=A_1^*A_2K_{12}\mathrm{e}^{-\mathrm{i}(\beta_1-\beta_2)z}+A_1A_2^*K_{12}^*\mathrm{e}^{\mathrm{i}(\beta_1-\beta_2)z}$$

同样有

$$\frac{\mathrm{d}}{\mathrm{d}z}|A_2|^2=A_1A_2^*K_{21}\mathrm{e}^{\mathrm{i}(\beta_1-\beta_2)z}+A_1^*A_2K_{21}^*\mathrm{e}^{-\mathrm{i}(\beta_1-\beta_2)z}$$

考虑到上面两式右边第二项是第一项的共轭，即得

$$\frac{\mathrm{d}}{\mathrm{d}z}(|A_1|^2+|A_2|^2)=2\mathrm{Re}[A_1A_2^*\mathrm{e}^{\mathrm{i}(\beta_1-\beta_2)z}(K_{12}^*+K_{21})]=0$$

于是有

$$K_{12}=-K_{21}^* \tag{7-1-21}$$

如果耦合区域为 $0\leqslant z\leqslant L$，而初始条件为 $A_1(0)=0, A_2(0)=1$，即：在起始处光功率在波导 2 处，则可求得耦合模方程(7-1-14)和方程(7-1-16)的解为

$$A_1(z)=\frac{K_{12}}{\sqrt{K_c^2+\Delta^2}}\mathrm{e}^{-\mathrm{i}\Delta z}\sin\sqrt{K_c^2+\Delta^2}\,z \tag{7-1-22}$$

$$A_2(z)=\mathrm{e}^{\mathrm{i}\Delta z}\left(\cos\sqrt{K_c^2+\Delta^2}\,z-\mathrm{i}\frac{\Delta}{\sqrt{K_c^2+\Delta^2}}\sin\sqrt{K_c^2+\Delta^2}\,z\right) \tag{7-1-23}$$

式中 $2\Delta=\beta_1-\beta_2, K_c^2=|K_{12}|^2$。

由式(7-1-22)可知，当 $\sqrt{K_c^2+\Delta^2}\,z=\pi/2$ 时，$|A_1(z)|$ 达到最大值，即两个导模之间实现最大的功率转换，这个距离定义为耦合长度，用 L_c 表示，即

$$L_c=\frac{\pi}{2\sqrt{K_c^2+\Delta^2}} \tag{7-1-24}$$

当 $|\beta_1-\beta_2|$ 很小时，$z=L_c$ 处 $A_1(z)$ 最大，而 $A_2(z)$ 的模值很小，即光功率由波导 2 几乎完全转换到波导 1 中，$|\beta_1-\beta_2|$ 越小，转换越完全。

当 $\beta_1=\beta_2$ 时，即两个传播常数相同时，在 $z=L_c$ 处实现功率的完全转换。通常把条件 $\beta_1=\beta_2$ 称为相位匹配条件。在相位匹配条件下 $\Delta=0$，有

$$A_1(z)=\frac{K_{12}}{K_c}\sin(K_cz) \tag{7-1-25}$$

$$A_2(z)=\cos(K_c z) \tag{7-1-26}$$

相应的耦合长度为

$$L_c=\frac{\pi}{2K_c} \tag{7-1-27}$$

从式(7-1-25)和式(7-1-26)可得两模式的功率分别为

$$|A_1(z)|^2=\sin^2(K_c z) \tag{7-1-28}$$

$$|A_2(z)|^2=\cos^2(K_c z) \tag{7-1-29}$$

可见，在相位匹配情况下，两个波导中的导模周期性地进行功率的完全转换，沿传播方向的周期等于耦合长度 L_c，如图 7-2(a)所示。若 $\cos^2(K_c z)=1/2$，两波导输出的光功率都为输入光功率的 1/2，用这样的两个波导制作的耦合器为 3dB 的耦合器。

从式(7-1-22)和式(7-1-23)可得两模式的功率分别为

$$|A_1(z)|^2=\frac{K_c^2}{K_c^2+\Delta^2}\sin^2\sqrt{K_c^2+\Delta^2}\,z \tag{7-1-30}$$

$$|A_2(z)|^2=\cos^2\sqrt{K_c^2+\Delta^2}\,z+\frac{\Delta^2}{K_c^2+\Delta^2}\sin^2\sqrt{K_c^2+\Delta^2}\,z \tag{7-1-31}$$

由以上两式，可以画出当 $\Delta\gg K_c$，即相位失配时，两模式的功率随 $\sqrt{K_c^2+\Delta^2}\,z$ 的变化关系，如图 7-2(b)所示。从此图可以看出，在相位失配情况下，两模式的光功率不能实现完全交换。

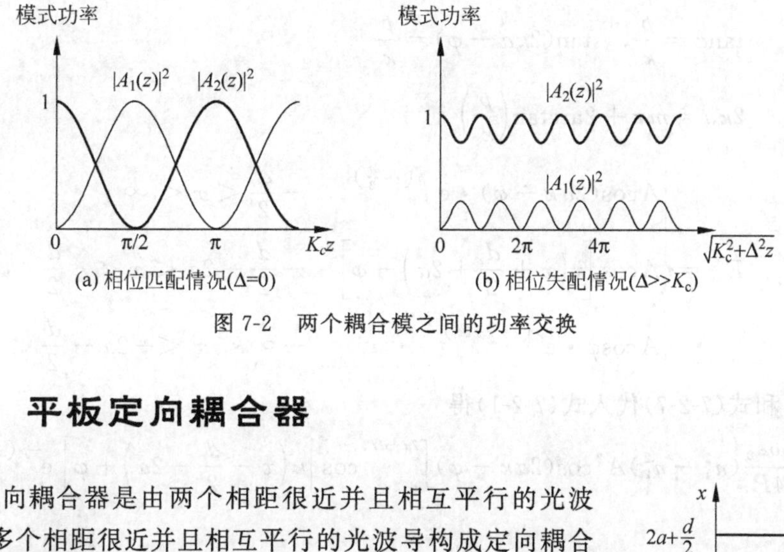

图 7-2　两个耦合模之间的功率交换

7.2　平板定向耦合器

光学定向耦合器是由两个相距很近并且相互平行的光波导组成的，多个相距很近并且相互平行的光波导构成定向耦合器阵列。定向耦合器在导波光学中可用于耦合、滤波、偏振选择、调制、光开关等许多方面。

通过 7.1 节的理论可以看出，耦合器的性质与耦合系数密切相关。本节将利用上节中阐述的耦合理论计算平板波导定向耦合器的耦合系数，并说明耦合系数的性质。

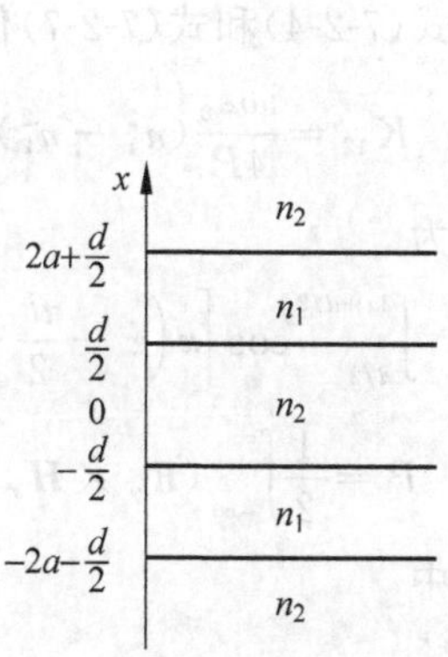

图 7-3　平板波导定向耦合器剖面结构

图 7-3 表示平板波导定向耦合器剖面结构和折射率分布。图中两个平板波导的薄膜折射率和厚度分别为 n_1 和 $2a$，其他

地方的折射率均为 n_2，间隙的厚度为 d。可见，两个波导的折射率分布和几何结构是完全对称的。

利用式(7-1-15)和式(7-1-17)来计算这种耦合器的 TE 模耦合系数。由于两式中的分母分别等于波导中沿 z 方向传输功率 P_1、P_2 的 4 倍，且 $P_1=P_2=P$，因而耦合系数的表示式可改写为

$$K_{12}=\frac{\mathrm{i}\omega\varepsilon_0}{4P}\int_{d/2}^{2a+d/2}(n_1^2-n_2^2)\boldsymbol{E}_{10}^*\cdot\boldsymbol{E}_{20}\,\mathrm{d}x \tag{7-2-1}$$

$$K_{21}=\frac{\mathrm{i}\omega\varepsilon_0}{4P}\int_{-2a-d/2}^{-2a}(n_1^2-n_2^2)\boldsymbol{E}_{20}^*\cdot\boldsymbol{E}_{10}\,\mathrm{d}x \tag{7-2-2}$$

$\boldsymbol{E}_{10}$ 和 $\boldsymbol{E}_{20}$ 是三层平板波导导模的场分布，令

$$\kappa^2=k_0^2n_1^2-\beta^2,\ p^2=\beta^2-k_0^2n_2^2 \tag{7-2-3}$$

对 TE 模：$\boldsymbol{E}_{10}=E_{10}\,\hat{\boldsymbol{y}}$，$\boldsymbol{E}_{20}=E_{20}\,\hat{\boldsymbol{y}}$，而

$$E_{10}=\begin{cases}A\cos\varphi\cdot\mathrm{e}^{-p\left(x-\frac{d}{2}-2a\right)} & \frac{d}{2}+2a<x<\infty\\ A\cos\left[\kappa\left(x-\frac{d}{2}-2a\right)+\varphi\right] & \frac{d}{2}<x<\frac{d}{2}+2a\\ A\cos(2a\kappa-\varphi)\mathrm{e}^{p\left(x-\frac{d}{2}\right)} & -\infty<x<\frac{d}{2}\end{cases} \tag{7-2-4}$$

其中，A 是常数。

$$\tan\varphi=\frac{p}{\kappa},\quad \tan(2\kappa a-\varphi)=\frac{p}{\kappa} \tag{7-2-5}$$

$$2\kappa a=m\pi+2\arctan\left(\frac{p}{\kappa}\right) \tag{7-2-6}$$

$$E_{20}=\begin{cases}A\cos(2a\kappa-\varphi)\cdot\mathrm{e}^{-p\left(x+\frac{d}{2}\right)} & -\frac{d}{2}<x<\infty\\ A\cos\left[\kappa\left(x+\frac{d}{2}+2a\right)-\varphi\right] & -\frac{d}{2}-2a<x<-\frac{d}{2}\\ A\cos\varphi\cdot\mathrm{e}^{p\left(x+\frac{d}{2}+2a\right)} & -\infty<x<-2a-\frac{d}{2}\end{cases} \tag{7-2-7}$$

把式(7-2-4)和式(7-2-7)代入式(7-2-1)得

$$K_{12}=\frac{\mathrm{i}\omega\varepsilon_0}{4P}(n_1^2-n_2^2)A^2\cos(2a\kappa-\varphi)\int_{d/2}^{2a+d/2}\cos\left[\kappa\left(x-\frac{d}{2}-2a\right)+\varphi\right]\mathrm{e}^{-p\left(x+\frac{d}{2}\right)}\,\mathrm{d}x$$

因为

$$\int_{d/2}^{2a+d/2}\cos\left[\kappa\left(x-\frac{d}{2}-2a\right)+\varphi\right]\mathrm{e}^{-p\left(x+\frac{d}{2}\right)}\,\mathrm{d}x=-2\cos(2a\kappa-\varphi)\frac{p}{\kappa^2+p^2}\mathrm{e}^{-pd}$$

$$P=\frac{1}{2}\int_{-\infty}^{\infty}(\boldsymbol{E}_y\times\boldsymbol{H}_x)\cdot\hat{\boldsymbol{z}}\,\mathrm{d}x=\frac{1}{2}\frac{\beta}{\omega\mu_0}\int_{-\infty}^{\infty}E_y^2\,\mathrm{d}x=\frac{1}{2}\frac{\beta}{\omega\mu_0}\int_{-\infty}^{\infty}E_{10}^2\,\mathrm{d}x=\frac{1}{4}\frac{\beta}{\omega\mu_0}A^2w_{\mathrm{eff}}$$

其中

$$w_{\mathrm{eff}}=2a+\frac{2}{p} \tag{7-2-8}$$

为波导的有效厚度。所以

$$K_{12}=\frac{\mathrm{i}\omega^2\varepsilon_0\mu_0}{\beta w_{\mathrm{eff}}}(n_1^2-n_2^2)\cos^2(2a\kappa-\varphi)\frac{-2p}{\kappa^2+p^2}\mathrm{e}^{-pd}$$

由式(7-2-5)第二式得

$$\cos^2(2a\kappa-\varphi)=\frac{\kappa^2}{\kappa^2+p^2}$$

因此

$$K_{12}=\frac{\mathrm{i}\omega^2\varepsilon_0\mu_0}{\beta w_{\mathrm{eff}}}(n_1^2-n_2^2)\frac{\kappa^2}{\kappa^2+p^2}\frac{-2p}{\kappa^2+p^2}\mathrm{e}^{-pd}$$

由式(7-2-3)得 $\kappa^2+p^2=k_0^2(n_1^2-n_2^2)$，把它代入上式得

$$K_{12}=\frac{\mathrm{i}}{\beta w_{\mathrm{eff}}}\frac{-2p\kappa^2}{\kappa^2+p^2}\mathrm{e}^{-pd} \tag{7-2-9}$$

由于耦合器的结构是对称的，耦合系数 K_{21} 的表达式也为式(7-2-9)。

$$K_c=|K_{12}|=\frac{2p\kappa^2}{\beta w_{\mathrm{eff}}(p^2+\kappa^2)}\cdot\mathrm{e}^{-pd} \tag{7-2-10}$$

上式是在弱耦合情况下，两个结构相同平板波导的耦合系数公式。从式(7-2-10)可以看出，耦合系数随两波导间隙厚度 d 的增加而呈指数式急剧减小，也随芯区厚度的增大而减小。

7.3 棱镜耦合器

7.3.1 棱镜耦合器的工作原理

如何把光引入平面波导是一个复杂的问题。若让光从包层或衬底进入芯区，则进入芯区的光不能在芯区形成导模；若让光从波导的边缘入射进入芯区，可以形成导模，但进入波导中的能量太少不实用。但若采用如图 7-4 所示棱镜耦合器的结构可以很方便地把光耦合进波导中，并把光从波导中耦合出来。这个结构很简单：将两个高折射率棱镜(一为输入棱镜，一为输出棱镜)压在平板波导的两边，在棱镜底部与薄膜的表面之间有一波长量级的空气间隙(或折射率匹配液)，就构成棱镜-波导耦合系统。

为了分析方便，用 n_3、n_2、n_1、n_0 分别代表棱镜、间隙、薄膜和衬底的折射率，$n_3>n_1>n_0>n_2$；w 代表薄膜厚度，s 代表间隙厚度；θ_3 代表激光束在棱镜底边的入射角或出射角，θ_1 是平板波导导模的锯齿形光线在薄膜上下界面的入射角。

在什么条件下入射到棱镜中的光波才能耦合到波导中呢？

首先，入射到入射棱镜底的光束，其入射角 θ_3 应大于全反射临界角 $\theta_c=\arcsin(n_2/n_3)$。这时，在间隙中产生消逝场，它可以渗透到薄膜中以激起平板波导的导模，构成光束输入。同理，薄膜中的导模也在间隙中产生消逝场，渗透到出射棱镜中去，构成光束输出，如图 7-4 所示。这里，光束输入和输出的耦合过程，都是依靠光学隧道效应进行的。

其次，入射到棱镜中的光波要满足同步条件。

这里采用几何光学的方法来分析。如图 7-5 所示，棱镜中的光波 A_3 波用图中 4 条平行的射线表示，这 4 条射线传播到棱镜底部的点 1′、2′、3′和 4′上。在那里，它们相当于一些波源，在薄膜上表面对应的点 1、2、3 和 4 上分别激励出 A_1' 波，这些 A_1' 在薄膜内叠加后形成导

波 A_1 波。过点 1′作垂直于激光束的虚线,表示 A_3 波的一个等相位面。考虑点 2 处的 A_1'波,它有两个:一个是由点 2′处的 A_3 波直接激励产生的,可称为直接波;另一个是由点 1′处的 A_3 波激励后从 1 处在薄膜内经过一个锯齿形路径传播到点 2 处的,点 2 处的波是直接波与间接波的叠加。如果想在薄膜内形成导波,直接波与间接波在叠加时不能相互抵消,这就要求直接波与间接波必须是同相位的,这就是所谓的同步条件。下面分析同步条件。

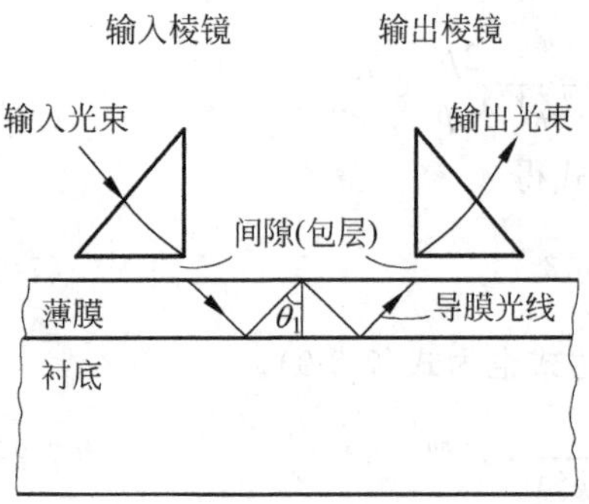

图 7-4 棱镜-平板波导耦合系统

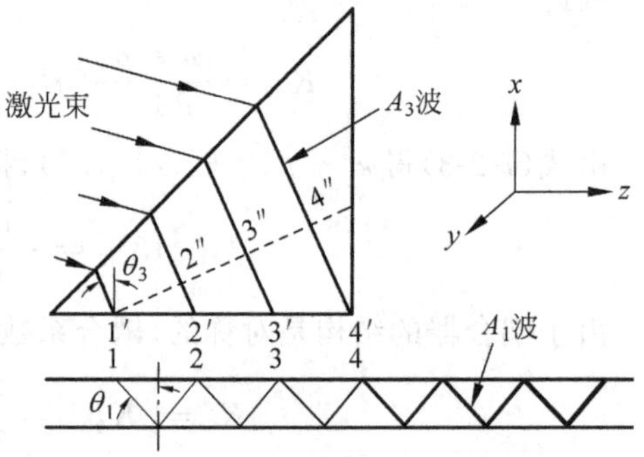

图 7-5 棱镜-波导耦合的光线模型

我们注意到:间接波从点 1 处传播到点 2 处的相位差为 $\beta \cdot L$,L 是点 1 和点 2 的距离;激发点 2 处直接波的光从点 2″处传播到点 2′处的相位差(即等于点 1′处与点 2′处光的相位差,因点 2″与点 1′的相位相同)为 $n_3 k_0 \sin\theta_3 \cdot L$。要求点 2 处的直接波与间接波同相位,就必须使间接波从点 1 处传播到点 2 处的相位差等于激发点 2 处直接波的光从点 2″处传播到点 2′处的相位差,即

$$n_3 k_0 \sin\theta_3 = \beta \tag{7-3-1}$$

这就是同步条件。这时,在薄膜中点 2 处合成波的振幅等于点 1 处的 2 倍。与此类似,点 3 处合成波是由 1′、2″、3″处的 A_3 波所激励的子波的叠加,因相位匹配而相互加强,故其振幅等于点 1 处的 3 倍,余类推。通常在棱镜耦合器中大约有近百个这样的锯齿,因此由于相干加强作用就能很快地在薄膜中激发起足够强度的导波。

上面的棱镜-波导相互耦合的模型说明了光束由棱镜通过耦合作用进入薄膜波导的过程。显然,反过来,也可用这一模型说明光波由薄膜出射到棱镜的过程。

实际上,光波在棱镜-波导系统实现耦合时,θ_3 满足了同步条件式(7-3-1),就能满足大于全反射临界角 $\theta_c = \arcsin(n_2/n_3)$ 的要求。由同步条件,可以得到 θ_3 的范围为

$$\frac{n_2}{n_3} < \sin\theta_3 < \frac{n_1}{n_3} \tag{7-3-2}$$

另外应该注意:由于 β 是分立的值,所以满足上式的 θ_3 不一定都能激发出导模。

7.3.2 输出耦合器

下面利用电磁场理论来分析棱镜-波导系统的输出耦合器部分。

因为棱镜比薄膜厚得多,可把棱镜看作覆盖在间隙层之上的无限大介质。这样,棱镜-波导系统的剖面结构如图 7-6 所示。

为了分析方便,下面只讨论 TE 模。对于此模,只要分析 E_y 即可。

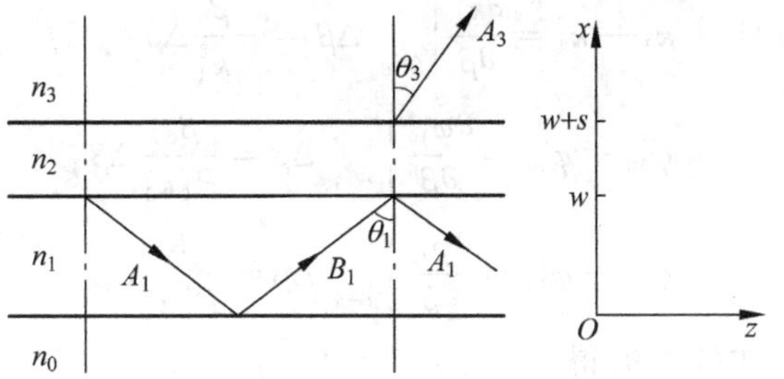

图 7-6 棱镜-平板波导系统的剖面图

取坐标系如图所示，关于 E_y 的波动方程为

$$\frac{d^2E_y}{dx^2}+(k_0^2n_j^2-\beta^2)E_y=0,\quad j=0,1,2,3 \tag{7-3-3}$$

按系统的工作情况，在 3 区及 1 区应为振荡型场分布，而 2 区及 0 区则应为指数型场分布，故场分布可写为

$$E_y=\begin{cases}A_0e^{p_0x} & x<0\\ A_1e^{-i\kappa_1\left(x-\frac{w}{2}\right)}+B_1e^{i\kappa_1\left(x-\frac{w}{2}\right)} & 0<x\leqslant w\\ A_2e^{-p_2(x-w)}+B_2e^{p_2(x-w)} & w<x\leqslant w+s\\ A_3e^{i\kappa_3(x-w-s)} & w+s\leqslant x\end{cases} \tag{7-3-4}$$

$$\begin{aligned}p_0=(\beta^2-k_0^2n_0^2)^{1/2},\quad \kappa_1=(k_0^2n_1^2-\beta^2)^{1/2}\\ p_2=(\beta^2-k_0^2n_2^2)^{1/2},\quad \kappa_3=(k_0^2n_3^2-\beta^2)^{1/2}\end{aligned} \tag{7-3-5}$$

若以 φ_{10}、φ_{12} 及 φ_{32} 分别代表薄膜-衬底、薄膜-间隙及棱镜-间隙三个分界面上的全反射相移角的一半，则

$$\tan\varphi_{10}=\frac{p_0}{\kappa_1},\quad \tan\varphi_{12}=\frac{p_2}{\kappa_1},\quad \tan\varphi_{32}=\frac{p_2}{\kappa_3}$$

利用 E_y 及 E_y' 在 $x=0$，$x=w$ 及 $x=w+s$ 处连续的条件导出模式的本征值方程为

$$e^{i2(\kappa_1w-\varphi_{10}-\varphi_{12})}-1=2i\sin 2\varphi_{12}e^{-2i\varphi_{32}}\cdot e^{-2P_2s}$$

即

$$e^{i2(\kappa_1w-m\pi-\varphi_{10}-\varphi_{12})}-1=2i\sin 2\varphi_{12}e^{-2i\varphi_{32}}\cdot e^{-2P_2s} \tag{7-3-6}$$

考虑到弱耦合情况下，上式的右边是一个小量，因此上式左边的指数也是一个小量，把此指数进行傅里叶展开，上式可变为

$$\kappa_1w=m\pi+\varphi_{10}+\varphi_{12}+\sin2\varphi_{12}e^{-2i\varphi_{32}}\cdot e^{-2P_2s} \tag{7-3-7}$$

对自由波导，本征值方程为

$$\kappa_1^0w=m\pi+\varphi_{10}^0+\varphi_{12}^0 \tag{7-3-8}$$

式中的上角标“0”代表的是自由波导。

用式(7-3-7)减去式(7-3-8)得

$$(\kappa_1-\kappa_1^0)w=\varphi_{10}-\varphi_{10}^0+\varphi_{12}-\varphi_{12}^0+\sin2\varphi_{12}e^{-2i\varphi_{32}}\cdot e^{-2P_2s} \tag{7-3-9}$$

式中

$$\kappa_1-\kappa_1^0=\frac{\partial\kappa_1}{\partial\beta}\bigg|_{\beta=\beta_0}\Delta\beta=-\frac{\beta_0}{\kappa_1^0}\Delta\beta$$

$$\varphi_{10}-\varphi_{10}^0=\frac{\partial\varphi_{10}}{\partial\beta}\bigg|_{\beta=\beta_0}\Delta\beta=\frac{\beta_0}{P_0^0\kappa_1^0}\Delta\beta \tag{7-3-10}$$

$$\varphi_{12}-\varphi_{12}^0=\frac{\partial\varphi_{12}}{\partial\beta}\bigg|_{\beta=\beta_0}\Delta\beta=\frac{\beta_0}{P_2^0\kappa_1^0}\Delta\beta$$

把式(7-3-10)代入式(7-3-9)得

$$\Delta\beta=-\frac{\kappa_1^0}{\beta_0 w_{\text{eff}}}\sin2\varphi_{12}\,e^{-2i\varphi_{32}}\cdot e^{-2P_2 s} \tag{7-3-11}$$

式中 $w_{\text{eff}}=w+\frac{1}{P_0^0}+\frac{1}{P_2^0}$称为有效厚度。由上式得

$$\text{Re}(\Delta\beta)=-\frac{\kappa_1^0}{\beta_0 w_{\text{eff}}}\sin2\varphi_{12}\cos(2\varphi_{32})e^{-2P_2 s} \tag{7-3-12}$$

$$\text{Im}(\Delta\beta)=\frac{\kappa_1^0}{\beta_0 w_{\text{eff}}}\sin2\varphi_{12}\sin(2\varphi_{32})e^{-2P_2 s} \tag{7-3-13}$$

$\Delta\beta$ 虚部的存在,表示波导振幅因光波向输出耦合器耦合而引起衰减,把 $\text{Im}(\Delta\beta)$称为振幅的衰减系数 α,即

$$\alpha=\frac{\kappa_1^0}{\beta_0 w_{\text{eff}}}\sin2\varphi_{12}\cdot\sin(2\varphi_{32})e^{-2P_2 s} \tag{7-3-14}$$

由上式可见,耦合间隙 s 越大,α 就越小;反之,s 越小,α 就越大。但这里 s 的取值范围应满足条件 $e^{-2p_2 s}\ll1$,上面的结论才是正确的。

图 7-7 表示用直角棱镜作输出耦合器的情形。图中的曲线表示导模的耦合振幅 A_1 沿 z 方向在放置棱镜区域内随传播距离而逐渐衰减的情况,振幅衰减系数 α 由式(7-3-14)给出。

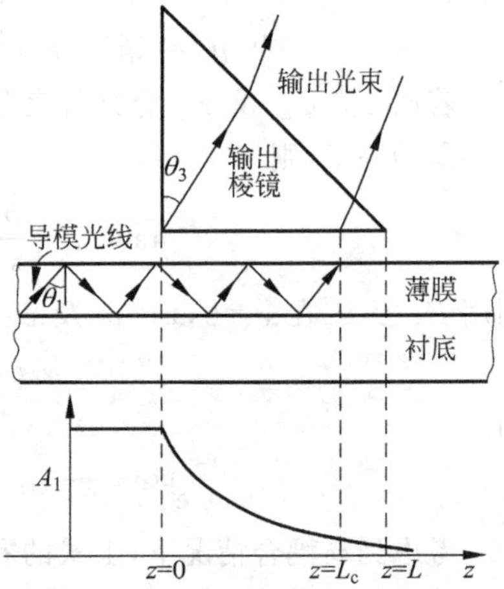

图 7-7 输出耦合器中导模的耦合振幅随传播距离的变化

如果不考虑波导边界及折射率分布的非均匀性等引起的损耗,则将导模的耦合振幅减小到最大值的 1/e 时,所需的距离定义为特征长度 L_c,有

$$L_c=1/\alpha \tag{7-3-15}$$

当棱镜底边长度 L 等于特征长度 L_c 时,输出耦合效率达到 $1-1/e^2\approx86\%$,只要 L 足够长或者耦合间隙足够小即可达到接近 100%的输出耦合效率。由此可见,对于给定的 L,适当调节间隙厚度即能达到足够高的输出耦合效率。

由于导模与棱镜中输出光束的同步条件可写为 $n_1\sin\theta_1=n_3\sin\theta_3$,由此得到输出光束在棱镜中的出射角为

$$\theta_3=\arcsin\left[\frac{n_1}{n_3}\sin\theta_1\right] \tag{7-3-16}$$

由于不同阶的导模具有不同的入射角 θ_1,所以不同阶导模在棱镜中的出射角也不同。

因此，利用棱镜中输出光束的出射角，可以得到导模的入射角，这样就可以求出各阶导模的传播常数 β，这是利用棱镜耦合器测量波导参数的基本依据。

7.3.3 输入耦合器

和输出耦合不同，把棱镜作为输入耦合器时，因为在棱镜中有入射光束也有反射光束，输出和输入两种耦合过程同时存在。因此若用电磁场理论直接讨论输入耦合器很复杂，这里我们采用比较简单的方法。

一方面，由于输出的存在，在薄膜中沿 z 方向传播的波按 $dA_1/dz=-\alpha A_1$ 的规律衰减；另一方面，因输入光束的激励，沿 z 方向的振幅又逐渐增加。设到达棱镜底的输入光束近似于均匀强度的平面波，即振幅 A_3 在输入区域（$0<z<L$）内变化很小，可看作常数，T_3 为棱镜入射波透射到薄膜时的振幅透过系数。因光波在薄膜内经过一个锯齿形路径时，沿 z 方向移过距离 $2w_{\mathrm{eff}}\cdot\tan\theta_1$，所以输入光束的激励将使振幅 A_1 的增长率为 $dA_1/dz=T_3A_3/2w_{\mathrm{eff}}\cdot\tan\theta_1$。因此两个耦合过程同时存在时 $A_1(z)$ 所满足的常微分方程为

$$\frac{dA_1}{dz}=\frac{1}{2w_{\mathrm{eff}}\cdot\tan\theta_1}T_3A_3-\alpha A_1 \tag{7-3-17}$$

设 T_1 为薄膜中的导波透射到棱镜时的振幅透过系数，它与 T_3 相等，r_1 为薄膜界面上的振幅反射系数，由能量守恒 $A_1^2=T_1^2A_1^2+r_1^2A_1^2$，得 $T_1^2=1-r_1^2$。另外，由于波在薄膜中的衰减规律不但可写成

$$dA_1/dz=-\alpha A_1$$

又可写成

$$dA_1/dz=(r_1A_1-A_1)/(2w_{\mathrm{eff}}\cdot\tan\theta_1)$$

故

$$1-r_1=\alpha\cdot 2w_{\mathrm{eff}}\cdot\tan\theta_1$$

这样式(7-3-17)又可写为

$$\frac{dA_1}{dz}+\alpha A_1=\frac{\alpha T_1A_3}{1-r_1} \tag{7-3-18}$$

若初始条件 $A_1(0)=0$，可得上式的解为

$$A_1(z)=\frac{T_1A_3}{1-r_1}[1-e^{-\alpha z}],\quad z<L \tag{7-3-19}$$

图 7-8 为输入耦合器中导模的耦合振幅随传播距离的变化。

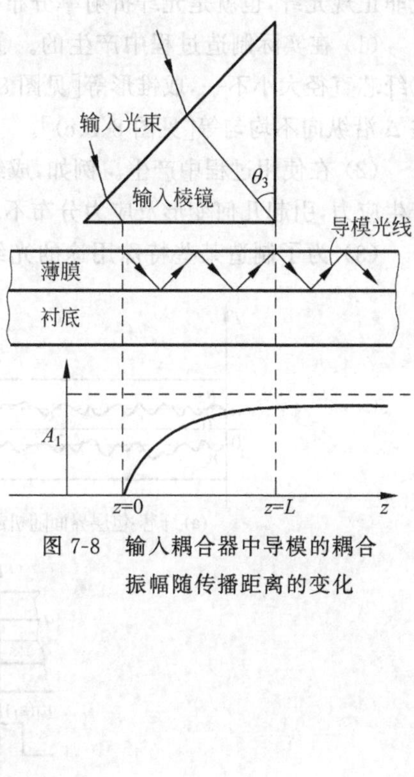

图 7-8 输入耦合器中导模的耦合振幅随传播距离的变化

习题

1. 解释光波导横向耦合中的耦合长度与相位匹配的意义。
2. 简述棱镜耦合器的工作原理。
3. 棱镜耦合的同步条件是什么？
4. 在输入耦合器和输出耦合器中场的大小与 z 有什么样的关系？

第8章

CHAPTER 8

非正规光波导

8.1 概述

在绪论中我们已经定义了非正规光波导的概念,本章中来讨论非正规光波导的有关性质。考虑到非正规光波导大多出现在光纤中,所以这里谈到的非正规光波导多指非正规光纤。造成非正规光纤,也就是光纤折射率分布的纵向不均匀性的原因有以下几种:

(1) 在实际制造过程中产生的。①纤芯-包层分界面不平整,有随机起伏[见图 8-1(a)];②纤芯直径大小不一,成锥形等[见图 8-1(b)];③折射率分布形式随 z 变化,例如相对折射率差 Δ 沿纵向不均匀等[见图 8-1(c)]。

(2) 在使用过程中产生。例如,成缆、敷设、安装等引起光纤弯曲;因拉力、侧压力、重力等产生应力,引起几何变形及应力分布不均匀导致折射率分布纵向不均匀等。

(3) 为了制造某些特殊用途的光纤器件,人为地利用纵向不均匀性制成非正规光波导。

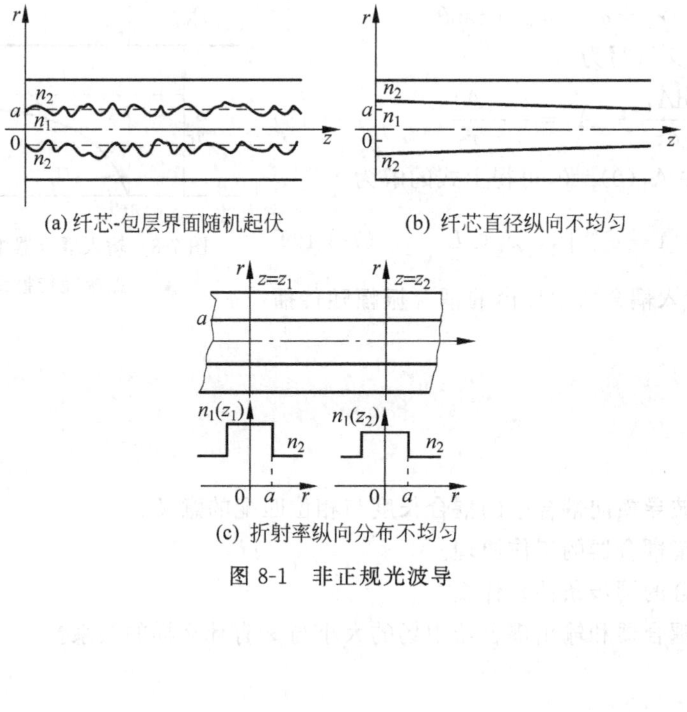

(a) 纤芯-包层界面随机起伏 (b) 纤芯直径纵向不均匀

(c) 折射率纵向分布不均匀

图 8-1 非正规光波导

例如制造折射率沿纵向周期性分布的光纤光栅(见图 8-2)等。

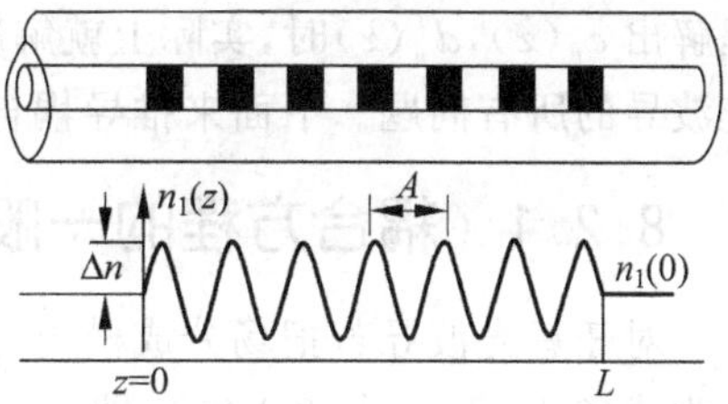

图 8-2 光纤光栅

非正规光波导总体上可以分成折射率纵向独立变化与非独立变化两大类。所谓的独立变化指折射率随 z 的变化规律与 x、y 无关。绝大部分光波导都是纵向折射率独立变化的,这里只讨论此种类型的非正规光波导。

纵向独立变化的非正规光波导又可分为“缓变”“迅变”和“突变”三种类型。当纵向折射率相对变化很小,即 $\frac{1}{\varepsilon}\frac{\partial\varepsilon}{\partial z}\to 0$,那么这种光波导称为缓变光波导。宏观不规则性是导致缓变光波导的主要原因。当在很小的可与波长相比拟的长度 Δz 上,折射率的变化很大,那么这种光波导称为迅变光波导。光纤折射率的随机起伏、芯区包层分界面的微观不均匀性是导致迅变光波导的主要原因。当折射率在某处突然发生变化,即 $\frac{1}{\varepsilon}\frac{\partial\varepsilon}{\partial z}\to\infty$,那么这种光波导称为突变光波导,这种现象一般发生在光纤的端面或两光纤的接头处。

缓变光波导一般可看成由一段段正规光波导所组成,而对每段正规光波导可采用模式的概念进行分析。当确定了光在每段正规光波导的传输性质之后,光在整个缓变光波导中的传输性质也就确定了。因此本章主要讨论迅变和突变两种光波导。

如何看待非正规光波导的场呢?知道正规光波导中的场存在着模式的概念,总的场,也就是实际的场是这些模式的线性叠加,即

$$\boldsymbol{E}(x,y,z)=\sum_{\mu}c_{\mu}\boldsymbol{E}_{\mu}(x,y,z)=\sum_{\mu}c_{\mu}\boldsymbol{E}_{\mu}(x,y)\mathrm{e}^{\mathrm{i}\beta_{\mu}z} \tag{8-1-1}$$

$$\boldsymbol{H}(x,y,z)=\sum_{\mu}d_{\mu}\boldsymbol{H}_{\mu}(x,y,z)=\sum_{\mu}d_{\mu}\boldsymbol{H}_{\mu}(x,y)\mathrm{e}^{\mathrm{i}\beta_{\mu}z} \tag{8-1-2}$$

上式中的 c_{μ}、d_{μ} 是叠加系数,是常数。非正规光波导中不存在严格意义下的模式,但根据模式正交与展开理论我们可以找到某一个正规光波导,使得非正规光波导中的场可以展开成这个正规光波导一系列模式场之和,即

$$\boldsymbol{E}(x,y,z)=\sum_{\mu}c_{\mu}(z)\boldsymbol{E}_{\mu}(x,y)\mathrm{e}^{\mathrm{i}\beta_{\mu}z} \tag{8-1-3}$$

$$\boldsymbol{H}(x,y,z)=\sum_{\mu}d_{\mu}(z)\boldsymbol{H}_{\mu}(x,y)\mathrm{e}^{\mathrm{i}\beta_{\mu}z} \tag{8-1-4}$$

显然,这里的叠加系数 $c_{\mu}(z)$、$d_{\mu}(z)$ 是随 z 变化的,这就是非正规光波导与正规光波导的不同之处。

8.2 非正规光波导的模耦合方程

8.1 节已经谈到,非正规光波导中的场可以用某一正规光波导的模场的叠加来表示。由叠加式中的系数 $c_{\mu}(z)$、$d_{\mu}(z)$ 是 z 的函数可知这些模式的能量也是 z 的函数。考虑到波导中电磁场总的能量守恒,电磁场能量会在这些模式之间相互转移,把非正规光波导中能量在模式之间的转移称为光波导的纵向耦合。

本节要推导的模耦合方程就是关于叠加系数 $c_{\mu}(z)$、$d_{\mu}(z)$ 所满足的方程。当通过此方

程解出 $c_\mu(z)$,$d_\mu(z)$ 时,实际上就解决了非正规光波导中场分布问题,进而可以解决非正规光波导的所有问题。下面来推导耦合方程。

8.2.1 耦合方程的一般形式

对任意光波导若把场分成横向分量与纵向分量之和,则横向分量与纵向分量之间的关系为式(2-1-26)~式(2-1-29),即

$$\begin{cases}\nabla_t\times \boldsymbol{E}_t=\mathrm{i}\omega\mu_0\boldsymbol{H}_z\\ \nabla_t\times \boldsymbol{H}_t=-\mathrm{i}\omega\varepsilon\boldsymbol{E}_z\\ \nabla_t\times \boldsymbol{E}_z+\hat{\boldsymbol{z}}\times\dfrac{\partial \boldsymbol{E}_t}{\partial z}=\mathrm{i}\omega\mu_0\boldsymbol{H}_t\\ \nabla_t\times \boldsymbol{H}_z+\hat{\boldsymbol{z}}\times\dfrac{\partial \boldsymbol{H}_t}{\partial z}=-\mathrm{i}\omega\varepsilon\boldsymbol{E}_t\end{cases}\tag{8-2-1}$$

将方程组中前两个方程两边取旋度 ∇_t,并利用后两式消去 $\boldsymbol{E}_z$,$\boldsymbol{H}_z$,整理后得

$$\nabla_t\times[\nabla_t\times\boldsymbol{E}_t(x,y,z)]-k_0^2n^2(x,y,z)\boldsymbol{E}_t(x,y,z)=-\mathrm{i}\omega\mu_0\hat{\boldsymbol{z}}\times\frac{\partial\boldsymbol{H}_t(x,y,z)}{\partial z}$$

$$\nabla_t\times\left[\frac{1}{n^2(x,y,z)}\nabla_t\times\boldsymbol{H}_t(x,y,z)\right]-k_0^2\boldsymbol{H}_t(x,y,z)=\mathrm{i}\omega\varepsilon_0\hat{\boldsymbol{z}}\times\frac{\partial\boldsymbol{E}_t(x,y,z)}{\partial z}\tag{8-2-2}$$

这一方程是任意光波导中电场横向分量 $\boldsymbol{E}_t$ 和磁场横向分量 $\boldsymbol{H}_t$ 相互联系的方程。

取一个正规光波导,折射率分布为 $n^2(x,y,z)=n_0^2(x,y)$,方程(8-2-2)可以写成

$$\begin{cases}\nabla_t\times[\nabla_t\times\boldsymbol{E}_t(x,y)]-k_0^2n_0^2(x,y)\boldsymbol{E}_t(x,y)=\beta\omega\mu_0\hat{\boldsymbol{z}}\times\boldsymbol{H}_t(x,y)\\ \nabla_t\times\left[\dfrac{1}{n_0^2(x,y)}\nabla_t\times\boldsymbol{H}_t(x,y)\right]-k_0^2\boldsymbol{H}_t(x,y)=-\beta\omega\varepsilon_0\hat{\boldsymbol{z}}\times\boldsymbol{E}_t(x,y)\end{cases}\tag{8-2-3}$$

现在把非正规光波导的横向场展开成一系列正规光波导的横向模式场之和,即

$$\begin{aligned}\boldsymbol{E}_t&=\sum_\mu c_\mu(z)\boldsymbol{E}_{\mu t}\exp(\mathrm{i}\beta_\mu z)=\sum_\mu a_\mu(z)\boldsymbol{E}_{\mu t}\\ \boldsymbol{H}_t&=\sum_\mu d_\mu(z)\boldsymbol{H}_{\mu t}\exp(\mathrm{i}\beta_\mu z)=\sum_\mu b_\mu(z)\boldsymbol{H}_{\mu t}\end{aligned}\tag{8-2-4}$$

将上式代入式(8-2-2)中第一式,得

$$\begin{aligned}&\sum_\mu a_\mu(z)\{\nabla_t\times[\nabla_t\times\boldsymbol{E}_{\mu t}(x,y)]-k_0^2n^2(x,y,z)\boldsymbol{E}_{\mu t}(x,y)\}\\ &=-\mathrm{i}\omega\mu_0\hat{\boldsymbol{z}}\times\sum_\mu\left[\frac{\mathrm{d}b_\mu(z)}{\mathrm{d}z}\right]\boldsymbol{H}_{\mu t}(x,y)\end{aligned}$$

再代入式(8-2-3)的第一式有

$$\sum_\mu\left\{\left[\frac{\mathrm{d}b_\mu(z)}{\mathrm{d}z}-\mathrm{i}\beta_\mu a_\mu(z)\right][\hat{\boldsymbol{z}}\times\boldsymbol{H}_{\mu t}(x,y)]-\frac{k_0^2[n^2(x,y,z)-n_0^2(x,y)]}{\mathrm{i}\omega\mu_0}a_\mu(z)\boldsymbol{E}_{\mu t}(x,y)\right\}=0\tag{8-2-5}$$

上式两边与 $\boldsymbol{E}_{\nu t}^*(x,y)$ 的点乘,再在无穷大平面上积分,最后利用正交性

$$\iint[\boldsymbol{E}_{\nu t}^*(x,y)\times\boldsymbol{H}_{\mu t}(x,y)]\cdot\mathrm{d}\boldsymbol{A}=0\quad \mu\neq\nu$$

可以得到

$$\frac{\mathrm{d}b_\mu(z)}{\mathrm{d}z}-\mathrm{i}\beta_\mu a_\mu(z)=\sum_\nu k_{\nu\mu}^{(1)}a_\nu(z) \tag{8-2-6}$$

式中

$$k_{\nu\mu}^{(1)}=\mathrm{i}\omega\varepsilon_0\frac{\iint\limits_\infty[n^2(x,y,z)-n_0^2(x,y)]\boldsymbol{E}_{\mu t}^*(x,y)\cdot\boldsymbol{E}_{\nu t}(x,y)\mathrm{d}A}{\iint\limits_\infty[\boldsymbol{E}_{\mu t}^*(x,y)\times\boldsymbol{H}_{\mu t}(x,y)]\cdot\mathrm{d}\boldsymbol{A}} \tag{8-2-7}$$

同理得

$$\frac{\mathrm{d}a_\mu(z)}{\mathrm{d}z}-\mathrm{i}\beta_\mu b_\mu(z)=\sum_\nu k_{\nu\mu}^{(2)}b_\nu(z) \tag{8-2-8}$$

$$k_{\nu\mu}^{(2)}=\mathrm{i}\omega\varepsilon_0\frac{\iint\limits_\infty\frac{n_0^2(x,y)}{n^2(x,y)}[n^2(x,y,z)-n_0^2(x,y)]\boldsymbol{E}_{\mu z}^*(x,y)\cdot\boldsymbol{E}_{\nu z}(x,y)\mathrm{d}A}{\iint\limits_\infty[\boldsymbol{E}_{\mu t}(x,y)\times\boldsymbol{H}_{\mu t}^*(x,y)]\cdot\mathrm{d}\boldsymbol{A}} \tag{8-2-9}$$

方程(8-2-6)和方程(8-2-8)就是非正规光波导的模耦合方程组，$k_{\nu\mu}^{(1)}$，$k_{\nu\mu}^{(2)}$ 称为耦合系数。在应用它来处理具体问题时，往往要取一些近似，例如研究有纵向非均匀性的单模光纤时，可以在方程的右边只取基模一项，以估计基模耦合出的高阶模的大小，忽略掉高阶模反过来向基模的耦合。

8.2.2 弱导情况下耦合方程的形式

在弱导光波导中，因为纵向分量 E_z 很小，故由式(8-2-9)，可假定 $k_{\nu\mu}^{(2)}\approx 0$，于是式(8-2-8)可写成

$$b_\mu=\frac{1}{\mathrm{i}\beta_\mu}\cdot\frac{\mathrm{d}a_\mu}{\mathrm{d}z} \tag{8-2-10}$$

代入式(8-2-6)，有

$$\frac{\mathrm{d}^2a_\mu}{\mathrm{d}z^2}+\beta_\mu^2a_\mu=\sum_\nu \mathrm{i}\beta_\mu k_{\nu\mu}^{(1)}a_\nu \tag{8-2-11}$$

还可以写成

$$\frac{\mathrm{d}^2a_\mu}{\mathrm{d}z^2}+\beta_\mu^2a_\mu=\sum_\nu D_{\nu\mu}a_\nu \tag{8-2-12}$$

其中 $D_{\nu\mu}=\mathrm{i}\beta_\mu k_{\nu\mu}^{(1)}$。

8.2.3 考虑正、反向模情况下耦合方程的形式

在作进一步的处理之前，先讨论 $k_{\nu\mu}^{(1)}$，$k_{\nu\mu}^{(2)}$ 为0(无耦合)的情况。在此情况下方程(8-2-6)和方程(8-2-8)可以变为

$$\frac{\mathrm{d}b_\mu(z)}{\mathrm{d}z}-\mathrm{i}\beta_\mu a_\mu(z)=0 \tag{8-2-13}$$

$$\frac{\mathrm{d}a_\mu(z)}{\mathrm{d}z}-\mathrm{i}\beta_\mu b_\mu(z)=0 \tag{8-2-14}$$

联立以上两式，得

$$\frac{\mathrm{d}^2 a_\mu(z)}{\mathrm{d}z^2}+\beta_\mu^2 a_\mu(z)=0 \tag{8-2-15}$$

方程(8-2-15)的解为

$$a_\mu^+(z)=c_\mu^+\mathrm{e}^{\mathrm{i}\beta_\mu z} \tag{8-2-16}$$

$$a_\mu^-(z)=c_\mu^-\mathrm{e}^{-\mathrm{i}\beta_\mu z} \tag{8-2-17}$$

上面的第一个解代表沿 z 轴正方向传播的波,第二个解代表沿 z 轴负方向传播的波。

把以上两式代入式(8-2-14)得

$$b_\mu^+(z)=c_\mu^+\mathrm{e}^{\mathrm{i}\beta_\mu z}=a_\mu^+(z) \tag{8-2-18}$$

$$b_\mu^-(z)=-c_\mu^-\mathrm{e}^{-\mathrm{i}\beta_\mu z}=-a_\mu^-(z) \tag{8-2-19}$$

所以在无耦合时 a_μ, b_μ 的通解为 $a_\mu=a_\mu^++a_\mu^-, b_\mu=b_\mu^++b_\mu^-=a_\mu^+-a_\mu^-$。我们设耦合时的情况也如此(只不过耦合时 c_μ^+, c_μ^- 随 z 变化),即设

$$a_\mu=a_\mu^++a_\mu^- \tag{8-2-20}$$

$$b_\mu=a_\mu^+-a_\mu^- \tag{8-2-21}$$

把此二式代入式(8-2-6)和式(8-2-8),得到

$$\frac{\mathrm{d}(a_\mu^+-a_\mu^-)}{\mathrm{d}z}-\mathrm{i}\beta_\mu(a_\mu^++a_\mu^-)=\sum_\nu k_{\nu\mu}^{(1)}(a_\nu^++a_\nu^-)$$

$$\frac{\mathrm{d}(a_\mu^++a_\mu^-)}{\mathrm{d}z}-\mathrm{i}\beta_\mu(a_\mu^+-a_\mu^-)=\sum_\nu k_{\nu\mu}^{(2)}(a_\nu^+-a_\nu^-)$$

两式相加,相减,且令

$$k_{\nu\mu}^+=\frac{1}{2}(k_{\nu\mu}^{(1)}+k_{\nu\mu}^{(2)}),\quad k_{\nu\mu}^-=\frac{1}{2}(k_{\nu\mu}^{(1)}-k_{\nu\mu}^{(2)}) \tag{8-2-22}$$

就分别得到

$$\begin{cases}\dfrac{\mathrm{d}a_\mu^+}{\mathrm{d}z}-\mathrm{i}\beta_\mu a_\mu^+=\sum\limits_\nu[k_{\nu\mu}^+a_\nu^++k_{\nu\mu}^-a_\nu^-]\\[2ex]\dfrac{\mathrm{d}a_\mu^-}{\mathrm{d}z}+\mathrm{i}\beta_\mu a_\mu^-=\sum\limits_\nu[-k_{\nu\mu}^-a_\nu^+-k_{\nu\mu}^+a_\nu^-]\end{cases} \tag{8-2-23}$$

在弱导情况下,因 $k_{\nu\mu}^{(2)}\approx 0$,可得 $k_{\nu\mu}^+=k_{\nu\mu}^-=k_{\nu\mu}$,上式可进一步写为

$$\begin{cases}\dfrac{\mathrm{d}a_\mu^+}{\mathrm{d}z}-\mathrm{i}\beta_\mu a_\mu^+=\sum\limits_\nu k_{\nu\mu}(a_\nu^++a_\nu^-)\\[2ex]\dfrac{\mathrm{d}a_\mu^-}{\mathrm{d}z}+\mathrm{i}\beta_\mu a_\mu^-=\sum\limits_\nu -k_{\nu\mu}(a_\nu^++a_\nu^-)\end{cases} \tag{8-2-24}$$

8.3 光纤光栅

8.2 节我们研究了非正规光波导的耦合方程,此耦合方程反映了非正规光波导的场用一个正规光波导的模式场展开时,展开系数随 z 的变化规律。作为一个应用实例,下面分析一种新型的光纤器件——光纤光栅(见图 8-2)。

光纤光栅实际上是芯区折射率沿纵向发生周期性变化的一小段光纤。它是利用芯区掺锗的光纤在紫外光($\lambda=248$nm)的照射下折射率发生永久性改变的原理制成的。

光纤光栅是近二十余年中发展最为迅速的光纤无源器件之一。自 1978 年 K. O. Hill 等人制成第一只光纤光栅以来，由于它具有许多独特的优点，因而在光纤通信、光纤传感等领域都有广阔的应用前景。随着光栅写入技术的成熟，光纤光栅可以制作多种光纤器件，如光纤滤波器、光纤激光器、色散补偿器以及光纤传感器等。根据芯区折射率沿纵向变化规律的不同，光纤光栅可以分为均匀周期光栅，非均匀周期光纤光栅（chirp 光栅）等。这里仅以均匀周期正弦型光纤光栅（简称为均匀光纤光栅）为例作简单介绍。

采用目前的光纤光栅制作技术，多数情况下生产的都属于均匀周期正弦型光栅。尽管在实际制作中很难使折射率的变化严格地遵循正弦规律，但正弦结构光纤光栅的分析仍然具有相当的理论价值，它是分析、研究各种非均匀光纤光栅的基础。

设在未写入光栅之前，光纤是芯区半径为 a，折射率为 n_1，而包层折射率为 n_2；光纤光栅写入后（光栅长度为 L），光纤光栅的折射率分布为

当 $0<z<L$ 时

$$n(r,z)=\begin{cases} n_1+\Delta n\cos(\Omega z) & r<a \\ n_2 & r>a \end{cases} \tag{8-3-1}$$

当 $z<0$ 或 $z>L$ 时

$$n(r,z)=\begin{cases} n_1 & r<a \\ n_2 & r>a \end{cases} \tag{8-3-2}$$

这里 $\Omega=2\pi/\Lambda$，Λ 是光栅的周期。通常情况下：Λ 在 $0.2\sim0.5\mu\text{m}$，Δn 约为 $10^{-5}\sim10^{-3}$ 量级，光栅长度 L 约为 $1\sim2\text{mm}$。

从以上的参数可见，Λ 与光波的波长是同一量级，所以光纤光栅属迅变光波导，可以应用 8.2 节的耦合理论进行分析。另外考虑到实际应用的光纤光栅的模式耦合主要发生在基模的正向模与反向模之间，在计算时可略去其他模的作用，这样耦合方程(8-2-23)可以写为

$$\begin{cases} \dfrac{\mathrm{d}a_1^+}{\mathrm{d}z}-\mathrm{i}\beta_1 a_1^+=k_{11}^+a_1^++k_{11}^-a_1^- \\ \dfrac{\mathrm{d}a_1^-}{\mathrm{d}z}+\mathrm{i}\beta_1 a_1^-=-k_{11}^-a_1^+-k_{11}^+a_1^- \end{cases} \tag{8-3-3}$$

由于

$$\begin{cases} a_1^+=c_1(z)\mathrm{e}^{\mathrm{i}\beta_1 z} \\ a_1^-=c_2(z)\mathrm{e}^{-\mathrm{i}\beta_1 z} \end{cases} \tag{8-3-4}$$

所以式(8-3-3)可化为

$$\begin{cases} \dfrac{\mathrm{d}c_1}{\mathrm{d}z}=k_{11}^+c_1+k_{11}^-c_2\mathrm{e}^{-2\mathrm{i}\beta_1 z} \\ \dfrac{\mathrm{d}c_2}{\mathrm{d}z}=-k_{11}^-c_1\mathrm{e}^{2\mathrm{i}\beta_1 z}-k_{11}^+c_2 \end{cases} \tag{8-3-5}$$

在弱导情况下 $k_{11}^+=k_{11}^-=k_{11}$，下面计算 k_{11}。由式(8-2-7)和式(8-2-22)且在考虑展开光纤光栅的模式为未写入光栅前的光纤所对应的$(0,E_y,E_z,H_x,0,H_z)$模的情况下，得

$$k_{11}=\frac{\mathrm{i}\omega\varepsilon_0}{4P}\iint_{\infty}[n^2(x,y,z)-n_0^2(x,y)]E_{1y}^*(x,y)\cdot E_{1y}(x,y)\mathrm{d}A \tag{8-3-6}$$

把式(8-3-1)代入上式，并把直角坐标用极坐标来代替，得

$$\begin{aligned}k_{11}&=\frac{\mathrm{i}\omega\varepsilon_0}{4P}\int_0^{2\pi}\int_0^a 2n_1\Delta n\cos(\Omega z)E_{1y}^2 r\,\mathrm{d}r\,\mathrm{d}\varphi\\&=\mathrm{i}\,|\widetilde{K}|\cos(\Omega z)\end{aligned} \tag{8-3-7}$$

式中

$$|\widetilde{K}|=\frac{\beta_1 n_1\Delta n}{n_1^2+n_2^2\eta} \tag{8-3-8}$$

$$\eta=\frac{\int_a^{\infty}E_{1y}^2 r\,\mathrm{d}r}{\int_0^a E_{1y}^2 r\,\mathrm{d}r} \tag{8-3-9}$$

把式(8-3-7)代入式(8-3-5)得

$$\begin{cases}\dfrac{\mathrm{d}c_1}{\mathrm{d}z}=\mathrm{i}\,|\widetilde{K}|\left[c_1\cos(\Omega z)+\dfrac{1}{2}c_2\left(\mathrm{e}^{\mathrm{i}(\Omega-2\beta_1)z}+\mathrm{e}^{-\mathrm{i}(\Omega+2\beta_1)z}\right)\right]\\[2ex]\dfrac{\mathrm{d}c_2}{\mathrm{d}z}=\mathrm{i}\,|\widetilde{K}|\left[-\dfrac{1}{2}c_1\left(\mathrm{e}^{\mathrm{i}(\Omega+2\beta_1)z}+\mathrm{e}^{\mathrm{i}(-\Omega+2\beta_1)z}\right)-c_2\cos(\Omega z)\right]\end{cases} \tag{8-3-10}$$

当入射光的波长 $\lambda\sim 2n_1\Lambda$ 时，$2n_1k_0\sim\Omega$，在远离截止区因 $n_1k_0\sim\beta$，所以 $2\beta\sim\Omega$。这样在上式中只有 $\mathrm{e}^{\mathrm{i}(\Omega-2\beta_1)z}$ 与 $\mathrm{e}^{\mathrm{i}(-\Omega+2\beta_1)z}$ 为强耦合项，其他的项由于迅速变化使得平均耦合效果为 0。因此上式可以简化为

$$\begin{cases}\dfrac{\mathrm{d}c_1}{\mathrm{d}z}=\dfrac{1}{2}\mathrm{i}c_2\,|\widetilde{K}|\,\mathrm{e}^{\mathrm{i}(\Omega-2\beta_1)z}\\[2ex]\dfrac{\mathrm{d}c_2}{\mathrm{d}z}=-\dfrac{1}{2}\mathrm{i}c_1\,|\widetilde{K}|\,\mathrm{e}^{\mathrm{i}(-\Omega+2\beta_1)z}\end{cases} \tag{8-3-11}$$

令 $2\beta_1-\Omega=B$，上式可写为

$$\begin{cases}\dfrac{\mathrm{d}c_1}{\mathrm{d}z}=\dfrac{1}{2}\mathrm{i}c_2\,|\widetilde{K}|\,\mathrm{e}^{-\mathrm{i}Bz}\\[2ex]\dfrac{\mathrm{d}c_2}{\mathrm{d}z}=-\dfrac{1}{2}\mathrm{i}c_1\,|\widetilde{K}|\,\mathrm{e}^{\mathrm{i}Bz}\end{cases} \tag{8-3-12}$$

把上式的两边对 z 求导，进一步得到

$$\begin{cases}\dfrac{\mathrm{d}^2c_1}{\mathrm{d}z^2}+\mathrm{i}B\dfrac{\mathrm{d}c_1}{\mathrm{d}z}-\left|\dfrac{\widetilde{K}}{2}\right|^2c_1=0\\[2ex]\dfrac{\mathrm{d}^2c_2}{\mathrm{d}z^2}-\mathrm{i}B\dfrac{\mathrm{d}c_2}{\mathrm{d}z}-\left|\dfrac{\widetilde{K}}{2}\right|^2c_2=0\end{cases} \tag{8-3-13}$$

为了求解式(8-3-13)，必须先得到光栅区域的边界条件。设在光栅的起始处入射一个正向基模，即有 $c_1(0)=a$；在光栅的结束处，没有反向基模注入，即有 $c_2(L)=0$。据此边界条件上式的解为

$$c_1(z)=a\frac{\mathrm{i}\frac{B}{2}\sinh[s(z-L)]+s\cosh[s(z-L)]}{-\mathrm{i}\frac{B}{2}\sinh(sL)+s\cosh(sL)}\mathrm{e}^{-\mathrm{i}\frac{B}{2}z}$$

$$c_2(z)=a\mathrm{i}\left|\frac{\widetilde{K}}{2}\right|\frac{\sinh[s(z-L)]}{-\mathrm{i}\frac{B}{2}\sinh(sL)+s\cosh(sL)}\mathrm{e}^{\mathrm{i}\frac{B}{2}z} \tag{8-3-14}$$

其中 $s=\sqrt{|\widetilde{K}/2|^2-(B/2)^2}$。从上式可以进一步得到正反向模的功率分别为

$$P_1(z)=c_1(z)c_1^*(z)=a^2\frac{\left(\frac{B}{2}\right)^2\sinh^2[s(z-L)]+s^2\cosh^2[s(z-L)]}{\left(\frac{B}{2}\right)^2\sinh^2(sL)+s^2\cosh^2(sL)} \tag{8-3-15}$$

$$P_2(z)=c_2(z)c_2^*(z)=a^2\left|\frac{\widetilde{K}}{2}\right|^2\frac{\sinh^2[s(z-L)]}{\left(\frac{B}{2}\right)^2\sinh^2(sL)+s^2\cosh^2(sL)} \tag{8-3-16}$$

两个模的功率差为

$$P_1(z)-P_2(z)=\frac{a^2s^2}{\left(\frac{B}{2}\right)^2\sinh^2(sL)+s^2\cosh^2(sL)}=P_0=P_1(L) \tag{8-3-17}$$

式(8-3-17)中的 P_0 为一常数，这说明在光栅的耦合区域内，正向模与反向模的功率差一直是一个常数，最后只有功率 P_0 透射过去，如图 8-3 所示。

通过式(8-3-15)和式(8-3-16)，进一步求出光栅的透射率 T 和反射率 R 分别为

$$T=\frac{P_1(L)}{P_1(0)}=\frac{s^2}{\left(\frac{B}{2}\right)^2\sinh^2(sL)+s^2\cosh^2(sL)} \tag{8-3-18}$$

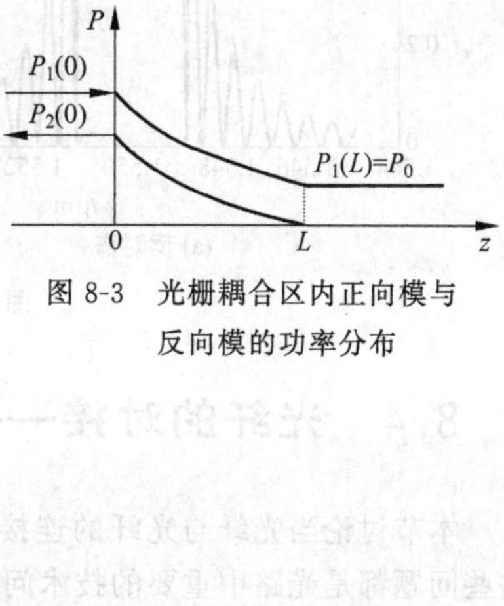

图 8-3 光栅耦合区内正向模与反向模的功率分布

$$R=\frac{P_2(0)}{P_1(0)}=\frac{\left|\frac{\widetilde{K}}{2}\right|^2\sinh^2(sL)}{\left(\frac{B}{2}\right)^2\sinh^2(sL)+s^2\cosh^2(sL)} \tag{8-3-19}$$

或另写为

$$T=\frac{\left|\frac{\widetilde{K}}{2}\right|^2-\left(\frac{B}{2}\right)^2}{\left|\frac{\widetilde{K}}{2}\right|^2\cosh^2(sL)-\left(\frac{B}{2}\right)^2} \tag{8-3-20}$$

$$R=\frac{\left|\frac{\widetilde{K}}{2}\right|^2\sinh^2(sL)}{\left|\frac{\widetilde{K}}{2}\right|^2\cosh^2(sL)-\left(\frac{B}{2}\right)^2} \tag{8-3-21}$$

从以上两式可见，$T+R=1$。当 $B=0$ 时，$s=\frac{|\widetilde{K}|}{2}$，由此得到光栅最小的透射率 T 和最大的反射率 R 分别为

$$T=\frac{1}{\cosh^2\left(\left|\frac{\widetilde{K}}{2}\right|L\right)} \tag{8-3-22}$$

$$R=\tanh^2\left(\left|\frac{\widetilde{K}}{2}\right|L\right) \tag{8-3-23}$$

此时的状态称为谐振状态。从以上两个公式可以看出：在谐振状态下光栅的反射率随 Δn 和光栅长度 L 的增加而增加，而透射率则随 Δn 和光栅长度 L 的增加而减小。

当 $B\neq0$ 时，称为失谐状态，这时透射率增加反射率下降，所以光纤光栅具有滤波器的作用。设归一化的反射率等于一般情况下的反射率与谐振时的反射率之比，归一化的透射率等于1减去归一化的反射率，则归一化的滤波特性如图 8-4 所示。

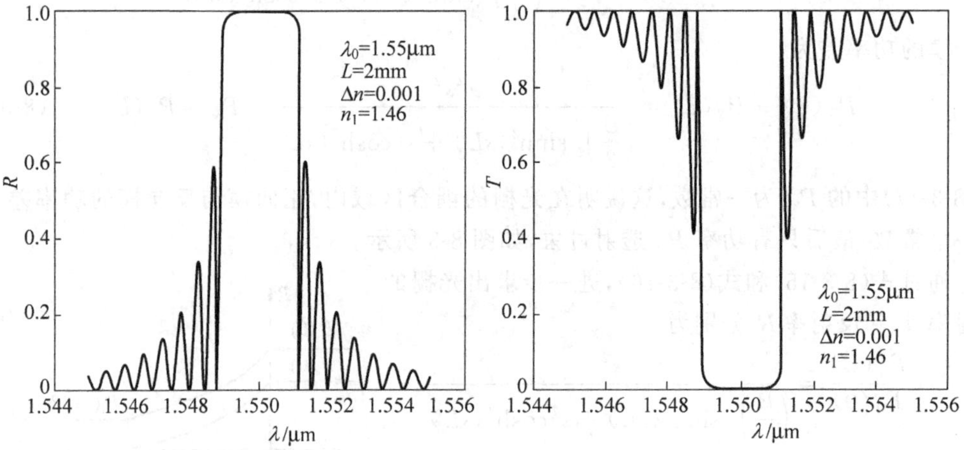

(a) 反射谱　　(b) 透射谱

图 8-4　光纤光栅的滤波特性

8.4　光纤的对接——突变光波导

本节讨论当光纤与光纤的连接、光纤与光源的耦合所涉及的突变光波导的耦合问题。这些问题都是光路中重要的技术问题。

光纤与光纤连接的方法有对接(活动连接)和熔接(把对接在一起的光纤进一步熔化后形成永久性连接)，这类连接可以用对接的理论即突变光波导的分析方法来分析。光源与光纤的耦合指入射光束(例如高斯光束)与光纤相接，它可以等效地看成一个光波导与光纤连接，也可以用突变光波导的分析方法来分析。

在光纤连接中我们主要考虑连接损耗的问题，连接损耗有下面几种：

(1) 模斑失配造成的损耗。这是入射光纤的模斑半径与出射光纤的模斑半径不一致造成的损耗。

(2) 倾斜对接造成的损耗。这是入射光纤与出射光纤轴线存在小的夹角造成的损耗。

(3) 轴偏造成的损耗。这是入射光纤与出射光纤轴线不在一条直线上造成的损耗。

(4) 反射损耗。这是在连接的端面由于两光纤的折射率不同造成的损耗。

下面讨论反射损耗的大小。

设入射一侧的折射率分布为 $n_i(x,y)$，出射一侧为 $n_t(x,y)$，对于弱导光纤，两者都可以近似为常数 n_{ia} 和 n_{ta}，当偏角很小时，作为粗略计算，可以用菲涅耳公式求出透射系数 T

$$T=\frac{4n_{ia}n_{ta}}{(n_{ia}+n_{ta})^2} \tag{8-4-1}$$

若一侧为空气，另一侧为石英光纤，则 $n_{ia}=1, n_{ta}=1.5, T=0.96$。若两侧都是石英光纤，则 $n_{ia}\approx n_{ta}$，透射率 T 接近于1，说明两石英光纤对接时此种损耗可以不计。由此可见，为了减少此类损耗，尽量使用同种材料的光纤。

为了进一步讨论其他三种损耗，定义连接损耗 α 为

$$\alpha=10\lg\frac{P_i}{P_o} \tag{8-4-2}$$

式中 P_i, P_o 分别为输入的稳态模和输出的稳态模功率。下面建立突变光波导的一般理论，然后对连接损耗的前三种情况进行分析。

为求连接损耗，需计算入射光纤沿 z 轴方向传输的总功率和出射光纤中所激发的模式场的功率，下面先建立连接模型。

光纤对接的模型如图8-5所示。设入射光场是沿 x 方向偏振的，并且场分布是柱对称分布，入射光纤与出射光纤轴间的夹角为 θ_i，则入射光纤中场的传播方向(沿入射光纤的轴向传播)与建立在出射光纤中的坐标系的 z 轴成 θ_i 角，故其场强 $\boldsymbol{E}_i$ 可写为

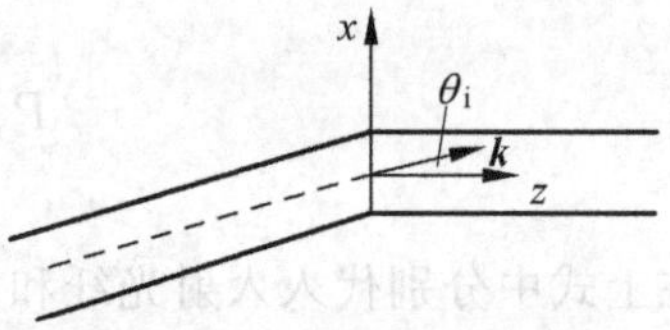

图8-5 光纤对接示意图

$$\boldsymbol{E}_i=\hat{\boldsymbol{x}}E_x=\hat{\boldsymbol{x}}f(r)\cdot\exp(\mathrm{i}\boldsymbol{k}\cdot\boldsymbol{r}) \tag{8-4-3}$$

当角度 θ_i 小时，$\boldsymbol{k}\cdot\boldsymbol{r}=k_0n_{ia}(x\sin\theta_i+z\cos\theta_i)=k_0n_{ia}(x\theta_i+z)=k_0n_{ia}(\theta_i r\cos\varphi+z)$，故上式可写为

$$\boldsymbol{E}_i=\hat{\boldsymbol{x}}f(r)\cdot\exp[\mathrm{i}n_{ia}k_0(\theta_i r\cos\varphi+z)] \tag{8-4-4}$$

还可得到

$$\boldsymbol{H}_i=\sqrt{\frac{\varepsilon_0}{\mu_0}}\cdot n_{ia}\hat{\boldsymbol{z}}\times\boldsymbol{E}_i=\hat{y}\sqrt{\frac{\varepsilon_0}{\mu_0}}\cdot n_{ia}f(r)\cdot\exp[\mathrm{i}n_{ia}k_0(\theta_i r\cos\varphi+z)] \tag{8-4-5}$$

于是入射光沿 z 方向传输的总功率为

$$P_i=\frac{1}{2}\iint(\boldsymbol{E}\times\boldsymbol{H}^*)\cdot\mathrm{d}\boldsymbol{A}=\pi n_{ia}\sqrt{\frac{\varepsilon_0}{\mu_0}}\int_0^\infty f^2(r)\cdot r\mathrm{d}r \tag{8-4-6}$$

如果入射光束是一束模斑半径为 s_i 的高斯光束，即

$$f(r)=\exp\left[-\frac{1}{2}\left(\frac{r}{s_i}\right)^2\right] \tag{8-4-7}$$

则可算得

$$P_i=\frac{\pi}{2}\sqrt{\frac{\varepsilon_0}{\mu_0}}\cdot n_{ia}\cdot s_i^2 \tag{8-4-8}$$

因入射光在出射光纤中激发了一系列导模与辐射模，所以在 $z=0$ 处，入射光场应是出

射光纤中所有的模式场的叠加而成，即

$$\boldsymbol{E}_{\mathrm{i}}(x,y)=\sum_{j}a_j\boldsymbol{E}_{\mathrm{t}j}(x,y)+\boldsymbol{E}_{\mathrm{tr}}(x,y) \tag{8-4-9}$$

式中下标 t 表示“透射”，a_j 表示 $\boldsymbol{E}_{\mathrm{t}j}(x,y)$的振幅，$\boldsymbol{E}_{\mathrm{tr}}$ 表示辐射模。

利用导模及辐射模的正交性可以求出

$$a_j=\frac{\iint(\boldsymbol{E}_{\mathrm{i}}(x,y)\times\boldsymbol{H}_{\mathrm{t}j}^*(x,y))\cdot\mathrm{d}\boldsymbol{A}}{\iint(\boldsymbol{E}_{\mathrm{t}j}(x,y)\times\boldsymbol{H}_{\mathrm{t}j}^*(x,y))\cdot\mathrm{d}\boldsymbol{A}} \tag{8-4-10}$$

这样，在 $z=0$ 处激发的 j 次模的功率为

$$\begin{aligned}P_j&=\frac{1}{2}\iint(a_j\boldsymbol{E}_{\mathrm{t}j}(x,y))\times(a_j^*\boldsymbol{H}_{\mathrm{t}j}^*(x,y))\cdot\mathrm{d}\boldsymbol{A}\\&=\frac{1}{2}\frac{\left|\iint(\boldsymbol{E}_{\mathrm{i}}(x,y)\times\boldsymbol{H}_{\mathrm{t}j}^*(x,y))\cdot\mathrm{d}\boldsymbol{A}\right|^2}{\iint(\boldsymbol{E}_{\mathrm{t}j}(x,y)\times\boldsymbol{H}_{\mathrm{t}j}^*(x,y))\cdot\mathrm{d}\boldsymbol{A}}\end{aligned} \tag{8-4-11}$$

因 $\boldsymbol{E}_{\mathrm{i}}=\hat{\boldsymbol{x}}E_x$，$\boldsymbol{E}_{\mathrm{t}j}=\hat{\boldsymbol{x}}E_{xj}$，$\boldsymbol{H}_{\mathrm{t}j}=\sqrt{\dfrac{\varepsilon_0}{\mu_0}}n_{\mathrm{ta}}\,\hat{\boldsymbol{z}}\times\boldsymbol{E}_{\mathrm{t}j}$，所以上式可以简化为

$$P_j=\frac{1}{2}\sqrt{\frac{\varepsilon_0}{\mu_0}}n_{\mathrm{ta}}\frac{\left|\iint(E_xE_{xj}^*)\,\mathrm{d}A\right|^2}{\iint|E_{xj}|^2\mathrm{d}A} \tag{8-4-12}$$

在上式中分别代入入射光纤和出射光纤的模式场分布，即可求得连接损耗。

① 模斑失配。

在轴向正对准的情况下，两个光纤间既没有轴偏移也没有倾斜角，损耗是由两者模斑失配引起的。若输入光为高斯分布，模斑半径为 s_{i}，当只考虑输出的基模并取高斯近似，模斑半径为 s_{o}，则入射光纤和出射光纤中的电场分别为

$$E_x=\exp\left[-\frac{1}{2}\left(\frac{r}{s_{\mathrm{i}}}\right)^2\right],\quad E_{xj}=\exp\left[-\frac{1}{2}\left(\frac{r}{s_{\mathrm{o}}}\right)^2\right]$$

把它们代入式(8-4-12)并利用式(8-4-8)，可得

$$\frac{P_{\mathrm{i}}}{P_{\mathrm{o}}}=\left(\frac{s_{\mathrm{o}}^2+s_{\mathrm{i}}^2}{2s_{\mathrm{i}}s_{\mathrm{o}}}\right)\frac{n_{\mathrm{ia}}}{n_{\mathrm{ta}}} \tag{8-4-13}$$

若是同种材料光纤的连接，$n_{\mathrm{ia}}=n_{\mathrm{ta}}$，故得此时模斑失配的连接损耗 α_0 为

$$\alpha_0=20\lg\frac{s_{\mathrm{o}}^2+s_{\mathrm{i}}^2}{2s_{\mathrm{o}}s_{\mathrm{i}}} \tag{8-4-14}$$

② 倾斜对接。

在这种情况下，没有轴偏移，只有很小的倾斜角 θ_{i}。此时，仍设输入光为高斯分布，模斑半径为 s_{i}，输出为基模也取高斯分布，模斑半径为 s_{o}，那么在 $z=0$ 处的场为

$$E_x=f(r)\cdot\exp(\mathrm{i}n_{\mathrm{ia}}k_0\theta_{\mathrm{i}}r\cos\varphi)=\exp\left[-\frac{1}{2}\left(\frac{r}{s_{\mathrm{i}}}\right)^2\right]\cdot\exp\left[\mathrm{i}n_{\mathrm{ia}}k_0\theta_{\mathrm{i}}r\cos\varphi\right]$$

$$E_{xj}=\exp\left[-\frac{1}{2}\left(\frac{r}{s_{\mathrm{o}}}\right)^2\right]$$

为计算公式(8-4-12)中的积分，将 E_x 的指数项展开为贝塞尔函数的级数，有

$$\exp(ik_0 n_{ia}\theta_i r\cos\varphi) = J_0(\gamma r) + 2\sum_{l=1}^{\infty} i^l \cdot J_l(\gamma r)\cos(l\varphi)$$

式中 $\gamma = k_0 n_{ia}\theta_i$。将展开后的结果代入式(8-4-12)，然后除以输入功率 P_i，近似地取 $n_{ia} = n_{ta}$，可得倾斜对接的损耗 α_θ 为

$$\alpha_\theta = \alpha_0 + 4.343\frac{(k_0 n_{ia} s_i s_o)^2}{s_i^2 + s_o^2} \cdot \theta_i^2 \tag{8-4-15}$$

可见倾斜角小时，连接损耗的增加与 θ_i 的平方成正比，并且与模斑的面积成正比。当模斑匹配时，损耗为

$$\alpha_\theta = 2.172(k_0 n_{ia} s)^2 \cdot \theta_i^2 \tag{8-4-16}$$

③ 轴偏移的连接损耗。

在这种情况下，没有倾斜角，但轴线间有偏离 Δx。所以场分布为

$$E_x = \exp\left[-\frac{(x+\Delta x)^2 + y^2}{2s_i^2}\right] \approx \exp\left[-\frac{r^2}{2s_i^2} - \frac{x\Delta x}{s_i^2}\right] \tag{8-4-17}$$

把它代入式(8-4-12)并近似取 $n_{ia} = n_{ta}$，可得轴偏移的连接损耗 α_x 为

$$\alpha_x = \alpha_0 + 4.313\frac{(\Delta x)^2}{s_i^2 + s_o^2} \tag{8-4-18}$$

因此损耗的增加与轴偏移 Δx 的平方成正比。模斑半径越大，轴偏移的影响反而越小。

当以上三种情况(模斑失配、倾斜、轴偏移)同时存在时，可以认为总损耗为

$$\alpha \approx \alpha_0 + \alpha_\theta + \alpha_x$$

习题

1. 产生非正规光波导的主要原因是什么？

2. 如何分析迅变型的非正规光波导？

3. 光纤光栅中主要是哪两个模式之间的耦合？有何主要用途？

4. 光纤对接中应该考虑哪几种损耗？模斑失配时所产生的损耗与光纤中光传播的方向有关吗？

第 9 章 新型波导结构

CHAPTER 9

随着互联网和光纤通信的迅速发展，对集成光器件的需求急剧增加，使集成光器件的研究成为近年来最活跃的光学研究领域。目前无源集成光器件主要以二氧化硅（SiO_2）和绝缘衬底上的硅（Silicon-on-insulator，SOI）为基础进行制作。二氧化硅是迄今为止发展最成熟的无源集成光器件材料，这主要是由于二氧化硅成本低，且折射率与光纤十分匹配，有利于与单模光纤进行耦合。但由于其折射率较小，对光场的限制能力较弱，使器件的尺寸往往比较大，不利于大量器件的高密度集成。SOI 集成光器件被认为是最有前途的集成光器件，这主要因为：硅在光通信波段对光的吸收很小，硅的折射率非常高（约 3.45），有利于制造小尺寸器件进而实现高密度集成，最重要的是 SOI 集成光器件的加工工艺与非常成熟的集成电路工艺兼容，可利用现有的集成电路工艺、设备与技术，对集成光器件进行大规模生产，极大地降低器件成本。

在 SiO_2 和 SOI 集成光器件的研究中，许多新型波导结构被设计和制造出来。这些波导的出现不仅丰富了集成光学的内容，也增加了波导的种类。鉴于篇幅所限，本章主要介绍比较典型的三种新型波导结构，即 Y 分支波导、多模干涉耦合器和微环谐振器，并说明它们的原理及其应用。

9.1 Y 分支波导

Y 分支波导是一种重要的波导结构，是集成光学及光电集成领域中的基础器件单元。Y 分支波导除了作功率分配器、模式转换器和模式分离器之外，还是光调制器、M-Z 干涉仪及光开关等器件的基础。

Y 分支波导通常由一个输入波导、一个锥形波导和一对输出波导组成，如图 9-1 所示。按分支臂的形状可把 Y 分支波导分为直臂型[图 9-1(a)]、S 型[图 9-1(b)]、正弦或余弦型等，按两输出波导的对称与否又可分成对称和非对称型两类。对称型 Y 分支波导的两个输出波导有相同的材料结构和相同的波导宽度，而非对称型的两输出波导可采用不同材料结构、不同波导宽度或对于入射波导具有不同偏离角的方法制作而成。

对于直臂型 Y 分支波导，当分支张角很小（1°左右）时，过渡波导的附加损耗很小，可忽略。分析方法如下：把输入波导看成一个三层平面波导，而把输出波导看成一个五层平面波导，当两输出波导的距离足够大时，输出波导又可以看成是两个独立的三层平面波导。根

输入波导　锥形波导　输出波导
分支角

(a) 直臂型

输入波导　锥形波导　输出波导
分支角

(b) S型

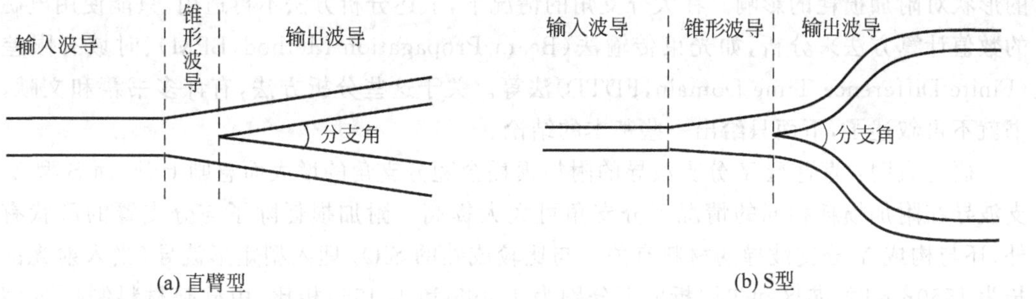

图 9-1　分支波导示意图

据波导结构,计算各波导不同模式的传播常数,然后遵循导模"传播常数最接近"的原则,即输入波导中的导模向输出波导转换时,只转换到传播常数与之最接近的那个导模,来实现模式的分离与转换。

下面以直臂型对称 Y 分支波导为例,作简单的定性分析。设输入波导的厚度为 d,两个输出波导的厚度均为 $d/2$,输入和输出波导的芯区折射率为 n_1、包层折射率为 n_2。一个输入和两个输出波导都可以看成是一个对称的三层平面波导,其 TE_0、TE_1、TE_2 和 TE_3 模折射率随波导厚度的变化如图 9-2(a) 所示。当输入波导传输的是 TE_0 模时,其模折射率 N 最接近输出波导 TE_0 的模折射率,因此在两个输出波导中也激发出 TE_0 模,如图 9-2(a) 中的虚线①所示;当输入波导传输的是 TE_1 模时,其模折射率也最接近输出波导 TE_0 的模折射率,因此在两个输出波导中也激发出 TE_0 模,如图 9-2(a) 中的虚线②所示;当输入波导传输的是 TE_2 模时,其模折射率最接近输出波导 TE_1 的模折射率,因此在两个输出波导中也激发出 TE_1 模,如图 9-2(a) 中的虚线③所示;当输入波导是 TE_3 模时,在两个输出波导中也激发出 TE_1 模,如图 9-2(a) 中的虚线④所示。图 9-2(b) 表示上述转换过程中的场分布。

(a) 转换规则示意图　　　　　　　　　　(b) 场分布

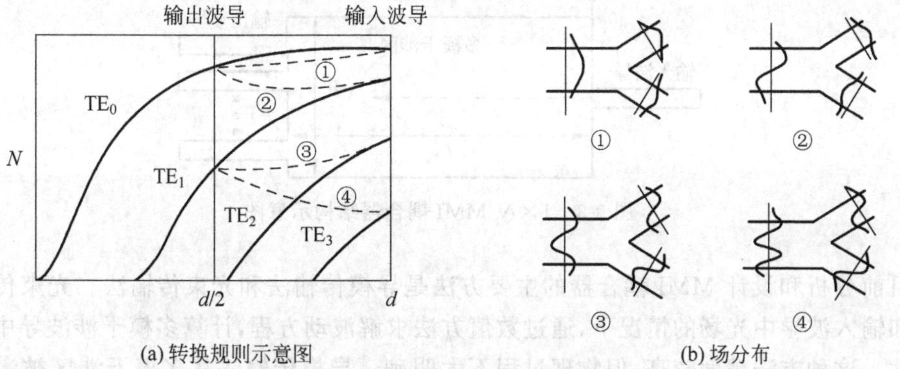

图 9-2　对称分支波导中的模式转换

对称 Y 分支波导两个端口输出的功率相同,因此也称 3dB 功分器,是接入网中关键的无源器件之一。为了提高集成光路的集成度,这类功分器的尺寸要尽量小,同时还要保证较低的附加损耗。对于直臂型 Y 分支波导,要保证较低的附加损耗,分支角应小于 1°,分支角的减小意味着器件尺寸的增大。为此,人们对大分支角的功分器进行了深入研究,分析了臂的形状对附加损耗的影响。在大分支角的情况下,上述分析方法不再适用,只能使用电磁场的数值计算方法来分析,如光束传输法(Beam Propagation Method,BPM)、时域有限差分(Finite Difference Time Domain,FDTD)法等。关于这些分析方法,有许多书籍和文献,本书就不再叙述了,下面只给出一些基本的结论。

研究表明:直臂型 Y 分支波导的附加损耗会随分支角的增大而急剧上升,而 S 型 Y 分支波导在附加损耗相同的情况下分支角可大大提高。附加损耗除了与分支臂的形状有关外,还与构成 Y 分支波导的材料有关。与比较成熟的 SiO_2 埋入型矩形波导(当入射光的波长为 1550nm 时,芯区和包层折射率分别为 1.465 和 1.455)相比,由硅基材料制作 S 型 Y 分支波导(当入射光的波长为 1550nm 时,芯区和包层折射率分别为 3.477 和 1.444),因芯区包层的折射率差较大,对模式的限制作用也较强,因此同样损耗情况下,弯曲半径可以更小,分支角也更大。

9.2 多模干涉耦合器

多模干涉(Multimode Interference,MMI)耦合器也是集成光路中的一种重要波导器件。MMI 耦合器具有结构紧凑、易于制作、损耗小、制作容差性好、偏振相关性小等优点,可用于多种光子器件的制作,如光功分器、模式分离器、光分波/合波器、光开关等。根据端口的数量,MMI 耦合器主要有 $1\times N$ 和 $N\times N$ 两种类型,两者的分析方法类似,下面以 $1\times N$ 型的为例进行讨论。

$1\times N$ 型 MMI 耦合器由一个输入波导、一个多模干涉区和 N 个输出波导组成,如图 9-3 所示。输入和输出波导通常为单模波导,而多模干涉区是一个多模波导。在多模干涉区多个导模沿 z 方向传播时会相互干涉,周期性地出现输入场的一个或多个复制映像,称为“自映像现象”。利用自映像原理,通过在映像形成的位置设置输出波导可以构成光功分器。

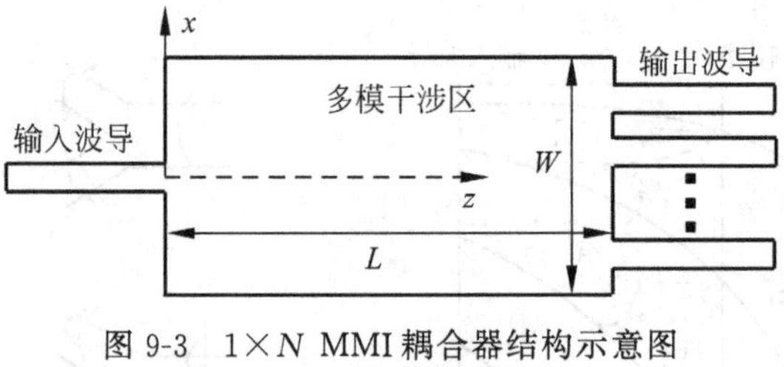

图 9-3 $1\times N$ MMI 耦合器结构示意图

目前分析和设计 MMI 耦合器的主要方法是导模传输法和光束传输法。光束传输法是在已知输入波导中光场的情况下,通过数值方法求解波动方程,计算多模干涉波导中光的传输特性。这种方法精度较高,但物理过程不太明确。导模传输法从多模干涉区被激发的模式出发,通过分析各个模式的传播情况,获得 z 不同处的光场分布。导模传输法较好地反映了多模干涉的物理本质。本节主要介绍这种方法。

MMI 耦合器的多模干涉区是一个矩形波导,只是 x 方向尺度较大,y 方向(图 9-3 中没有画出,垂直纸面向外)较小。根据波导结构,首先用等效折射率法求出 y 方向的等效折射率,设求出的芯区和包层的等效折射率分别为 n_1 和 n_2。在此基础上,再分析 x 方向的平面波导,具体来说就是通过求解芯区宽度为 W,芯区和包层的折射率分别为 n_1 和 n_2 的三层对称平面波导的本征值方程，求出多模干涉区各模式的传播常数 β_m。根据式(3-2-35)，上述波导的本征值方程为

$$(n_1^2k_0^2-\beta_m^2)^{1/2}w=m\pi+2\arctan\left[c_{12}\left(\frac{\beta_m^2-n_2^2k_0^2}{n_1^2k_0^2-\beta_m^2}\right)^{1/2}\right] \tag{9-2-1}$$

式中，对 TE 模，$c_{12}=1$；对 TM 模，$c_{12}=(n_1/n_2)^2$。考虑到多模干涉区很宽，被激发的导模都处于远离截止状态，因此 $\beta_m\to k_0n_1$，这样式(9-2-1)可简化为

$$(n_1^2k_0^2-\beta_m^2)^{1/2}w\approx(m+1)\pi \tag{9-2-2}$$

又因 $k_0n_1>>(m+1)\pi/w$，因此从式(9-2-2)得到

$$\beta_m\approx k_0n_1-\frac{(m+1)^2\pi\lambda}{4n_1w^2} \tag{9-2-3}$$

考虑古斯-汉欣位移后，式(9-2-3)中的波导宽度 w 可用有效宽度 w_e 代替，即

$$\beta_m\approx k_0n_1-\frac{(m+1)^2\pi\lambda}{4n_1w_e^2} \tag{9-2-4}$$

式中

$$w_e\approx w+\frac{\lambda}{\pi c_{12}\sqrt{n_1^2-n_2^2}} \tag{9-2-5}$$

根据式(9-2-4)，得到基模和一阶导模的拍长为

$$L_\pi=\frac{\pi}{\beta_0-\beta_1}=\frac{4n_1w_e^2}{3\lambda} \tag{9-2-6}$$

设多模干涉区的入射光场为 $\psi(x,0)$，此光场进入多模干涉区后，可激发导模和辐射模，考虑到辐射模可忽略，$\psi(x,0)$ 可展开为所激发的导模模式的叠加，即

$$\psi(x,0)=\sum_m c_m\varphi_m(x) \tag{9-2-7}$$

式中，$\varphi_m(x)$ 和 c_m 分别为 m 阶导模的模式场和权重系数，其中

$$c_m=\frac{\int\psi(x,0)\varphi_m(x)\mathrm{d}x}{\int\varphi_m^2(x)\mathrm{d}x} \tag{9-2-8}$$

因此在 z 处的多模光场为

$$\psi(x,z)=\sum_m c_m\varphi_m(x)\mathrm{e}^{\mathrm{i}\beta_mz}=\mathrm{e}^{\mathrm{i}\beta_0z}\sum_m c_m\varphi_m(x)\exp[-\mathrm{i}m(m+2)\pi z/(3L_\pi)] \tag{9-2-9}$$

式中 $\mathrm{e}^{\mathrm{i}\beta_0z}$ 是各模式场叠加时的共同因子，不影响光场分布，可略去。从式(9-2-9)可见，对于长度为 L 的多模干涉区，输出光场由相位因子 $\exp[-\mathrm{i}m(m+2)\pi L/(3L_\pi)]$ 决定。

当 $L=p(3L_\pi)(p=0,2,4,\cdots)$ 时，相位因子 $\exp[-\mathrm{i}m(m+2)\pi L/(3L_\pi)]=1$，所有模式的相位差都为 2π 的整数倍，根据式(9-2-9)，输出光场为

$$\psi(x,L)=\sum_m c_m\varphi_m(x)=\psi(x,0) \tag{9-2-10}$$

可见输出光场与输入光场完全相同，输出场是输入场的正单像。

当 $L=p(3L_\pi)(p=1,3,5,\cdots)$ 时，相位因子 $\exp[-\mathrm{i}m(m+2)\pi L/(3L_\pi)]=(-1)^m$，所有相邻奇偶模的相位差都为 π 的奇数倍，考虑到奇模的光场满足 $\varphi_m(-x)=-\varphi_m(x)$，偶模的光场满足 $\varphi_m(-x)=\varphi_m(x)$，根据式(9-2-9)，输出光场为

$$\psi(-x,L)=\sum_m c_m\varphi_m(-x)(-1)^m=\sum_m c_m\varphi_m(x)=\psi(x,0) \tag{9-2-11}$$

式(9-2-11)表明，输出光场是输入光场的反单像。

当 $L=\frac{p}{2}(3L_\pi)(p=1,3,5,\cdots)$ 时，相位因子

$$\exp[-\mathrm{i}m(m+2)p\pi/2]=\begin{cases}1 & m\text{ 为偶数}\\ \mathrm{i}^p & m\text{ 为奇数}\end{cases} \tag{9-2-12}$$

根据式(9-2-9)，输出光场为

$$\begin{aligned}\psi(x,L)&=\sum_{m\text{为偶数}} c_m\varphi_m(x)+\sum_{m\text{为奇数}} c_m\varphi_m(x)\mathrm{i}^p\\&=\frac{1+\mathrm{i}^p}{2}\psi(x,0)+\frac{1-\mathrm{i}^p}{2}\psi(-x,0)\end{aligned} \tag{9-2-13}$$

式(9-2-13)表明，在输出端可以得到2个输入光场的像，一个是正像，一个是反像。

一般多像情况的分析过程比较复杂，这里只给出一些具体的结论。

当输入波导的位置没有任何限制时，多模区所有模式都被激发，当 $L=p(3L_\pi)/N(p\geqslant0,N\geqslant1$ 且二者互质)时，可以得到 N 个输入光场的像。

当输入波导的位置有限制时，多模区只有一部分模式被激发，这种选择激励使得模相位因子长度周期减少，从而使得器件的尺寸缩小，能更好地满足实际应用的需要。例如，当输入波导从中心输入，根据模式对称性，所有奇模将不被激发，只有偶模被激发，这时相位因子中的 $m(m+2)$ 始终能够被4整除，因此成像位置将减小到一般干涉的1/4，即当多模干涉区的长度 $L=p(3L_\pi/4)/N(p\geqslant0,N\geqslant1$ 且二者互质)时，可以得到 N 个输入光场的像，像的横向位置为

$$x_q=\frac{[2q-(N+1)]w_e}{2N} \tag{9-2-14}$$

式中，$q=1,2,\cdots,N$。因此让多模干涉区的长度 $L=3L_\pi/4N$，且在式(9-2-14)表示的位置设置输出波导，即可构成 $1\times N$ 的MMI功分器。

9.3 微环谐振器

随着微钠加工工艺的成熟，微环谐振器(Micro-Ring Resonator, MRR)由于具有成本低、结构紧凑、插入损耗小、串扰低等优点，成为近年来集成光路的热点研究课题之一。与其他波导相比，微环谐振器特有的环形结构使得只有满足谐振条件的光才能在微环内循环振荡，让微环谐振器具有波长选择的功能，因此微环谐振器在滤波、波分复用、解复用、光开关和传感等方面都有广泛的应用。

单环微环谐振器的结构最为简单也最为基本，其他复杂的微环谐振器结构，如并联多环、串联多环、并联和串联多环等都是在此基础上设计和制作出来的，因此本节主要讨论单环微环谐振器的结构和工作原理。

9.3.1 微环谐振器结构

微环谐振器由微环和信道两部分组成，依据微环与信道的相对位置，微环谐振器可分为

平行耦合和垂直耦合两种类型，分别如图 9-4(a)、(b)所示。前一类型的微环与两信道波导处于同一个平面内，而后一类型的微环与信道波导处于不同的平面。

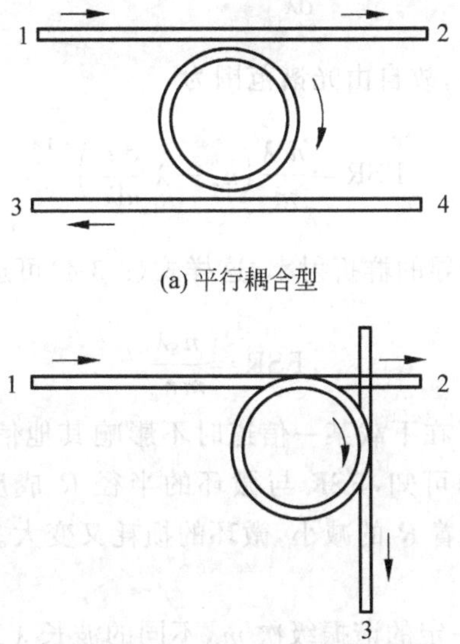

(a) 平行耦合型

(b) 垂直耦合型

图 9-4 微环谐振器基本结构

下面以图 9-4(a)的平行耦合型为例说明光信号在微环谐振器中的传输过程。光信号从端口 1 进入上信道，当传输至微环附近时通过平行耦合使上信道的一部分光进入微环，微环中的光信号在环中沿顺时针方向传输，当传至下信道附近时又发生平行耦合，再使微环中的部分光耦合进入下信道中，并从其 3 端口输出。

9.3.2 微环谐振器参数

1. 谐振方程

当光波在微环内环绕一周后产生的光程差为波长的整数倍时，光波会与新耦合进入微环的光波相互干涉产生谐振增强效应，即

$$2\pi R n_c = m\lambda \tag{9-3-1}$$

式(9-3-1)称为谐振方程。式中，R 为微环半径，n_c 为光在微环波导中的模折射率，m 为谐振级次(取正整数)，λ 为谐振波长。

2. 微环谐振半径

根据式(9-3-1)，得到微环谐振半径为

$$R = \frac{m\lambda}{2\pi n_c} \tag{9-3-2}$$

3. 自由光谱范围

根据式(9-3-2)，对于给定的 R，存在一系列满足谐振条件的波长(对应不同的谐振级次 m)。在这些谐振波长中，相邻两谐振波长的波长差称为自由光谱范围(Free Spectral Range，FSR)。下面推导自由光谱范围 FSR 的表达式。

根据式(9-3-1)，对于给定的 R，当波长增加 $\Delta\lambda = \text{FSR}$，即变为 $\lambda + \Delta\lambda$，谐振级次应变为

$m-1$，故式(9-3-1)两边变化为

$$2\pi R\ \frac{\mathrm{d}n_c}{\mathrm{d}\lambda}\Delta\lambda \approx m\Delta\lambda-\lambda \tag{9-3-3}$$

因此 $\Delta\lambda\approx\frac{n_c\lambda}{m}\left(n_c-\lambda\ \frac{\mathrm{d}n_c}{\mathrm{d}\lambda}\right)^{-1}$，故自由光谱范围为

$$\mathrm{FSR}=\frac{n_c\lambda}{m}\left(n_c-\lambda\ \frac{\mathrm{d}n_c}{\mathrm{d}\lambda}\right)^{-1} \tag{9-3-4}$$

令 $n_g=n_c-\lambda\ \frac{\mathrm{d}n_c}{\mathrm{d}\lambda}$，$n_g$ 称为波导的群折射率，这样式(9-3-4)可进一步写为

$$\mathrm{FSR}=\frac{n_c\lambda}{mn_g} \tag{9-3-5}$$

在波分复用系统中，为了在下载某一信道时不影响其他信道，自由光谱范围要尽量大。由式(9-3-5)并结合式(9-3-1)可知，FSR 与微环的半径 R 成反比，这说明 R 越小，FSR 越大，但 R 也不能太小，因为随着 R 的减小，微环的损耗又变大。

4. 半径-波长色散关系

从式(9-3-2)可知，对于一定的谐振级次 m，不同的波长 λ 对应不同的微环半径 R，为了描述微环谐振器的这一特点，下面求 $\partial R/\partial\lambda$。谐振方程(9-3-1)两边对 λ 求偏导，得

$$2\pi n_c\ \frac{\partial R}{\partial\lambda}+2\pi R\ \frac{\partial n_c}{\partial\lambda}=m$$

由此得

$$\frac{\partial R}{\partial\lambda}=\frac{mn_g}{2\pi n_c^2} \tag{9-3-6}$$

式(9-3-6)称为微环谐振器的半径-波长色散方程，此方程给出了微环半径随谐振波长变化的变化率。

9.3.3 微环谐振器频谱响应

1. 振幅耦合方程

下面考虑如图 9-5 所示的一个信道直波导和一个微环弯曲波导之间的耦合。为了分析这一问题，先考虑两个直波导之间的耦合。设 A_1、A_2 为输入振幅，B_1、B_2 为输出振幅，根据式(7-1-14)和式(7-1-16)，在相位匹配 $\beta_1=\beta_2$ 的条件下，两直波导输入和输出振幅之间的关系为

$$\begin{bmatrix}B_1\\B_2\end{bmatrix}=\begin{bmatrix}\cos(2K_cL) & \mathrm{i}\sin(2K_cL)\\\mathrm{i}\sin(2K_cL) & \cos(2K_cL)\end{bmatrix}\begin{bmatrix}A_1\\A_2\end{bmatrix} \tag{9-3-7}$$

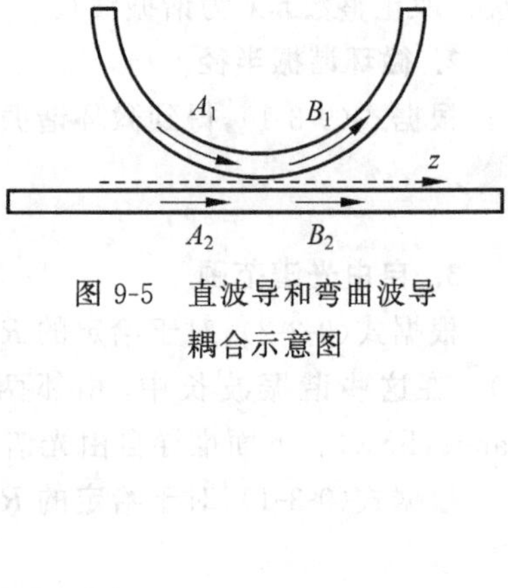

图 9-5 直波导和弯曲波导耦合示意图

式中 $2L$ 为直波导的长度，K_c 为耦合系数的大小。当其中一个直波导变为弯曲波导时，两波导之间的距离随 z 的变化而发生变化，因此耦合系数 K_c 是 z 的函数，这样式中的 $2K_cL$ 应改写为 $\int_{-L}^{L}K_c(z)\mathrm{d}z$，即式(9-3-7)可写为

$$\begin{bmatrix} B_1 \\ B_2 \end{bmatrix} = \begin{bmatrix} t & \mathrm{i}\kappa \\ \mathrm{i}\kappa & t \end{bmatrix} \begin{bmatrix} A_1 \\ A_2 \end{bmatrix} \tag{9-3-8}$$

式中

$$\kappa = \sin\left[\int_{-L}^{L} K_c(z)\,\mathrm{d}z\right] \tag{9-3-9}$$

$$t = \cos\left[\int_{-L}^{L} K_c(z)\,\mathrm{d}z\right] \tag{9-3-10}$$

其中 κ 和 t 分别称为振幅耦合系数和振幅透射系数,式(9-3-8)是直波导和弯曲波导的振幅耦合方程。

2. 单环谐振器的传递函数

下面考虑一个平行耦合型的单环谐振器,如图 9-6 所示。设微环半径为 R,上下信道的长度均为 $2L$;微环与上信道耦合时振幅耦合系数和振幅透射系数分别为 κ_1、t_1,与下信道耦合时的系数分别为 κ_2、t_2;输入振幅和输出振幅分别为 A_i 和 B_i $(i=0,1,2,3,4,5)$;信道波导与微环波导的振幅传输损耗分别为 α_L 和 α_R。

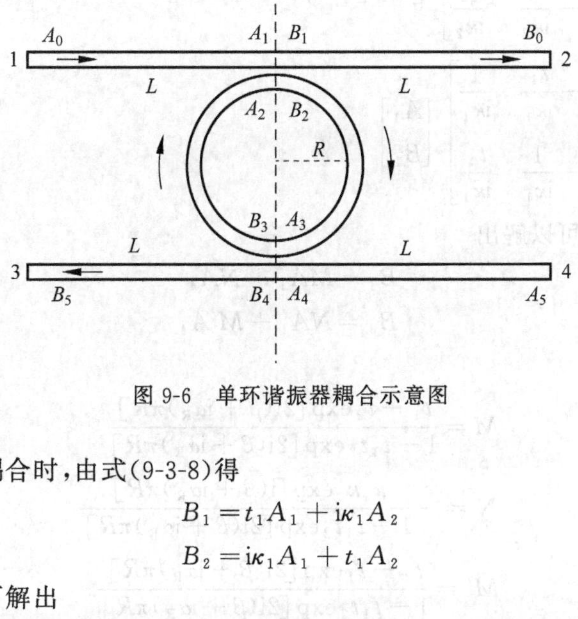

图 9-6 单环谐振器耦合示意图

微环与上信道耦合时,由式(9-3-8)得

$$B_1 = t_1 A_1 + \mathrm{i}\kappa_1 A_2 \tag{9-3-11}$$

$$B_2 = \mathrm{i}\kappa_1 A_1 + t_1 A_2 \tag{9-3-12}$$

根据以上两式可解出

$$A_2 = -\frac{t_1}{\mathrm{i}\kappa_1} A_1 + \frac{1}{\mathrm{i}\kappa_1} B_1 \tag{9-3-13}$$

$$B_2 = -\frac{1}{\mathrm{i}\kappa_1} A_1 + \frac{t_1}{\mathrm{i}\kappa_1} B_1 \tag{9-3-14}$$

把以上两式写成矩阵的形式,有

$$\begin{bmatrix} A_2 \\ B_2 \end{bmatrix} = \begin{bmatrix} \dfrac{t_1}{\mathrm{i}\kappa_1} & \dfrac{1}{\mathrm{i}\kappa_1} \\ -\dfrac{1}{\mathrm{i}\kappa_1} & \dfrac{t_1}{\mathrm{i}\kappa_1} \end{bmatrix} \begin{bmatrix} A_1 \\ B_1 \end{bmatrix} \tag{9-3-15}$$

对于微环与下信道的耦合,同理可得

$$\begin{bmatrix}A_4\\B_4\end{bmatrix}=\begin{bmatrix}-\dfrac{t_2}{\mathrm{i}\kappa_2} & \dfrac{1}{\mathrm{i}\kappa_2}\\ -\dfrac{1}{\mathrm{i}\kappa_2} & \dfrac{t_2}{\mathrm{i}\kappa_2}\end{bmatrix}\begin{bmatrix}A_3\\B_3\end{bmatrix} \tag{9-3-16}$$

根据信号在微环内的传输情况,得

$$A_3=B_2\exp[\mathrm{i}(\beta+\mathrm{i}\alpha_{\mathrm{R}})\pi R] \tag{9-3-17}$$

$$A_2=B_3\exp[\mathrm{i}(\beta+\mathrm{i}\alpha_{\mathrm{R}})\pi R] \tag{9-3-18}$$

即

$$\begin{bmatrix}A_3\\B_3\end{bmatrix}=\begin{bmatrix}0 & \exp[\mathrm{i}(\beta+\mathrm{i}\alpha_{\mathrm{R}})\pi R]\\ \exp[-\mathrm{i}(\beta+\mathrm{i}\alpha_{\mathrm{R}})\pi R] & 0\end{bmatrix}\begin{bmatrix}A_2\\B_2\end{bmatrix} \tag{9-3-19}$$

联立式(9-3-16)、式(9-3-19)和式(9-3-15),得

$$\begin{bmatrix}A_4\\B_4\end{bmatrix}=\begin{bmatrix}-\dfrac{t_2}{\mathrm{i}\kappa_2} & \dfrac{1}{\mathrm{i}\kappa_2}\\ -\dfrac{1}{\mathrm{i}\kappa_2} & \dfrac{t_2}{\mathrm{i}\kappa_2}\end{bmatrix}\begin{bmatrix}0 & \exp[\mathrm{i}(\beta+\mathrm{i}\alpha_{\mathrm{R}})\pi R]\\ \exp[-\mathrm{i}(\beta+\mathrm{i}\alpha_{\mathrm{R}})\pi R] & 0\end{bmatrix}\begin{bmatrix}-\dfrac{t_1}{\mathrm{i}\kappa_1} & \dfrac{1}{\mathrm{i}\kappa_1}\\ -\dfrac{1}{\mathrm{i}\kappa_1} & \dfrac{t_1}{\mathrm{i}\kappa_1}\end{bmatrix}\begin{bmatrix}A_1\\B_1\end{bmatrix} \tag{9-3-20}$$

根据式(9-3-20)可以解出

$$B_1=MA_1+NA_4 \tag{9-3-21}$$

$$B_4=NA_1+M'A_4 \tag{9-3-22}$$

式中

$$M=\frac{t_1-t_2\exp[2\mathrm{i}(\beta+\mathrm{i}\alpha_{\mathrm{R}})\pi R]}{1-t_1t_2\exp[2\mathrm{i}(\beta+\mathrm{i}\alpha_{\mathrm{R}})\pi R]} \tag{9-3-23}$$

$$N=-\frac{\kappa_1\kappa_2\exp[\mathrm{i}(\beta+\mathrm{i}\alpha_{\mathrm{R}})\pi R]}{1-t_1t_2\exp[2\mathrm{i}(\beta+\mathrm{i}\alpha_{\mathrm{R}})\pi R]} \tag{9-3-24}$$

$$M'=\frac{t_2-t_1\exp[2\mathrm{i}(\beta+\mathrm{i}\alpha_{\mathrm{R}})\pi R]}{1-t_1t_2\exp[2\mathrm{i}(\beta+\mathrm{i}\alpha_{\mathrm{R}})\pi R]} \tag{9-3-25}$$

当 $A_4=0$,即下信道无输出信号时,利用式(9-3-21)~式(9-3-24),得

$$\frac{B_1}{A_1}=\frac{t_1-t_2\exp[2\mathrm{i}(\beta+\mathrm{i}\alpha_{\mathrm{R}})\pi R]}{1-t_1t_2\exp[2\mathrm{i}(\beta+\mathrm{i}\alpha_{\mathrm{R}})\pi R]} \tag{9-3-26}$$

$$\frac{B_4}{A_1}=-\frac{\kappa_1\kappa_2\exp[\mathrm{i}(\beta+\mathrm{i}\alpha_{\mathrm{R}})\pi R]}{1-t_1t_2\exp[2\mathrm{i}(\beta+\mathrm{i}\alpha_{\mathrm{R}})\pi R]} \tag{9-3-27}$$

考虑到 A_1 与 A_0、B_0 与 B_1、B_5 与 B_4 存在如下的关系

$$A_1=A_0\exp[\mathrm{i}(\beta+\mathrm{i}\alpha_{\mathrm{L}})L] \tag{9-3-28}$$

$$B_0=B_1\exp[\mathrm{i}(\beta+\mathrm{i}\alpha_{\mathrm{L}})L] \tag{9-3-29}$$

$$B_5=B_4\exp[\mathrm{i}(\beta+\mathrm{i}\alpha_{\mathrm{L}})L] \tag{9-3-30}$$

从式(9-3-26)~式(9-3-30),得端口 1 到端口 2、端口 1 到端口 3 的振幅传递函数为

$$U=\frac{B_0}{A_0}=\frac{t_1-t_2\exp[2\mathrm{i}(\beta+\mathrm{i}\alpha_R)\pi R]}{1-t_1t_2\exp[2\mathrm{i}(\beta+\mathrm{i}\alpha_R)\pi R]}\exp[2\mathrm{i}(\beta+\mathrm{i}\alpha_L)L] \tag{9-3-31}$$

$$V=\frac{B_5}{A_0}=-\frac{\kappa_1\kappa_2\exp[\mathrm{i}(\beta+\mathrm{i}\alpha_R)\pi R]}{1-t_1t_2\exp[2\mathrm{i}(\beta+\mathrm{i}\alpha_R)\pi R]}\exp[2\mathrm{i}(\beta+\mathrm{i}\alpha_L)L] \tag{9-3-32}$$

由此得到相应的光强传递函数为 $|U|^2$ 和 $|V|^2$。对于无损耗的情况，$\alpha_L=\alpha_R=0$，光强传递函数为

$$|U|^2=\frac{t_1^2+t_2^2-2t_1t_2\cos(2\beta\pi R)}{1+t_1^2t_2^2-2t_1t_2\cos(2\beta\pi R)} \tag{9-3-33}$$

$$|V|^2=\frac{\kappa_1^2\kappa_2^2}{1+t_1^2t_2^2-2t_1t_2\cos(2\beta\pi R)} \tag{9-3-34}$$

从以上两式可得 $|U|^2+|V|^2=1$，说明在无损耗的情况下，器件的输入和输出功率守恒。

3. 单环谐振器的输出透射谱

若光强传递函数用 dB 表示，即 $T_T=10\lg(|U|^2)$，$T_D=10\lg(|V|^2)$，则称为 T_T 和 T_D 分别为上信道直通端和下信道下路端的输出透射谱。根据这一定义，下面分析下路端输出透射谱随波长的变化关系，并讨论耦合系数、微环损耗等对输出透射谱的影响，这里选微环半径 $R=13.61\mu m$，波导有效折射率 $n_c=1.45$。

图 9-7 表示信道波导和微环波导无损耗，$\kappa_1=\kappa_2=\kappa=0.1$、0.2、0.3 的情况下，下路端的输出透射谱。从图可以看出：在无损耗情况下，κ 越大，透射谱的通带宽度越大，串扰越大；反之，通带宽度越小，串扰也越小，但考虑到信号波长的漂移，κ 也不能太小，一般取 $0.1<\kappa<0.2$。另外，此谐振器的 FSR=19nm，其大小与振幅耦合系数无关，且与式(9-3-5)计算出的结果一致。

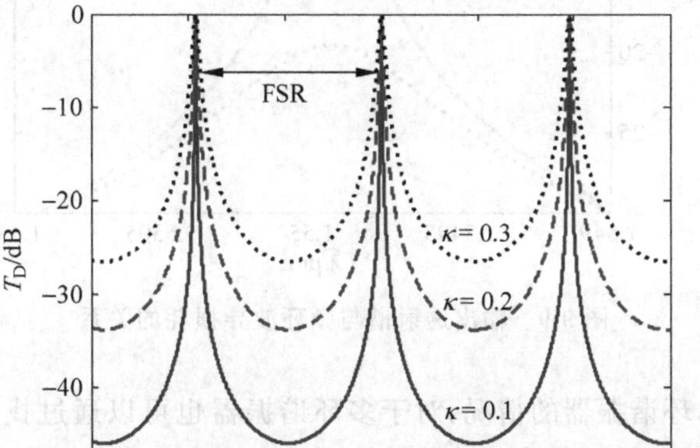

图 9-7 无损耗时输出透射谱与振幅耦合系数的关系

图 9-8 表示信道波导和微环波导无损耗，$\kappa_1=0.1$，$\kappa_2=0.1$、0.2、0.3 情况下，下路端的输出透射谱。从图可以看出：当 $\kappa_1=\kappa_2$ 时透射谱谐振波长的峰值可以达到最大值，而当 $\kappa_1\neq\kappa_2$ 时谐振波长的峰值不能达到最大值，随着二振幅耦合系数差距的增大，谐振波长的峰值变小，因此应尽量减小非对称耦合。

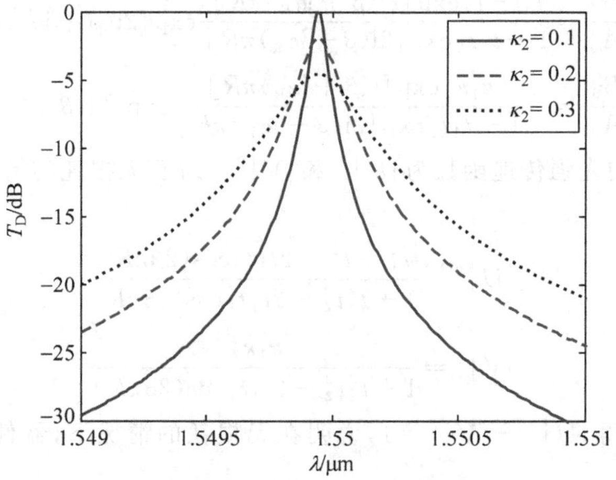

图 9-8 无损耗时输出透射谱与非对称耦合的关系

图 9-9 表示波导无损耗，微环损耗 $\alpha_R=0$、$1\times10^{-4}\ \mu m^{-1}$、$1\times10^{-3}\ \mu m^{-1}$，$\kappa_1=\kappa_2=0.1$ 的情况下，下路端的输出透射谱。从图可以看出：随着损耗的增大，透射谱中谐振波长的峰值变小，因此减小微环的弯曲损耗对于获得高性能的微环谐振器至关重要。

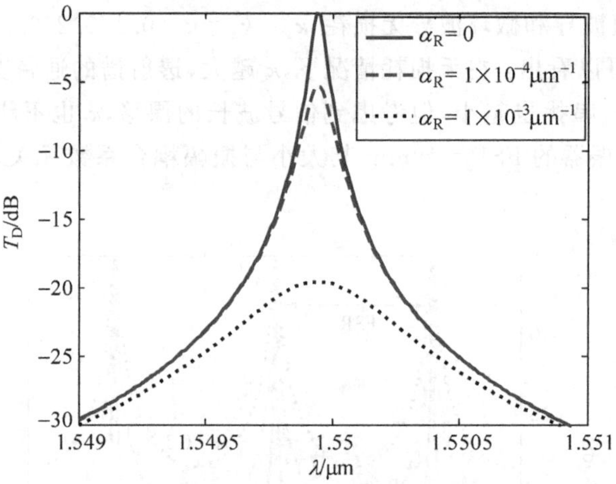

图 9-9 输出透射谱与微环波导损耗的关系

上面仅讨论了单环谐振器的情况，对于多环谐振器也可以通过找出输入和输出之间的振幅和光强传递函数，再分析其输出透射谱特性的方法进行类似的研究，这里不再赘述。一般来说，通过设计可使多环谐振器比单环谐振器具有更好的滤波特性和更大的自由光谱范围。

9.3.4 微环谐振器的应用

1. 微环滤波器

通过对微环谐振器透射谱的分析，可看到：上信道输入的信号中只有满足谐振波长的光能从下信道输出，因此微环谐振器具有滤波功能。一般来讲，对于某一具体波长的滤波可以通过调整微环的半径实现，而可调谐滤波功能可以通过电光、热光和声光等效应改变微环的波导折射率，进而改变谐振波长的方法实现。

2. 波分复用器

如图 9-10 所示，半径为 R_1、R_2、R_3、R_4 的微环相应的谐振波长分别为 λ_1、λ_2、λ_3、λ_4，波长间隔为 $\Delta\lambda$，则从上信道输入含有波长 λ_1、λ_2、λ_3、λ_4 的复合光会分别从不同的竖直信道输出，这样就完成了光信号的解复用。反之，若波长 λ_1、λ_2、λ_3、λ_4 的信号光分别从相应的竖直信道输入，经过微环耦合后，在上信道会输出这些波长的复合光，从而实现了光信号的复用。

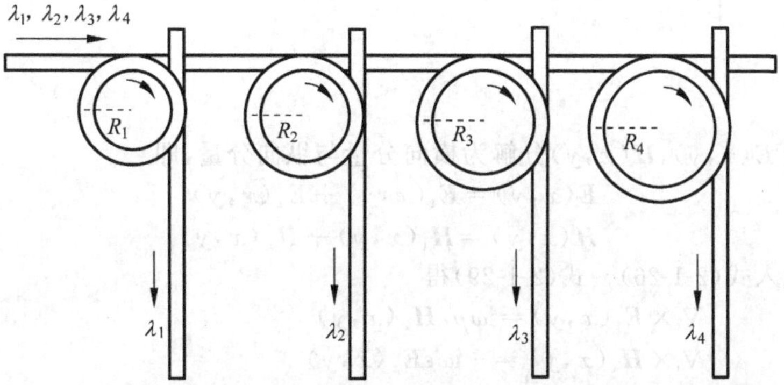

图 9-10　微环谐振器型波分复用器

3. 微环传感器

微环传感器是利用物理量的变化导致微环波导有效折射率的改变，从而改变微环谐振峰的位置，通过测量谐振峰波长的移动或测量给定波长光强的变化都可以实现被测物理量的检测。测量谐振峰波长移动的方法具有动态范围大的优点，可以实现较大范围的检测，缺点是需要高精度的光谱分析仪，提高了检测成本。而测量给定波长光强变化的方法的优点是灵敏度高，成本低，缺点是易受外界干扰，需要频率和功率稳定的光源。

利用微环谐振器作为传感器的优点是：尺寸小、稳定性和灵敏度高、被检测物质用量小。目前使用这种器件已实现了多种物理量的检测，如微波电场、位移、加速度、应力和生物化学量等。

另外，微环谐振器除了用于制作滤波器、波分复用器和传感器之外，还可以制作激光器、调制器和光开关等。随着集成光学的发展和微钠加工工艺进一步成熟，微环谐振器的应用还会更加广泛。

附录Ⅰ 模式场的纵向分量与横向分量之间关系的推导

APPENDIX Ⅰ

把模式场$\boldsymbol{E}(x,y)$、$\boldsymbol{H}(x,y)$分解为横向分量与纵向分量，即

$$\boldsymbol{E}(x,y)=\boldsymbol{E}_{\mathrm{t}}(x,y)+\boldsymbol{E}_{z}(x,y) \tag{Ⅰ-1}$$

$$\boldsymbol{H}(x,y)=\boldsymbol{H}_{\mathrm{t}}(x,y)+\boldsymbol{H}_{z}(x,y) \tag{Ⅰ-2}$$

把以上两式代入式(2-1-26)～式(2-1-29)得

$$\nabla_{\mathrm{t}}\times\boldsymbol{E}_{\mathrm{t}}(x,y)=\mathrm{i}\omega\mu_0\boldsymbol{H}_{z}(x,y) \tag{Ⅰ-3}$$

$$\nabla_{\mathrm{t}}\times\boldsymbol{H}_{\mathrm{t}}(x,y)=-\mathrm{i}\omega\varepsilon\boldsymbol{E}_{z}(x,y) \tag{Ⅰ-4}$$

$$\nabla_{\mathrm{t}}\times\boldsymbol{E}_{z}(x,y)+\mathrm{i}\beta\hat{\boldsymbol{z}}\times\boldsymbol{E}_{\mathrm{t}}(x,y)=\mathrm{i}\omega\mu_0\boldsymbol{H}_{\mathrm{t}}(x,y) \tag{Ⅰ-5}$$

$$\nabla_{\mathrm{t}}\times\boldsymbol{H}_{z}(x,y)+\mathrm{i}\beta\hat{\boldsymbol{z}}\times\boldsymbol{H}_{\mathrm{t}}(x,y)=-\mathrm{i}\omega\varepsilon\boldsymbol{E}_{\mathrm{t}}(x,y) \tag{Ⅰ-6}$$

考虑到

$$\nabla_{\mathrm{t}}\times\boldsymbol{E}_{z}(x,y)=\nabla_{\mathrm{t}}\times[E_{z}(x,y)\hat{\boldsymbol{z}}]=-\hat{\boldsymbol{z}}\times\nabla_{\mathrm{t}}E_{z}(x,y)$$

式(Ⅰ-5)可以改写成

$$\mathrm{i}\beta\hat{\boldsymbol{z}}\times\boldsymbol{E}_{\mathrm{t}}(x,y)-\mathrm{i}\omega\mu_0\boldsymbol{H}_{\mathrm{t}}(x,y)=\hat{\boldsymbol{z}}\times\nabla_{\mathrm{t}}E_{z}(x,y) \tag{Ⅰ-7}$$

同理式(Ⅰ-6)也可以写成

$$\mathrm{i}\beta\hat{\boldsymbol{z}}\times\boldsymbol{H}_{\mathrm{t}}(x,y)+\mathrm{i}\omega\varepsilon\boldsymbol{E}_{\mathrm{t}}(x,y)=\hat{\boldsymbol{z}}\times\nabla_{\mathrm{t}}H_{z}(x,y) \tag{Ⅰ-8}$$

把式(Ⅰ-7)两边用$\hat{\boldsymbol{z}}$叉乘得

$$\mathrm{i}\beta\hat{\boldsymbol{z}}\times[\hat{\boldsymbol{z}}\times\boldsymbol{E}_{\mathrm{t}}(x,y)]-\mathrm{i}\omega\mu_0\hat{\boldsymbol{z}}\times\boldsymbol{H}_{\mathrm{t}}(x,y)=\hat{\boldsymbol{z}}\times[\hat{\boldsymbol{z}}\times\nabla_{\mathrm{t}}E_{z}(x,y)]$$

利用$\boldsymbol{c}\times(\boldsymbol{a}\times\boldsymbol{b})=-(\boldsymbol{c}\cdot\boldsymbol{a})\boldsymbol{b}+(\boldsymbol{c}\cdot\boldsymbol{b})\boldsymbol{a}$上式可以写成

$$-\mathrm{i}\beta\boldsymbol{E}_{\mathrm{t}}(x,y)-\mathrm{i}\omega\mu_0\hat{\boldsymbol{z}}\times\boldsymbol{H}_{\mathrm{t}}(x,y)=-\nabla_{\mathrm{t}}E_{z}(x,y) \tag{Ⅰ-9}$$

从式(Ⅰ-8)得

$$\hat{\boldsymbol{z}}\times\boldsymbol{H}_{\mathrm{t}}(x,y)=\frac{1}{\mathrm{i}\beta}[\hat{\boldsymbol{z}}\times\nabla_{\mathrm{t}}H_{z}(x,y)-\mathrm{i}\omega\varepsilon E_{\mathrm{t}}(x,y)]$$

把它代入式(Ⅰ-9)得

$$-\mathrm{i}\beta\boldsymbol{E}_{\mathrm{t}}(x,y)-\frac{\omega\mu_0}{\beta}[\hat{\boldsymbol{z}}\times\nabla_{\mathrm{t}}H_{z}(x,y)-\mathrm{i}\omega\varepsilon\boldsymbol{E}_{\mathrm{t}}(x,y)]=-\nabla_{\mathrm{t}}E_{z}(x,y)$$

所以横向电场可以表示为

$$\boldsymbol{E}_{\mathrm{t}}(x,y)=\frac{\mathrm{i}}{\omega^2\mu_0\varepsilon-\beta^2}[-\omega\mu_0\hat{\boldsymbol{z}}\times\nabla_{\mathrm{t}}H_{z}(x,y)+\beta\nabla_{\mathrm{t}}E_{z}(x,y)] \tag{Ⅰ-10}$$

同理，可得横向磁场的表示式为

$$\boldsymbol{H}_{\mathrm{t}}(x,y)=\frac{\mathrm{i}}{\omega^2\mu_0\varepsilon-\beta^2}[\omega\varepsilon\hat{\boldsymbol{z}}\times\nabla_{\mathrm{t}}E_{z}(x,y)+\beta\nabla_{\mathrm{t}}H_{z}(x,y)] \tag{Ⅰ-11}$$

附录Ⅱ 古斯-汉欣位移的推导

APPENDIX Ⅱ

设入射波为单色波，由入射角分别为 $\theta_1-\Delta\theta_1$ 和 $\theta_1+\Delta\theta_1$ 的两束等幅平面波组成。注意，虽然这时的入射波不是理想平面波，但我们可以认为组成它的两束等幅平面波都是理想平面波的一部分，因而满足反射定律。这两束平面波相应波矢的 z 分量分别为 $k_z-\Delta k_z$，$k_z+\Delta k_z$，若用 β 来表示 k_z，$\Delta\beta$ 表示 Δk_z，则有 $\beta=n_1k_0\sin\theta_1$，$\Delta\beta=n_1k_0\cos\theta_1\cdot\Delta\theta_1$，这时入射波在 $x=0$，任意一点 z 处的场为

$$\boldsymbol{E}_i=E_1\mathrm{e}^{\mathrm{i}(\beta-\Delta\beta)z}+E_1\mathrm{e}^{\mathrm{i}(\beta+\Delta\beta)z}=E_1\mathrm{e}^{\mathrm{i}\beta z}(\mathrm{e}^{-\mathrm{i}\Delta\beta z}+\mathrm{e}^{\mathrm{i}\Delta\beta z})=2E_1\mathrm{e}^{\mathrm{i}\beta z}\cos(\Delta\beta z) \tag{Ⅱ-1}$$

可以看出，当入射光线不平行的时候，在反射面上形成了一幅干涉图样。

同理，在 z 点处反射波的场为

$$E_r=E_1\mathrm{e}^{\mathrm{i}(\beta-\Delta\beta)z-\mathrm{i}2(\phi_{12}-\Delta\phi_{12})}+E_1\mathrm{e}^{\mathrm{i}(\beta+\Delta\beta)z-\mathrm{i}2(\phi_{12}+\Delta\phi_{12})}=2E_1\mathrm{e}^{\mathrm{i}(\beta z-2\phi_{12})}\cos(\Delta\beta z-2\Delta\phi_{12})$$

这里的 ϕ_{12} 代表 ϕ_{TE} 或 ϕ_{TM}。应该注意，对于具体的波导和一定频率的入射光，ϕ_{12}、β 都是 θ_1 的函数，所以 $\Delta\phi_{12}=\dfrac{\partial\phi_{12}}{\partial\beta}\Delta\beta$，这时上式可以重写成

$$E_r=2E_1\mathrm{e}^{\mathrm{i}(\beta z-2\phi_{12})}\cos\left(\Delta\beta z-2\frac{\partial\phi_{12}}{\partial\beta}\Delta\beta\right)=2E_1\mathrm{e}^{\mathrm{i}(\beta z-2\phi_{12})}\cos\left[\Delta\beta\left(z-2\frac{\partial\phi_{12}}{\partial\beta}\right)\right] \tag{Ⅱ-2}$$

比较 E_i 与 E_r 的表达式可知，反射波沿 z 轴的干涉图样有一个平移，振幅极值点从 $z=0$，移到了 $z=2\dfrac{\partial\phi_{12}}{\partial\beta}$处，因此位移 $2\dfrac{\partial\phi_{12}}{\partial\beta}$为古斯-汉欣位移。此位移的 1/2 为 $z_\mathrm{s}=\dfrac{\partial\phi_{12}}{\partial\beta}$，故

$$z_\mathrm{s}=\frac{\partial\phi_{12}}{\partial\theta_1}\frac{\partial\theta_1}{\partial\beta}=\frac{1}{n_1k_0\cos\theta_1}\frac{\partial\phi_{12}}{\partial\theta_1} \tag{Ⅱ-3}$$

对 TE 波，由 $\tan\phi_{12}=\dfrac{\sqrt{n_1^2\sin^2\theta_1-n_2^2}}{n_1\cos\theta_1}$，得

$$\frac{\partial\phi_{12}}{\partial\theta_1}=\frac{n_1\sin\theta_1}{\sqrt{n_1^2\sin^2\theta_1-n_2^2}}$$

把它代入式(Ⅱ-3)得

$$z_\mathrm{s}=\frac{\tan\theta_1}{\alpha} \tag{Ⅱ-4}$$

这里

$$\alpha = k_0 \sqrt{n_1^2 \sin^2\theta_1 - n_2^2} \tag{Ⅱ-5}$$

同理对 TM 波有

$$z_s = \frac{n_2^2}{n_1^2 \sin^2\theta_1 - n_2^2 \cos^2\theta_1} \frac{\tan\theta_1}{\alpha} \tag{Ⅱ-6}$$

附录Ⅲ 平面波导传播常数和场分布的计算程序

APPENDIX Ⅲ

计算芯区、衬底和包层折射率分别为 $n_1=1.62$、$n_2=1.515$ 和 $n_2=1$，芯区厚度为 $w=5$ μm 三层均匀平面波导 TE_0、TE_1、TE_2 和 TE_3 模的传播常数和场分布，其中入射光的波长为 1550nm。其 MATLAB 程序如下：

程序 1

```
m = 0;

w = 5;
n1 = 1.62;
n2 = 1.515;
n3 = 1;
lambda = 1.55;
k0 = 2 * pi/lambda;

beta = (n2 + 0.0001) * k0:0.0001 * k0:(n1 - 0.0001) * k0;
k = (n1^2 * k0^2 - beta.^2).^(1/2);
P = (beta.^2 - n2^2 * k0^2).^(1/2);
q = (beta.^2 - n3^2 * k0^2).^(1/2);
y = - k * w + m * pi + atan(P./k) + atan(q./k);
plot(beta, y)
grid on
```

程序 2

```
beta = fzero('slab_waveguide',[6.18,6.2]);
N = beta/k0;
k = (n1^2 * k0^2 - beta^2)^(1/2);
P = (beta^2 - n2^2 * k0^2)^(1/2);
q = (beta^2 - n3^2 * k0^2)^(1/2);
fai = atan(q/k);

x1 = -5:0.1: 0;
x2 = -10:0.1: -5;
x3 = 0:0.1:5;
Ey_core = cos(k * x1 + fai);
Ey_substrate = cos(k * w - fai) * exp(P * (x2 + w));
Ey_cladding = cos(fai) * exp( - q * x3);
```

```
plot(x1,Ey_core,'r',x2,Ey_substrate,'k',x3,Ey_cladding,'b','linewidth',2)
set(gca,'FontSize',16);
axis([ - 10 5  - 1.1 1.1])
xlabel('\fontsize{18}x(\mum)')
ylabel('\fontsize{18}\itE_{y}')

grid on
```

程序 3

```
function y = slab_waveguide(beta)
m = 0;

w = 5;
n1 = 1.62;
n2 = 1.515;
n3 = 1;
lambda = 1.55;
k0 = 2 * pi/lambda;

k = (n1^2 * k0^2 - beta.^2).^(1/2);
P = (beta.^2 - n2^2 * k0^2).^(1/2);
q = (beta.^2 - n3^2 * k0^2).^(1/2);
y = - k * w + m * pi + atan(P./k) +  atan(q./k);
```

附录Ⅳ 矩形波导中的导模模式

APPENDIX Ⅳ

由模式场纵向分量与横向分量之间的关系式(2-1-32)～(2-1-35)，可以得到模式场的六个分量为E_x，E_y，E_z，H_x，H_y，H_z之间的关系为

$$\frac{\partial E_y}{\partial x}-\frac{\partial E_x}{\partial y}=\mathrm{i}\omega\mu_0 H_z \tag{Ⅳ-1}$$

$$\frac{\partial H_y}{\partial x}-\frac{\partial H_x}{\partial y}=-\mathrm{i}\omega\varepsilon E_z \tag{Ⅳ-2}$$

$$\frac{\partial E_z}{\partial y}-\mathrm{i}\beta E_y=\mathrm{i}\omega\mu_0 H_x \tag{Ⅳ-3}$$

$$\mathrm{i}\beta E_x-\frac{\partial E_z}{\partial x}=\mathrm{i}\omega\mu_0 H_y \tag{Ⅳ-4}$$

$$\frac{\partial H_z}{\partial y}-\mathrm{i}\beta H_y=-\mathrm{i}\omega\varepsilon E_x \tag{Ⅳ-5}$$

$$\mathrm{i}\beta H_x-\frac{\partial H_z}{\partial x}=-\mathrm{i}\omega\varepsilon E_y \tag{Ⅳ-6}$$

若$H_x=0$，则式(Ⅳ-2)、式(Ⅳ-3)和式(Ⅳ-6)可以变成

$$\frac{\partial H_y}{\partial x}=-\mathrm{i}\omega\varepsilon E_z \tag{Ⅳ-7}$$

$$\frac{\partial E_z}{\partial y}-\mathrm{i}\beta E_y=0 \tag{Ⅳ-8}$$

$$\frac{\partial H_z}{\partial x}=\mathrm{i}\omega\varepsilon E_y \tag{Ⅳ-9}$$

由式(Ⅳ-7)得

$$E_z=\frac{\mathrm{i}}{\omega\varepsilon}\frac{\partial H_y}{\partial x} \tag{Ⅳ-10}$$

由式(Ⅳ-8)并利用上式得

$$E_y=\frac{1}{\omega\beta\varepsilon}\frac{\partial^2 H_y}{\partial x\partial y} \tag{Ⅳ-11}$$

由式(Ⅳ-4)和式(Ⅳ-10)得

$$E_x=\frac{-1}{\omega\beta\varepsilon}\frac{\partial^2 H_y}{\partial x^2}+\frac{\omega\mu_0}{\beta}H_y \tag{Ⅳ-12}$$

把式(Ⅳ-11)和式(Ⅳ-12)代入式(Ⅳ-1)得

$$H_z = \frac{\mathrm{i}}{\beta}\frac{\partial H_y}{\partial y} \tag{Ⅳ-13}$$

对于弱导情况下的矩形波导,场分量二阶以上的变化率可以忽略不计,这时式(Ⅳ-10)~式(Ⅳ-13)可进一步写为

$$E_z = \frac{\mathrm{i}}{\omega\varepsilon}\frac{\partial H_y}{\partial x} \tag{Ⅳ-14}$$

$$E_y = 0 \tag{Ⅳ-15}$$

$$E_x = \frac{\omega\mu_0}{\beta}H_y \tag{Ⅳ-16}$$

$$H_z = \frac{\mathrm{i}}{\beta}\frac{\partial H_y}{\partial y} \tag{Ⅳ-17}$$

从上面的公式可见,当 $H_x=0$ 时,矩形波导中模式场的电磁场分量有如下的特点:E_x 和 H_y 是主要的电磁场分量,它们的值最大,纵向分量 E_z 和 H_z 较小,而 E_y 更小。由于这种模式场的电场矢量近似指向 x 方向,它被称为 E_{mn}^x 模式。

同理,当 $H_y=0$ 时,我们还可以推出矩形波导中存在 E_{mn}^y 模式,它的电场矢量近似指向 y 方向,它的电磁场分量主要是 E_y 和 H_x,纵向分量 E_z 和 H_z 较小,而 H_y 更小。

一般情况下,模式场中既有 E_{mn}^x 模式又有 E_{mn}^y 模式,所以总的模式场是 E_{mn}^x 和 E_{mn}^y 场的线性组合。

附录Ⅴ APPENDIX Ⅴ 矩形波导传播常数和场分布的计算程序

计算芯区和包层折射率分别为 $n_1=1.4549$、$n_2=1.4440$，芯区尺寸为 6μm×6μm 的埋入形矩形波导 E_{11}^x 模的传播常数和场分布的 MATLAB 程序，其中入射光的波长为 1550nm。

程序 1

```
m = 1;
a2 = 6;
n1 = 1.4549;
n2 = 1.4440;
lambda = 1.55;
k0 = 2 * pi/lambda;
betax = (1.4440 + 0.0001) * k0:0.0001 * k0:(1.4549 - 0.0001) * k0;
kx = (n1^2 * k0^2 - betax.^2).^(1/2);
px = (betax.^2 - n2^2 * k0^2).^(1/2);
y = - kx * a2 + (m - 1) * pi + 2 * atan(n1^2/n2^2 * px./kx);
plot(betax,y)
```

程序 2

```
n = 1;
b2 = 6;
n1 = 1.4549;
n2 = 1.4440;
lambda = 1.55;
k0 = 2 * pi/lambda;
betay = (1.4440 + 0.0001) * k0:0.0001 * k0:(1.4549 - 0.0001) * k0;
ky = (n1^2 * k0^2 - betay.^2).^(1/2);
py = (betay.^2 - n2^2 * k0^2).^(1/2);
y = - ky * b2 + (n - 1) * pi + 2 * atan(py./ky);
plot(betay,y)
```

程序 3

```
lambda = 1.55;
a = 3;
b = 3;
n1 = 1.4549;
```

```
n2 = 1.4440;
k0 = 2 * pi/lambda;
betax = fzero('rectangular1_x',[5.88,5.895])
betay = fzero('rectangular1_y',[5.88,5.895])
beta = (betax^2 + betay^2 - k0^2 * n1^2)^(1/2)
N = (betax^2 + betay^2 - k0^2 * n1^2)^(1/2)/k0
kx = (n1^2 * k0^2 - betax^2)^(1/2)
ky = (n1^2 * k0^2 - betay^2)^(1/2)
px = (betax^2 - n2^2 * k0^2)^(1/2)
py = (betay^2 - n2^2 * k0^2)^(1/2)
qx = (betax^2 - n2^2 * k0^2)^(1/2)
qy = (betay^2 - n2^2 * k0^2)^(1/2)
[x,y] = meshgrid( - 3:0.5:3);
Ex = cos(kx. * x). * cos(ky. * y);
mesh(x,y,Ex)
hold on
[x,y] = meshgrid( - 3:0.5:3,3:0.5:12);
Ex = cos(ky * b) * cos(kx. * x). * exp( - py. * (y - b));
mesh(x,y,Ex)
hold on
[x,y] = meshgrid(3:0.5:12, - 3:0.5:3);
Ex = n1^2/n2^2 * cos(kx * a) * exp( - px. * (x - a)). * cos(ky. * y);
mesh(x,y,Ex)
hold on
[x,y] = meshgrid( - 3:0.5:3, - 3: - 0.5: - 12);
Ex = cos(ky * b) * cos(kx. * x). * exp(py. * (y + b));
mesh(x,y,Ex)
hold on
[x,y] = meshgrid( - 3: - 0.5: - 12, - 3:0.5:3);
Ex = n1^2/n2^2 * cos(kx * a) * exp(px. * (x + a)). * cos(ky. * y);
mesh(x,y,Ex)
hold on
[x,y] = meshgrid( - 3: - 0.5: - 12,3:0.5:12);
Ex = n1^2/n2^2 * cos(kx * a) * cos(ky * b) * exp(px. * (x + a)). * exp( - py. * (y - b));
mesh(x,y,Ex)
hold on
[x,y] = meshgrid(3:0.5:12,3:0.5:12);
Ex = n1^2/n2^2 * cos(kx * a) * cos(ky * b) * exp( - px. * (x - a)). * exp( - py. * (y - b));
mesh(x,y,Ex)
hold on
[x,y] = meshgrid(3:0.5:12, - 3: - 0.5: - 12);
Ex = n1^2/n2^2 * cos(kx * a) * cos(ky * b) * exp( - px. * (x - a)). * exp(py. * (y + b));
mesh(x,y,Ex)
hold on
[x,y] = meshgrid( - 3: - 0.5: - 12, - 3: - 0.5: - 12);
Ex = n1^2/n2^2 * cos(kx * a) * cos(ky * b) * exp(px. * (x + a)). * exp(py. * (y + b));
mesh(x,y,Ex)
colormap([0,0,0])
axis([ - 12,12, - 12,12, - 0.5,1])
xlabel('\fontsize{12}x(\mum)')
ylabel('\fontsize{12}y(\mum)')
```

```
zlabel('\fontsize{18}\itE_{x}')
```

程序 4

```
function y = rectangular1_x(betax)
m = 1;
a2 = 6;
n1 = 1.4549;
n2 = 1.4440;
lambda = 1.55;
k0 = 2 * pi/lambda;
kx = (n1^2 * k0^2 - betax.^2).^(1/2);
px = (betax.^2 - n2^2 * k0^2).^(1/2);
y = - kx * a2 + (m - 1) * pi + 2 * atan(n1^2/n2^2 * px./kx);
```

程序 5

```
function y = rectangular1_y(betay)
n = 1;
b2 = 6;
n1 = 1.4549;
n2 = 1.4440;
lambda = 1.55;
k0 = 2 * pi/lambda;
ky = (n1^2 * k0^2 - betay.^2).^(1/2);
py = (betay.^2 - n2^2 * k0^2).^(1/2);
y = - ky * b2 + (n - 1) * pi + 2 * atan(py./ky);
```

附录Ⅵ

APPENDIX Ⅵ

脉冲信号基本传输方程的推导

当我们研究的光纤是由均匀、线性且无磁性的介质组成，根据麦克斯韦方程组式(2-1-1)～式(2-1-3)得

$$\nabla\times \boldsymbol{E}=-\mu_0\frac{\partial \boldsymbol{H}}{\partial t} \tag{Ⅵ-1}$$

$$\nabla\times \boldsymbol{H}=\frac{\partial \boldsymbol{D}}{\partial t} \tag{Ⅵ-2}$$

$$\nabla\cdot \boldsymbol{D}=0 \tag{Ⅵ-3}$$

对以上各方程进行傅里叶变换得

$$\nabla\times \boldsymbol{E}(\boldsymbol{r},\omega)=\mathrm{i}\omega\mu_0\boldsymbol{H}(\boldsymbol{r},\omega) \tag{Ⅵ-4}$$

$$\nabla\times \boldsymbol{H}(\boldsymbol{r},\omega)=-\mathrm{i}\omega\boldsymbol{D}(\boldsymbol{r},\omega) \tag{Ⅵ-5}$$

$$\nabla\cdot \boldsymbol{D}(\boldsymbol{r},\omega)=0 \tag{Ⅵ-6}$$

另外，根据 $\boldsymbol{D}(\boldsymbol{r},\omega)=\varepsilon(\omega)\boldsymbol{E}(\boldsymbol{r},\omega)$，式(Ⅵ-5)和式(Ⅵ-6)可以写为

$$\nabla\times \boldsymbol{H}(\boldsymbol{r},\omega)=-\mathrm{i}\omega\varepsilon(\omega)\boldsymbol{E}(\boldsymbol{r},\omega) \tag{Ⅵ-7}$$

$$\nabla\cdot E(\boldsymbol{r},\omega)=0 \tag{Ⅵ-8}$$

取式(Ⅵ-4)的旋度，并利用式(Ⅵ-7)和式(Ⅵ-8)，得

$$\nabla^2\boldsymbol{E}(\boldsymbol{r},\omega)+k_0^2n^2(\omega)\boldsymbol{E}(\boldsymbol{r},\omega)=0 \tag{Ⅵ-9}$$

若在光纤中传输一脉冲信号，此脉冲信号加在一个频率为 ω_0 的载波上，则光纤中的电场可以写为

$$\boldsymbol{E}(\boldsymbol{r},t)=A(z,t)\boldsymbol{E}(x,y)\mathrm{e}^{\mathrm{i}(\beta_0 z-\omega_0 t)} \tag{Ⅵ-10}$$

式中 $A(z,t)$ 为脉冲的复振幅，$\boldsymbol{E}(x,y)$ 为模式场，β_0 是频率 ω_0 对应的传播常数。上式的傅里叶变换为

$$\boldsymbol{E}(\boldsymbol{r},\omega)=\int_{-\infty}^{\infty}\boldsymbol{E}(\boldsymbol{r},t)\mathrm{e}^{\mathrm{i}\omega t}\mathrm{d}t=\int_{-\infty}^{\infty}A(z,t)\boldsymbol{E}(x,y)\mathrm{e}^{\mathrm{i}(\beta_0 z-\omega_0 t)}\mathrm{e}^{\mathrm{i}\omega t}\mathrm{d}t=\mathrm{A}(\boldsymbol{z},\omega-\omega_0)\boldsymbol{E}(x,y)\mathrm{e}^{\mathrm{i}\beta_0 z} \tag{Ⅵ-11}$$

把上式代入式(Ⅵ-9)得

$$[\nabla_t^2+k_0^2n^2(\omega)-\beta_0^2]A(z,\omega-\omega_0)\boldsymbol{E}(x,y)+\left[\mathrm{i}2\beta_0\frac{\partial A(z,\omega-\omega_0)}{\partial z}+\frac{\partial^2 A(z,\omega-\omega_0)}{\partial z^2}\right]\boldsymbol{E}(x,y)=0 \tag{Ⅵ-12}$$

由于 $A(z,\omega-\omega_0)$ 是 z 的缓变函数，所以上式中 $A(z,\omega-\omega_0)$ 对 z 的二阶偏导数可以

忽略，故上式可以简化为

$$[\nabla_t^2+k_0^2n^2(\omega)-\beta_0^2]A(z,\omega-\omega_0)\boldsymbol{E}(x,y)+\mathrm{i}2\beta_0\frac{\partial A(z,\omega-\omega_0)}{\partial z}\boldsymbol{E}(x,y)=0 \tag{Ⅵ-13}$$

上式可以进一步改写为

$$\begin{aligned}&[\nabla_t^2+k_0^2n^2(\omega)-\beta^2]A(z,\omega-\omega_0)\boldsymbol{E}(x,y)+\\&(\beta^2-\beta_0^2)A(z,\omega-\omega_0)\boldsymbol{E}(x,y)+\mathrm{i}2\beta_0\frac{\partial A(z,\omega-\omega_0)}{\partial z}\boldsymbol{E}(x,y)=0\end{aligned} \tag{Ⅵ-14}$$

上式中的 β 是频率 ω 对应的传播常数。根据式(2-1-22)，当传输信号的光纤是阶跃光纤时

$$[\nabla_t^2+k_0^2n^2(\omega)-\beta^2]\boldsymbol{E}(x,y)=0$$

利用上式，式(Ⅵ-14)可以简化为

$$(\beta^2-\beta_0^2)A(z,\omega-\omega_0)+\mathrm{i}2\beta_0\frac{\partial A(z,\omega-\omega_0)}{\partial z}=0$$

对于窄带信号：$\omega-\omega_0\ll\omega_0$，所以 $\beta^2-\beta_0^2=(\beta+\beta_0)(\beta-\beta_0)\approx2\beta_0\Delta\beta$，这样上式可以进一步简化为

$$\Delta\beta A(z,\omega-\omega_0)+\mathrm{i}\frac{\partial A(z,\omega-\omega_0)}{\partial z}=0 \tag{Ⅵ-15}$$

将 β 在 ω_0 附近进行泰勒展开

$$\beta=\beta_0+\beta_1(\omega-\omega_0)+\frac{1}{2}\beta_2(\omega-\omega_0)^2+\cdots \tag{Ⅵ-16}$$

式中 $\beta_1=\partial\beta/\partial\omega|_{\omega=\omega_0}$，$\beta_2=\partial^2\beta/\partial\omega^2|_{\omega=\omega_0}$。把上式代入式(Ⅵ-15)，并略去 β_3 以上的高阶项，得

$$\left[\beta_1(\omega-\omega_0)+\frac{1}{2}\beta_2(\omega-\omega_0)^2\right]A(z,\omega-\omega_0)+\mathrm{i}\frac{\partial A(z,\omega-\omega_0)}{\partial z}=0 \tag{Ⅵ-17}$$

将上式进行傅里叶反变换得

$$\frac{\partial A(z,t)}{\partial z}+\beta_1\frac{\partial A(z,t)}{\partial t}+\frac{\mathrm{i}}{2}\beta_2\frac{\partial^2 A(z,t)}{\partial t^2}=0 \tag{Ⅵ-18}$$

此方程是略去非线性效应时脉冲信号在无损光纤中传输时基本传输方程。

参 考 文 献

[1] 郭硕鸿.电动力学[M].2版.北京：高等教育出版社,1997.

[2] Born M,Wolf E. Principles of Optics (7th Edition)[M]. Oxford：Pergamon Press,1999.

[3] 梁昆淼.数学物理方法[M].2版.北京：高等教育出版社,2004.

[4] 佘守宪.导波光学物理基础[M].北京：北京交通大学出版社,2002.

[5] 吴重庆.光波导理论[M].2版.北京：清华大学出版社,2005.

[6] 叶培大,吴彝尊.光波导技术基本理论[M].北京：人民邮电出版社,1984.

[7] Adams M J. An Introduction to Optical Waveguides[M]. New York：Wiley-Interscience,1981.

[8] Marcuse D. Theory of Dielectric Optical Waveguides[M]. New York：Academic Press,1974.

[9] 叶培大.光纤理论[M].上海：知识出版社,1985.

[10] 廖延彪.光纤光学[M].北京：清华大学出版社,2000.

[11] 孙雨南,朱昌.光纤技术基础[M].北京：兵器工业出版社,1998.

[12] 方俊鑫,曹庄琪,杨傅子.光波导技术物理基础[M].上海：上海交通大学出版社, 1987.

[13] 李玉权,崔敏.光波导理论与技术[M].北京：人民邮电出版社,2002.

[14] 马春生,刘式墉.光波导模式理论[M].长春：吉林大学出版社,2007.

[15] John A B. Fundamentals of Optical Fibers (2th Edition)[M]. New Jersey：Wiley-Interscience,2004.

[16] Agrawal.非线性光纤光学原理及应用[M].贾东方,余震虹,等译.北京：电子工业出版社,2002.

[17] 金建铭.电磁场的有限元方法[M].王建国,译.西安：西安电子科技大学出版社,1998.

[18] 曹庄琪.导波光学中的转移矩阵方法[M].上海：上海交通大学出版社,2000.

[19] 马春生,秦政坤,张大明.光波导器件设计与模拟[M].北京：高等教育出版社,2012.

[20] 周治平.硅基光电子学[M].北京：北京大学出版社,2012.

[21] 何赛灵,戴道锌.微纳光电子集成[M].北京：科学出版社,2010.

图书资源支持

感谢您一直以来对清华版图书的支持和爱护。为了配合本书的使用，本书提供配套的资源，有需求的读者请扫描下方的“清华电子”微信公众号二维码，在图书专区下载，也可以拨打电话或发送电子邮件咨询。

如果您在使用本书的过程中遇到了什么问题，或者有相关图书出版计划，也请您发邮件告诉我们，以便我们更好地为您服务。

我们的联系方式：

地　　址：北京市海淀区双清路学研大厦 A 座 701

邮　　编：100084

电　　话：010－62770175－4608

资源下载：http://www.tup.com.cn

客服邮箱：tupjsj@vip.163.com

QQ：2301891038（请写明您的单位和姓名）

教学交流、课程交流

清华电子

扫一扫，获取最新目录

用微信扫一扫右边的二维码，即可关注清华大学出版社公众号“清华电子”。